职业技能培训教材

美发师 烫染与设计

卢晨明 主编

中国劳动社会保障出版社

图书在版编目（CIP）数据

美发师烫染与设计 / 卢晨明主编 . -- 北京：中国劳动社会保障出版社，2021
职业技能培训教材
ISBN 978-7-5167-5073-5

Ⅰ . ①美…　Ⅱ . ①卢…　Ⅲ . ①理发 – 造型设计 – 教材　Ⅳ . ① TS974. 21

中国版本图书馆 CIP 数据核字（2021）第 191424 号

中国劳动社会保障出版社出版发行
（北京市惠新东街 1 号　邮政编码：100029）
*
三河市华骏印务包装有限公司印刷装订　新华书店经销

787 毫米 × 1092 毫米　16 开本　17.75 印张　316 千字
2021 年 11 月第 1 版　　2025 年 8 月第 2 次印刷
定价：100.00 元

营销中心电话：400-606-6496
出版社网址：http://www.class.com.cn

美发师

烫染与设计

编审委员会

主　任：郑建兴

副主任：高　明　刘　楠　文　海

委　员：廖　磊　黄丽辉　张　强　李松涛　吴天翔　王军平　缪　杰

编审人员

主　编：卢晨明

编　者：王志雄　肖　进　徐业庞　章慧丹　欧阳婧涵　何国庆

主　审：赵利国

审　稿：肖　安　蒋晓欢　高荣举　杨玉璧　常治波　谢泰勇　杨月文

内容简介

本书介绍了DX中国原创美发教育系统中烫染与设计的理论知识和操作方法。书中对传统的发型烫染知识和方法进行了改造和重组，对理论知识做了系统梳理，对操作技术进行了创新，理论更加易懂，例证更加全面，能够帮助读者更全面地掌握发型烫染与设计技术。全书共分为4篇，内容包括：烫发造型、染发造型、发型设计、导师培训。

在教材的编写模式上，本书也在传统教材的模式上进行了升级，是一本图、文、视、听立体打造的美发教材。书中有大量的发型制作过程图片和技术示范、讲解、指导视频，扫码即可观看操作视频，大大提高了学习效率，便于读者快速掌握全新的美发技术。

本书在编写过程中得到了以下企业、协会和学校的大力支持与帮助，在此表示感谢：北京妙境界信息技术有限公司、ICD世界发型设计家协会中国总部、国际标榜亚洲总部、上海美发美容行业协会、上海市商贸旅游学校、上海市商业学校、上海南京美发公司、上海华安美丽馆。

教材的编写是一项探索性工作，由于时间紧迫，不足之处在所难免，欢迎各位同行提出宝贵意见和建议。

序一

与卢晨明相识近二十年，通过互联网相识到密切关注，再到实际接触，我预感到：卢晨明在专业美发技术和专业美发教育方面必将大有作为。

2013年，中国美发美容协会组织行业专家起草行业标准《美发服务操作规程和服务质量要求》。其中，几个有关染发的专业术语和定义不够准确。我便通过微博向大家求助："难住我了。有谁能够用一句话，把挑染、片染、块染、段染、过渡染的定义表述清楚？"回应者不在少数，但最令我感到眼前一亮的是卢晨明的表述（挑染是以点取份的染色方法；片染是以线取份的染色方法；块染是以面取份的染色方法；段染是分段上色的染色方法；过渡染是由浅至深渐变的染色方法）。专家多日研究未果，卢晨明居然迅速搞定。

2014年，卢晨明出版了六本美发专著。这六本专著因其系统性和实用性而深受多家专业美发培训学校的青睐。

十余年来，卢晨明活跃在学校、企业和行业组织举办的专业美发技艺培训课堂上。其精彩分享，无不使人豁然受益。

技艺精湛，乐于传道解惑。卢晨明因此受到了多方的关注和认可：屡次担任全国美发技能大赛裁判或裁判长；2019年，被上海市总工会授予"上海工匠"称号；2020年，作为技术技能大师，被纳入教育部职业技术教育中心研究所产业导师资源库……

曾经，有人想请他做大学专职教师，但他认为：这会使他灵活的工作方式和自由的创作空间受到极大的束缚。于是，他婉言谢绝了。

卢晨明的目标很明确：不断研究美发技艺，不断研究美发教育系统，让更多的美发人受益。正是这样一个清晰的目标，使他孜孜不倦深耕行业数十年。

卢晨明把创新当作永恒的研究课题。本系列教材就是将其原创的DX中国原创美发教育系统以全新的面貌呈现出来：在操作技术上有着革命性的创新，理论上对传统发型理论做了颠覆和重组，在编写模式上更是进行了时代性的升级。

本系列教材理论简单易懂、技术规范系统、技法例证全面，并附有大量的操作流程图片和操作技术示范、讲解视频，可以使读者快速掌握修剪、造型、烫染等操作技术。

教材采用全新立体编写模式，将图、文、视、听多维度一体化呈现。扫描二维码，便可在线上观看对应作品的制作过程。读者可以利用碎片化的时间，随时随地上线学习和复习，大大提高学习效率。这种传统课堂教学与互联网教学相结合的模式，在对接市场需求、完善职业教育和培训体系、提升专业美发教师的教学水平方面，可以说有着质的突破。

以梦为马，不负韶华。我相信，卢晨明作为一个为美发技艺而生、为美发教育而活的人，将始终站在时代的潮头，而后浪们则会以磅礴之势奋起直追。

教育部全国美发美容职业教育教学指导委员会主任

中国美发美容协会荣誉会长

闫秀珍

序二

成为艺术和技术兼备的发型设计师不容易，而能著书立说，将自己的专业知识和理念毫不保留地传授他人，则更不容易。这不仅需要精力和时间，以及渊博的知识，更需要有乐于传承的爱心。

读书如读人，卢晨明笔下处处透着重师道、友朋辈、携后进、传匠意、铭初心的品格，令我禁不住再为他的作品写序。

本书不是简单的技术参考书，而是将发型的设计理念、美发的操作技艺和学习方式提升到一个全新的、立体的高度。这是卢晨明的眼界，是卢晨明的钻研，更是卢晨明的努力和执着。他使中国美发职业教育的革新迈出了重要一步。

职业培训是面向未来、造福人民的一项阳光事业，希望看到更多的青年人能像卢晨明一样，积极加入这一行列中，为中国美发职业教学体系的构建、技术人才的培养，做出不懈的努力和无私的奉献。

ICD 世界发型设计家协会中国区创会会长

国际标榜亚洲总部创建人

彭锦钊

序三

认识卢晨明已经有二十多年了，看着他从一个好学的青年才俊，一步一步成长为今天多项荣誉加身的美发大师和美发界难得的复合型人才。

如果说卢晨明在国内外不断夺得各类美发大赛的冠军，是对自身技能的一种检验，那么培养出许多国内外美发大赛的冠军选手和全国技术能手，则是对卢晨明教育培训能力的一种印证。

十几年来，卢晨明专注于美发技术的创新和研发，陆续撰写出版多本美发专著，同时还担任人力资源社会保障部和教育部职业技能鉴定和培训教材的主编，体现了他作为一名美发教育工作者的责任感和使命感。编写教材，不仅需要具备扎实的专业技能、良好的文化底蕴和职业素养，更需要的是具有行业传承的责任感。

然而，他并没有因此满足，停下前行的脚步。卢晨明经过多年的钻研和努力，创立了严谨务实的 DX 中国原创美发教育系统，为中国的美发教育走向世界迈出重要一步。

本书不是简单的技术参考书，而是图、文、视、听为一体的立体教材，是中国美发职业教育改革进程中，用科技进步实现教学、教材创新的重大突破。

教材内容全面系统、重于品质、微于细节、贵于专业、简于技法、通俗易懂。如果你想成为未来的美发大师，相信这是一本可以给你帮助的书。

ICD 世界发型设计家协会中国荣誉会长

乐嘉放

序四

这是一本集图、文、视、听为一体的美发教育系统的立体教材，改变了教学的方法、学习美发技艺的方式。这是时代进步的体现，是中国美发行业的骄傲。

多年来，卢晨明用他的努力践行着“学习的目的不是模仿，而是颠覆和创新”这一理念。

细细品读本书，肯定能让你受益匪浅。通晓全书，相信你可以成为美发行业耀眼的明日之星。

ICD 世界发型设计家协会中国会长

许小东

序五

DX中国原创美发教育系统的诞生，打破了中国没有本土美发教育系统的尴尬局面。本书的出版，是上海美发行业的骄傲，更是中国美发行业的骄傲。感谢中国美发大师卢晨明为中国美发行业做出的杰出贡献，望再接再厉，再创辉煌。

上海美发美容行业协会会长

中国美发美容协会副会长

董元明

目录

第1篇　烫发造型

第2篇　染发造型

第3篇 发型设计

第4篇 导师培训

引言

DX中国原创美发教育系统（简称DX系统）是一个全新的美发教育体系。DX是“定向”两字拼音的首字母，是中国原创美发教育系统的标志。

DX系统认为，修剪是头型造型的基础，烫发、染发、吹发、盘发、编发、束发也属于头发造型的范畴，只是造型后得到的形状、色彩、纹理及造型后保持的时间不同。

发型制作中，吹风造型、电棒造型、盘发造型、编发造型因造型后保持时间不长，DX系统把这类造型归于临时性造型。

因修剪造型、染发造型、烫发造型在较长时间内形状、纹理、色彩变化不大，DX系统把这类造型归于持久性造型。

第1篇

烫发造型

引导语

烫发是对修剪好的发型进行造型，通过技术手段改变发型的纹理形态，从而改变发型的形状、方向和体积，增加发型的变化。烫发造型将烫发设计与烫发技术相结合，产生持久、美观、多样的造型效果。

第1章 烫发设计

第1节　烫发的设计原则

一、重复

1. 定义

重复就是运用相同直径的发杠进行排杠，得到相似的纹理，统一性较强，可在视觉上放大头型。

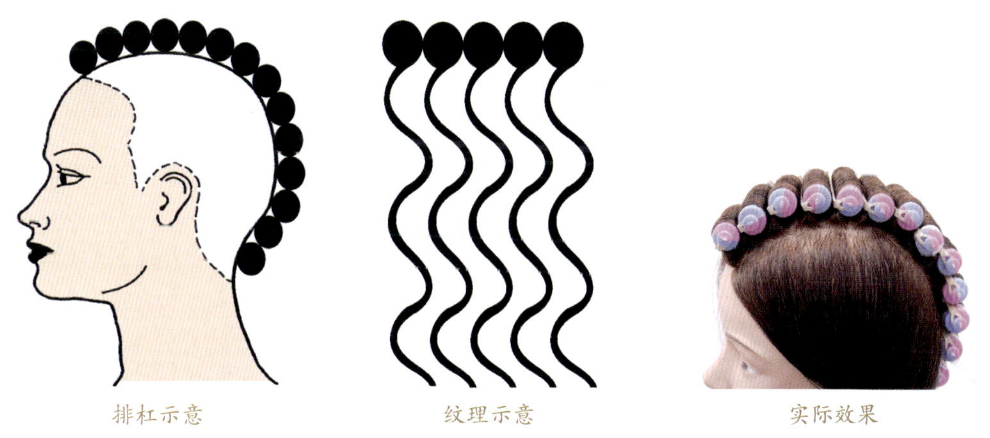

排杠示意　　纹理示意　　实际效果

2. 运用

针对脸型较圆的短发顾客，在头顶局部采用相同直径的发杠进行卷曲，可以提升发型正面轮廓的高度，起到修正脸型的目的。

二、递进

1. 定义

递进就是通过运用不同直径的发杠，形成由大到小或者由小到大的纹理，由直到曲或者由曲到直逐渐过渡。

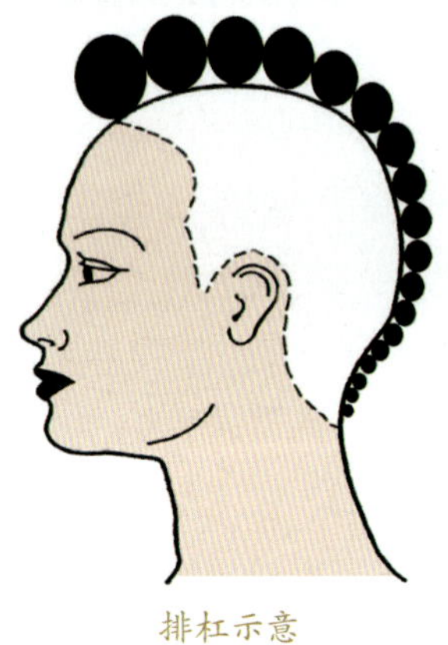
排杠示意

纹理示意

实际效果

2. 运用

（1）一般扁头型的人脸型较宽，在设计烫发造型时，可利用递进的设计原则，在后发区选用直径较小的发杠，在头后部两侧选用的发杠直径由小到大逐渐变化，这样后发区的膨胀度大于两侧发区，再加上对顶部动感区的膨胀处理，可以有效修正头型扁平的现象。

（2）在短发的半烫设计中，顶部卷发与两侧直发的衔接，可从上至下运用发杠直径由小到大的变化来完成由卷到直的自然过渡。

三、交替

1. 定义

交替就是两种或两种以上纹理按顺序重复，产生跳跃的视觉感受。交替可以是大卷与小卷的交替、直发与卷发的交替、卷杠正反方向的交替等。

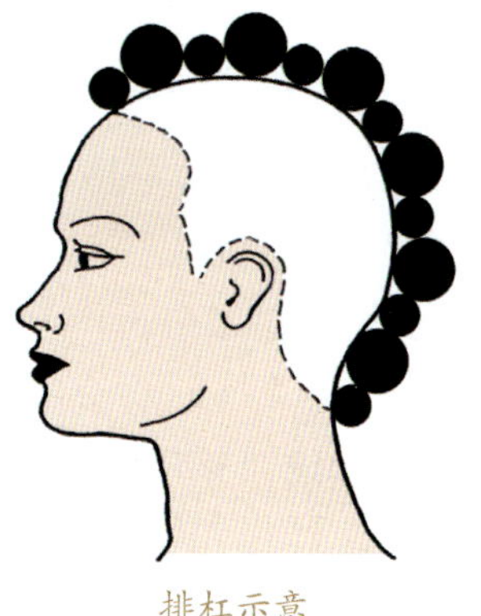
排杠示意

纹理示意

实际效果

2. 运用

顾客发量少，希望做出蓬松、卷曲度适宜的发型。此时可以在大发杠后排列小发杠，用“之”字形线条进行分割取份，使两个取份的纹理有所交融，呈现出大→小→大→小的交替排列，用小发杠的膨胀度来支撑大发杠的卷曲度。

四、对比

1. 定义

对比就是两种相差很大的纹理，产生强烈的视觉反差，在视觉上突出重点。

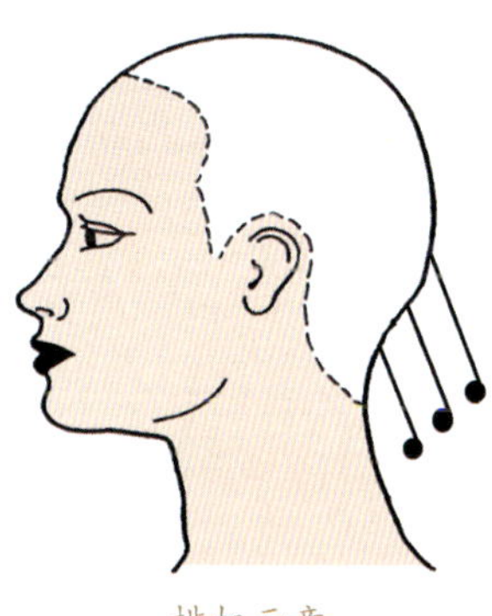
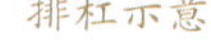
排杠示意

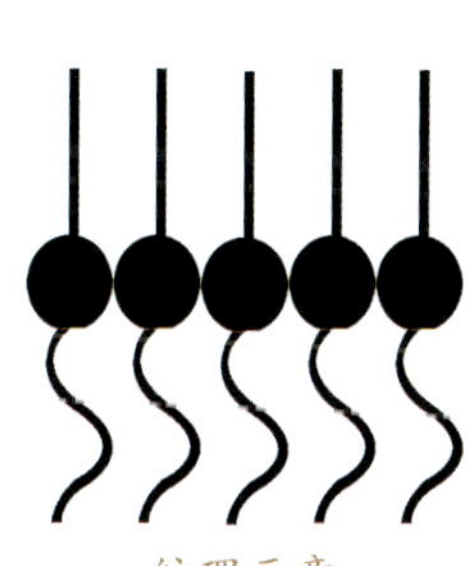
纹理示意

实际效果

2. 运用

当顾客发量较多、希望头发看上去不要太蓬松时，可用少量的发杠进行卷发，形成卷发与直发衔接自然又对比明显的效果。这样既可以弱化头发的蓬松度，又可以给发型带来变化。

课堂提问

1. 简述烫发纹理的分类。

2. 简述烫发的设计原则。

课后练习

一、判断题（将判断结果填入括号中。正确的填“√”，错误的填“×”）

1. 重复就是运用相同直径的发杠进行排杠，得到相似的纹理。（ ）

2. 直发与卷发的交替排列是对比的设计原则。（ ）

3. 同样直径的发杠，按照一正一反的方向卷曲是运用了重复的设计原则。（ ）

二、单项选择题（选择一个正确的答案，将相应的字母填入题内的括号中）

1. 递进就是通过运用不同（ ）的发杠，形成由大到小或者由小到大的纹理。

A. 直径　　B. 长度　　C. 卷曲度　　D. 价格

2. 对比就是两种相差很大的纹理，产生强烈的视觉（ ），在视觉上突出重点。

A. 冲击　　B. 反差　　C. 统一　　D. 美感

3. 交替就是两种或两种以上纹理按着顺序（ ），产生跳跃的视觉感受。

A. 重复　　B. 交替　　C. 变化　　D. 以上都不正确

参考答案

一、判断题

1. √　　2. ×　　3. ×

二、单项选择题

1. A　　2. B　　3. A

第 2 节　卷曲设计

烫卷头发可以调整头发的量感，从视觉上改变头型和脸型的形状、大小等。在实际操作中，发丝卷曲的部位、头部区域卷曲的位置、卷曲的圈数等，都会影响烫发效果。

一、发丝卷曲部位的设计

1. 发尾到发根的卷曲

从发尾开始卷杠至发根是传统的卷杠方法，形成整体性的均匀发卷，其发尾的卷曲度最为明显和强烈，多用于需要蓬松的区域。

卷曲方法

拆杠效果

2. 发根到发中的卷曲

从发根开始卷杠至发中，发根的卷曲度要大于发尾；强调头发根部的蓬松度，可使发型显得蓬松；不强调发尾的卷曲效果，发尾不产生堆积的量感。

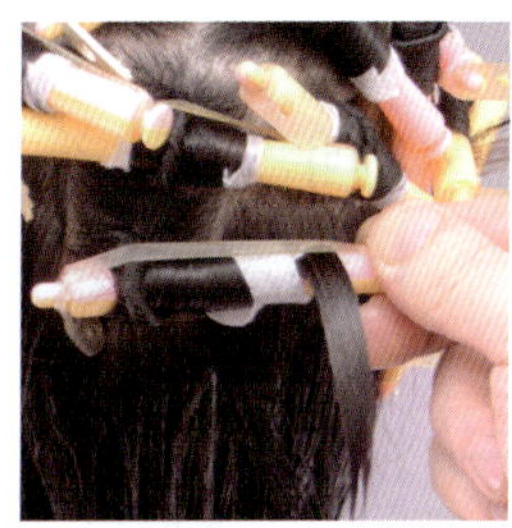
卷曲方法

拆杠效果

3. 发尾到发中的卷曲

从发尾开始卷杠至发中，适用于发根不需要有蓬松度的发型。卷曲的发尾与不卷的发根形成强烈的对比。

卷曲方法

拆杠效果

4. 只在发根进行卷曲

发根卷曲度的变化直接影响发型的膨胀度，头发越短、卷曲度越小，膨胀感越明显。

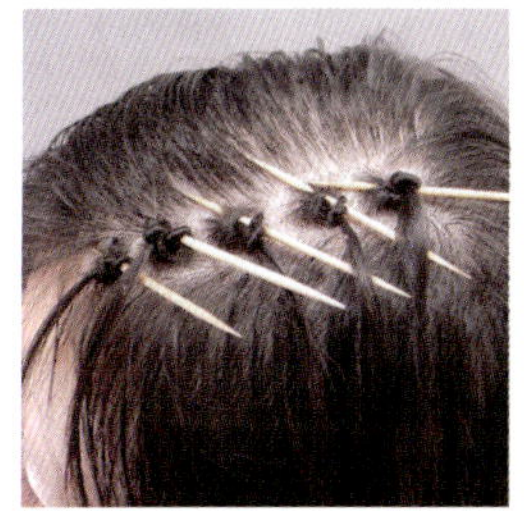
卷曲方法

拆杠效果

5. 只在发中进行卷曲

长发的发中卷间接影响发型横向的膨胀度，短发的发中卷间接影响发型向上、向外的膨胀度。在发中进行卷曲时，卷曲度越小，膨胀感越明显。

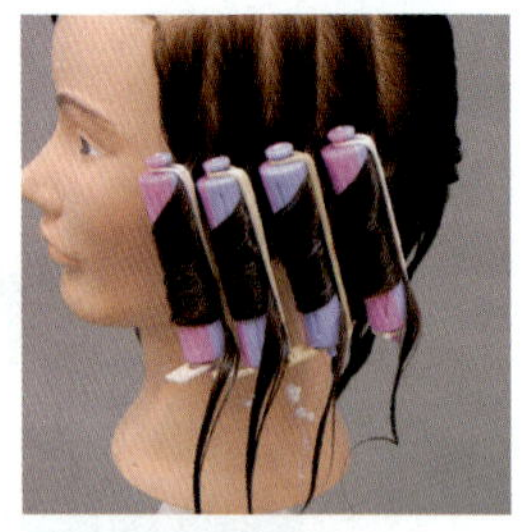
卷曲方法

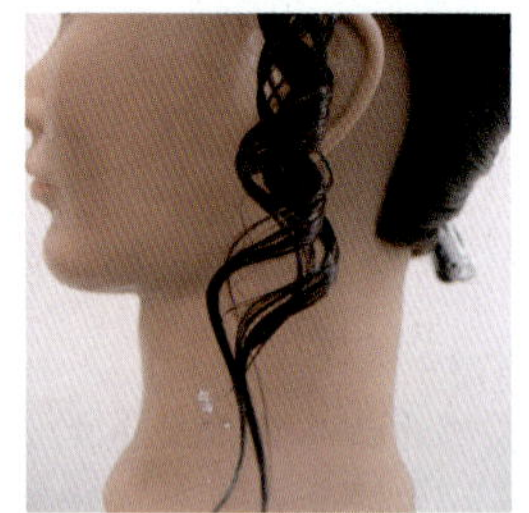
拆杠效果

相关链接

发尾卷曲的不同效果

1. 发尾全烫

发尾全部卷进发杠，拆杠后发尾卷曲度很强，具有量感和膨胀感。卷曲度越小，量感和膨胀感越明显。

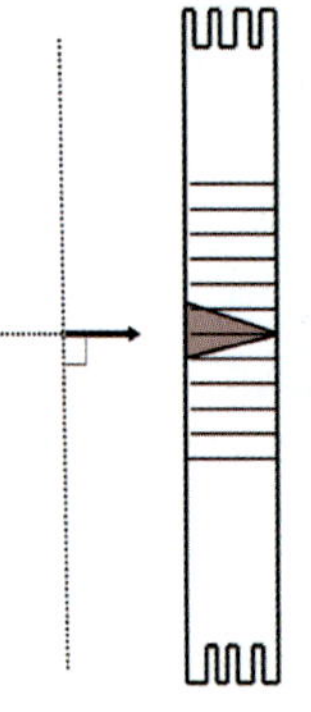
发尾示意

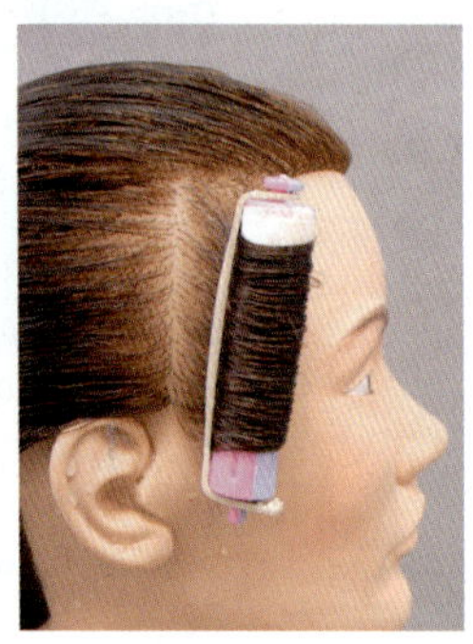
卷杠方法

拆杠效果

2. 留出少量发尾不烫

在卷杠时，留出少量发尾不卷，拆杠后发尾卷曲度减弱，发尾呈现自然的卷曲效果，并具有一定的方向感。

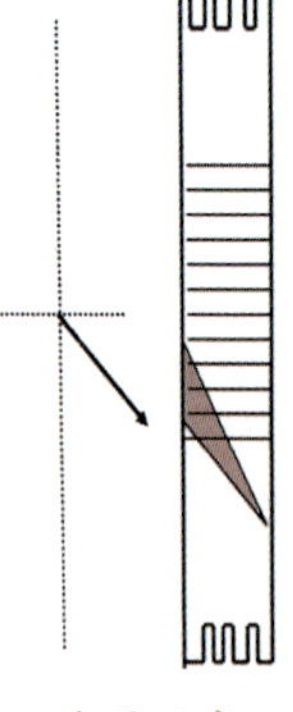
发尾示意

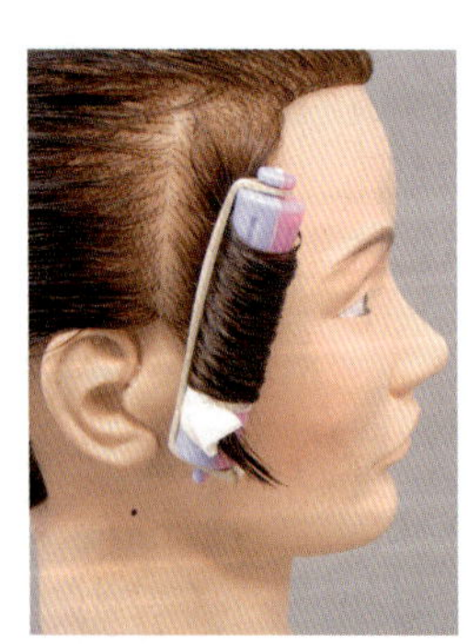
卷杠方法

拆杠效果

3. 留出发尾不烫

在卷杠时，留出发尾不卷，折杠后发尾呈现强烈的张力和动感。

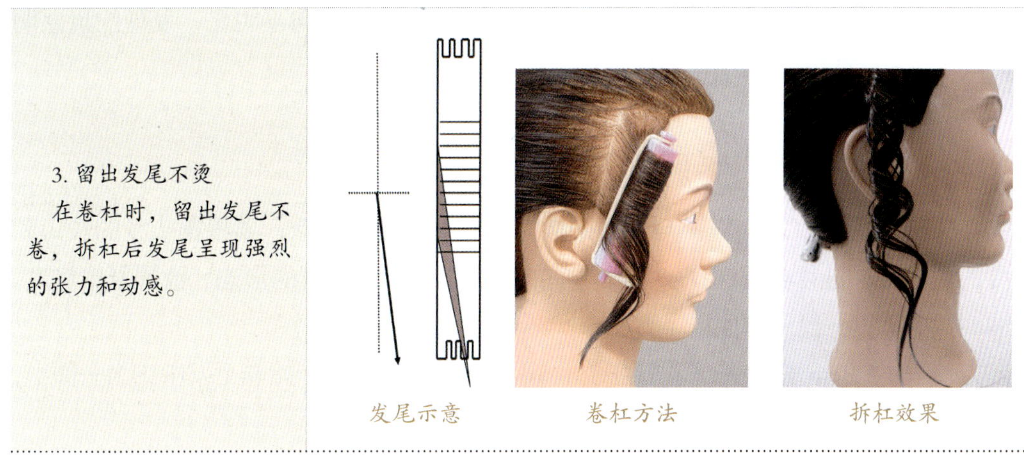

发尾示意　　卷杠方法　　折杠效果

二、整体区域卷曲的设计

通过量感区与动感区的卷曲度来控制发型的形状，起修饰脸型和头型的作用。

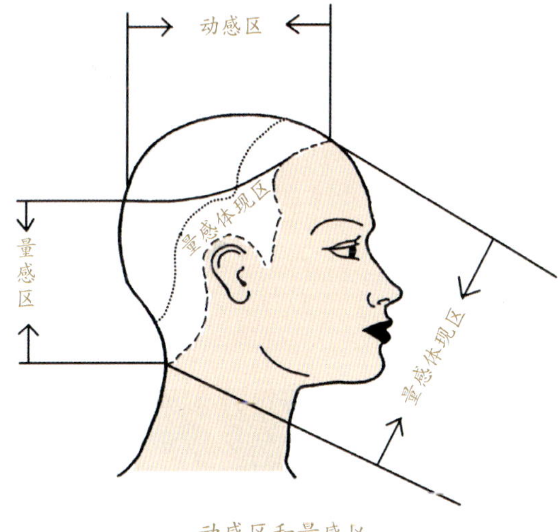

动感区和量感区

1. 动感区的卷曲度影响发型的纵向高度，也影响发型纹理的动态方向。

（1）卷曲度大——发型顶部的蓬松度小，头发的动态方向明显。

（2）卷曲度小——发型顶部的蓬松度大，头发的动态方向不明显。

2. 量感区的卷曲度影响发型的横向宽度，也影响发型的量感范围。

（1）卷曲度大——发型周边的蓬松度小，头发的动态方向明显，发型的量感不明显。

（2）卷曲度小——发型周边的蓬松度大，头发的动态方向不明显，发型的量感明显。

三、卷曲圈数的设计

在实际运用中，发杠直径与卷曲圈数之间有着密切的关系，要根据头发的长短和需要的卷曲效果进行合理选择。头发卷曲的圈数影响头发纹理的形态、流向及膨胀度。卷曲圈数的计算一般可参照以下方法。

方法一：10 cm 长的头发采用直径 1 cm 的发杠，从发尾开始卷至发中约为一圈半，卷至发根约为两圈半（考虑烫发纸和头发的厚度）。

方法二：15 cm 长的头发采用直径 1.5 cm 的发杠，从发根开始卷两圈半（长度约为 13 cm），留出发尾不烫，可做出自然蓬松的效果。

1. 卷一圈半

一圈半的卷曲是一个近似圆形卷曲，拆杠后形成柔和的 C 形纹理，可以适当调整发尾的流向。

卷杠效果

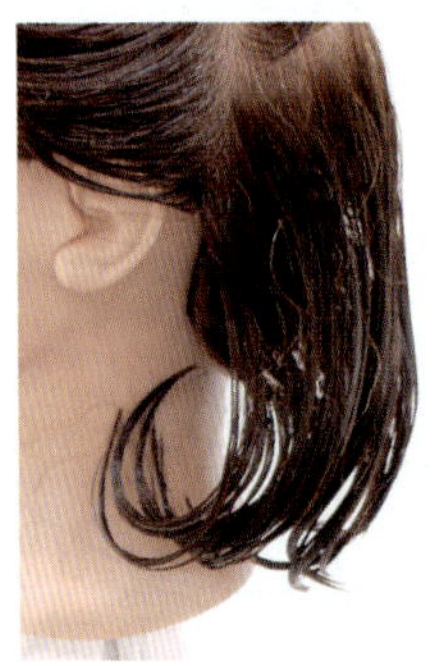
拆杠效果

烫发效果

2. 卷两圈

两圈的卷曲是一个半的圆形卷曲，拆杠后形成 S 形纹理。

卷杠效果

拆杠效果

烫发效果

3. 卷两圈半 两圈半的卷曲是两个近似圆形卷曲，拆杠后形成两个S形纹理，具有膨胀感。	 卷杠效果	 拆杠效果	 烫发效果
4. 卷三圈或三圈以上 三圈或三圈以上的卷曲是多个圆形卷曲，拆杠后形成两个以上S形纹理，具有凌乱的膨胀感。	 卷杠效果	 拆杠效果	 烫发效果

特别提示

1. 直径小于1 cm的发杠，发杠直径越小，卷杠圈数越多，卷曲效果越明显。
2. 直径大于1.5 cm的发杠，发杠直径越大，卷杠圈数越多，卷曲效果越弱化。
3. 发质越粗硬，卷杠圈数越多，卷曲效果越明显。
4. 发质越细软，卷杠圈数越多，卷曲效果越弱化。
5. 卷杠的发片分得越薄，卷杠圈数越多，卷曲效果越明显。
6. 卷杠的发片分得越厚，卷杠圈数越多，卷曲效果越弱化。

四、头发卷曲度的设定

在DX系统中，首次将头发由直到卷进行1~10度的卷曲度划分，便于在烫发操作中对头发卷曲效果进行设定。

1 度卷曲度

头发笔直，发丝几乎没有任何弧度，直板烫发后可以呈现该效果。

2 度卷曲度

发丝呈现自然的轻微弧度，为多数人的发丝自然形态。

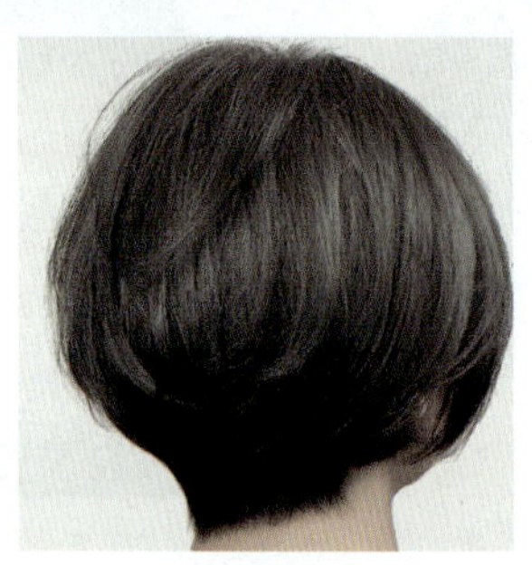

3 度卷曲度

发丝呈现明显的 C 形纹理，用直径 2.1 cm 以上的发杠卷曲一圈半烫发后可以呈现该效果。

4 度卷曲度

发丝呈现不明显的 S 形纹理，用直径 1.7~1.9 cm 的发杠卷曲两圈烫发后可以呈现该效果。

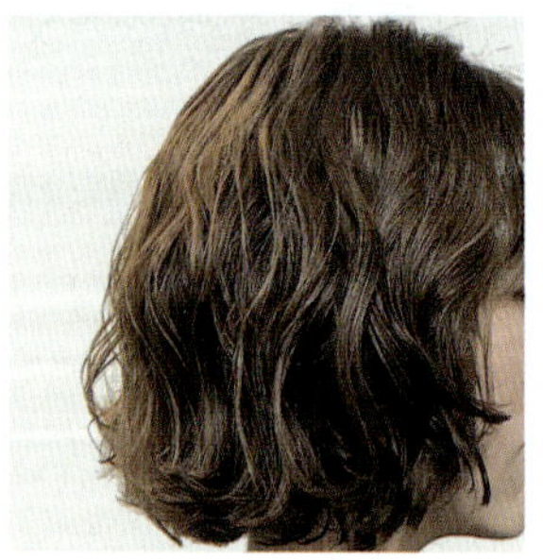

5 度卷曲度

发丝呈现明显的 S 形纹理，用直径 1.3~1.5 cm 的发杠卷曲两圈烫发后可以呈现该效果。

6 度卷曲度

发丝呈现凌乱的 S 形纹理，用直径 1.3~1.5 cm 的发杠卷曲两圈半烫发后可以呈现该效果。

7 度卷曲度

发丝呈现两个S形纹理，用直径1.1~1.3 cm的发杠卷曲两圈半烫发后可以呈现该效果。

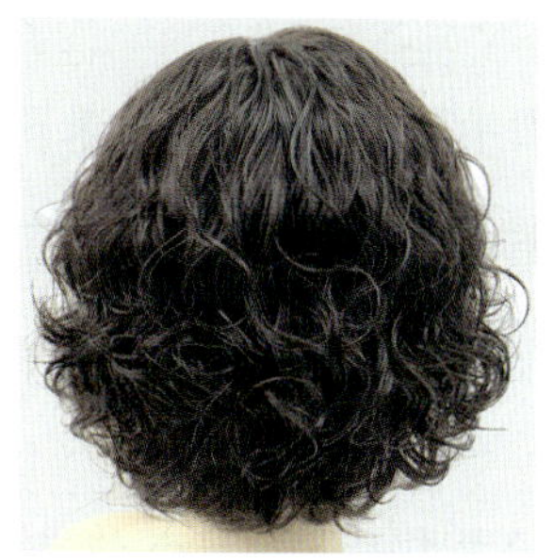

8 度卷曲度

发丝呈现三个以上S形纹理，用直径0.9~1.1 cm的发杠卷曲三圈烫发后可以呈现该效果。

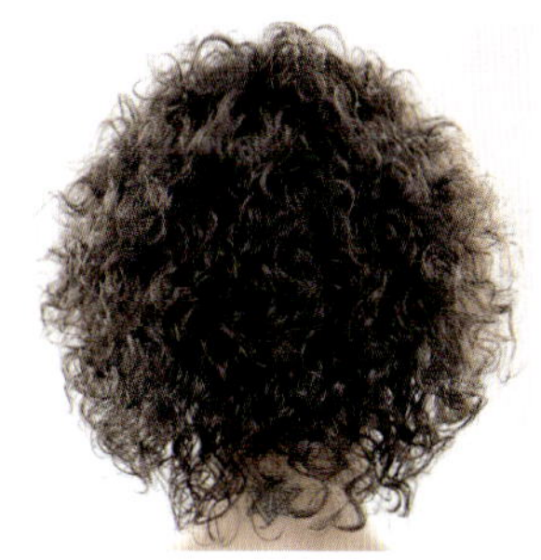

9 度卷曲度

发丝呈现卷曲的膨胀纹理，用直径0.7~1 cm的发杠卷曲三圈以上烫发后可以呈现该效果。

10 度卷曲度

发丝呈现爆炸的纹理，用直径0.5 cm的发杠卷曲三圈以上烫发后可以呈现该效果。

课堂提问

1. 简述烫发部位对发型效果的影响。
2. 简述卷曲圈数的作用和运用。
3. 简述DX系统中头发卷曲度的划分。

课后练习

一、判断题（将判断结果填入括号中。正确的填“√”，错误的填“×”）

1. 烫卷头发可以改变头型和脸型的形状、大小等。 （ ）
2. 烫发可以针对发根、发中、发尾进行单独处理。 （ ）
3. 发尾到发中的卷曲处理适用于发根不需要有蓬松度的发型。 （ ）

4. 发根到发中的卷曲处理，发根的卷曲度要大于发尾，可使发型显得蓬松。（　　）

5. 一圈半的卷曲产生的效果是一个半的圆形卷曲，产生柔和的 S 形纹理。（　　）

二、单项选择题（选择一个正确的答案，将相应的字母填入题内的括号中）

1. 直径小于（　　）cm 的发杠，发杠直径越小，卷杠圈数越多，卷曲效果越明显。

A. 1　　B. 1.5　　C. 2　　D. 2.5

2. 直径大于（　　）cm 的发杠，发杠直径越大，卷杠圈数越多，卷曲效果越弱化。

A. 1　　B. 1.5　　C. 2　　D. 2.5

3. 动感区的卷曲度影响发型的（　　）高度。

A. 整体　　B. 纵向　　C. 横向　　D. 立体

4. 长发的发中卷间接影响发型（　　）的膨胀度。

A. 整体　　B. 纵向　　C. 横向　　D. 立体

参考答案

一、判断题

1. ×　　2. √　　3. √　　4. √　　5. ×

二、单项选择题

1. A　　2. B　　3. B　　4. C

第 3 节　点线面在烫发设计中的运用

烫发设计中有多个发杠提拉的方向，会形成整体方向。整体方向又分为离心方向、向心方向和平行方向，这涉及点线面的运用。

- 离心方向运用是把整个发区的发片全部运用同一个角度进行卷曲。
- 向心方向运用是把整个发区的发片拉向一个固定的位置进行卷曲。
- 平行方向运用是把整个发区的发片拉向一个平面进行卷曲。

一、点在烫发设计中的运用

以点状放射的分区设计进行卷曲，一般运用在头部三角形区域和圆形区域。

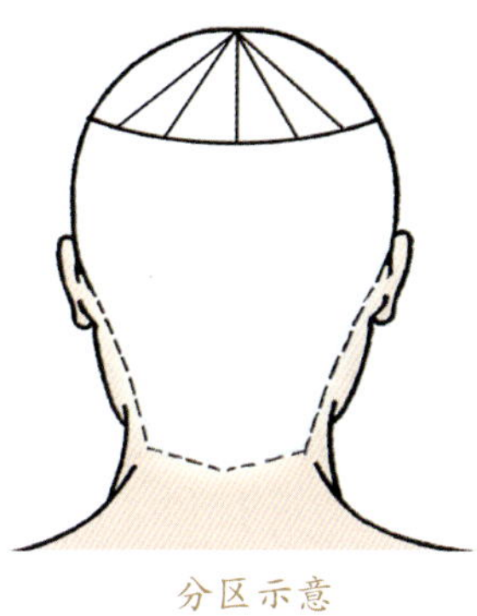

分区示意

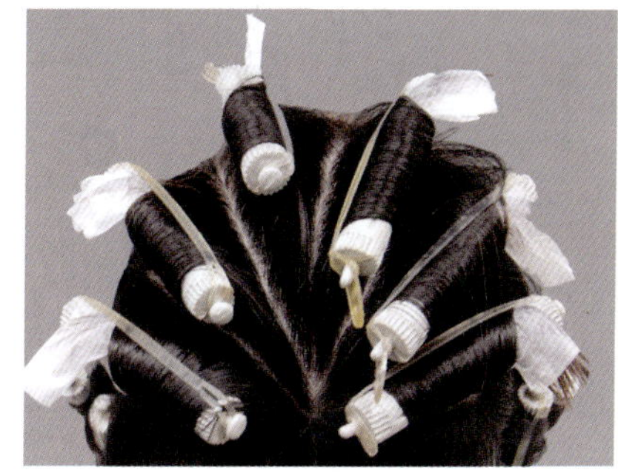

卷杠示意

二、线在烫发设计中的运用

把所有发片拉向一条固定的线进行卷曲，固定线的设定可以是向心的任意方向。

1. 向侧定线卷曲

将发杠垂直排列进行卷杠，所有发片向侧拉向一条固定的线进行卷曲，拆杠后产生发卷抱团的效果，适用于中长发、向下外切层次的发型。

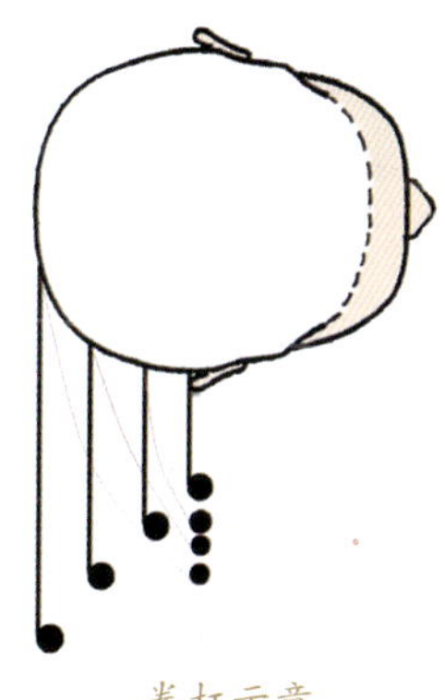

卷杠示意

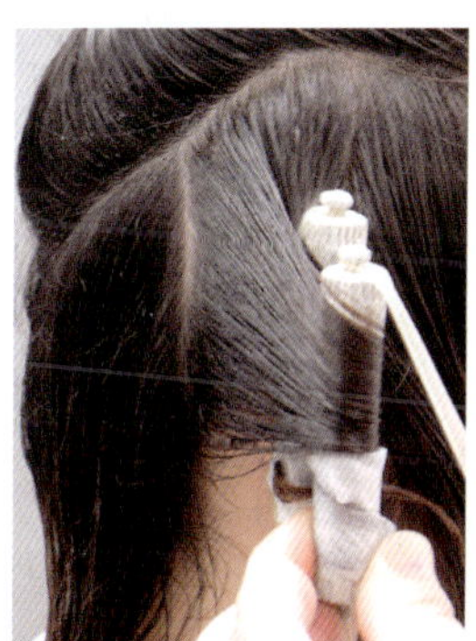

定线卷曲

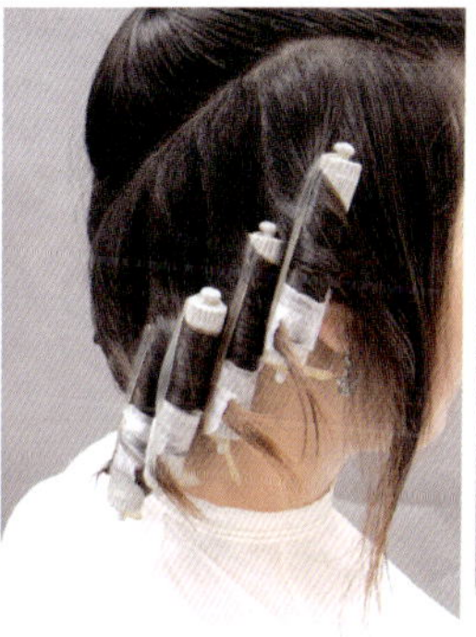

卷杠完成

烫发效果

2. 向上定线卷曲

将发杠水平排列进行卷杠，所有发片向上拉向一条固定的线进行卷曲，可避免头发卷曲产生的厚度堆积，适用于向上外切层次的发型。

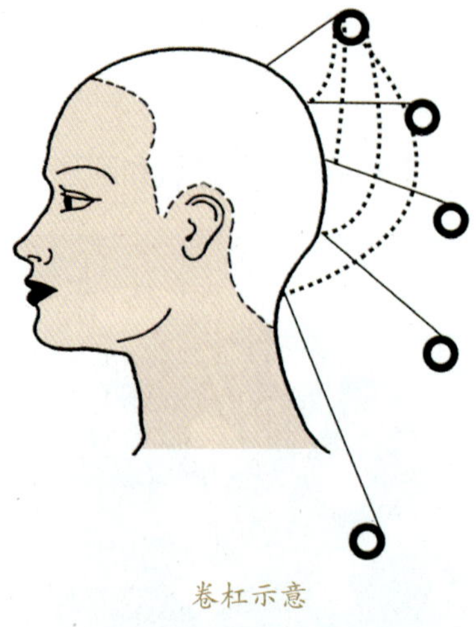
卷杠示意

烫发效果

3. 向下定线卷曲

将发杠水平排列进行卷杠，所有发片向下拉向一条固定的线进行卷曲，可体现发卷在底线堆积产生的厚度，适用于平切层次或内切层次的发型。

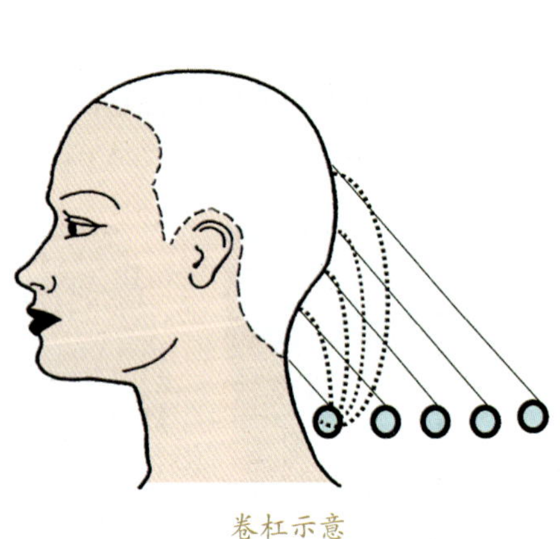
卷杠示意

烫发效果

三、面在烫发设计中的运用

1. 弧面卷曲

把所有头发的发片呈分散状以同样的提升角度进行卷曲，可以产生均匀的发卷，卷到头发根部的发杠都属于弧面卷曲，适用于任何层次的发型。

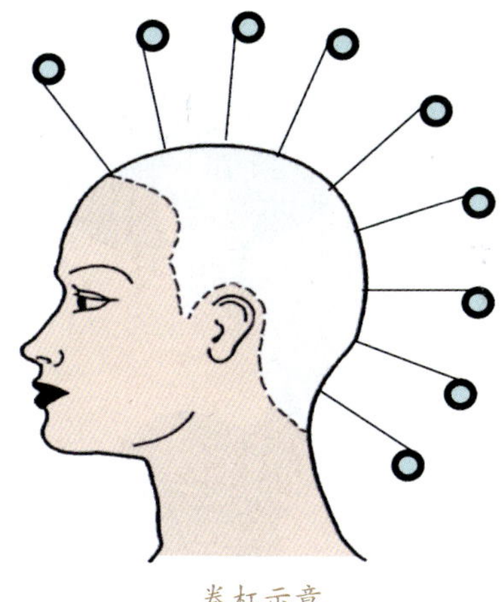
卷杠示意

烫发效果

2. 平面卷曲

把所有头发拉向一个设定好的平面进行卷曲，产生不均匀的发卷，是一种平行的方向。

（1）向上的平面。可分散头发卷曲产生的厚度堆积，适用于向上外切的高层次发型。

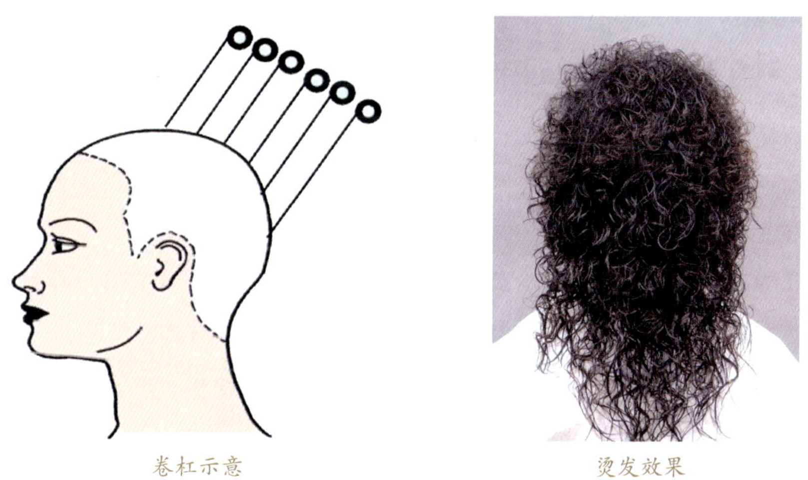
卷杠示意　　烫发效果

（2）向下的平面。可体现发卷均匀堆积产生的厚度，适用于向下外切层次的发型。

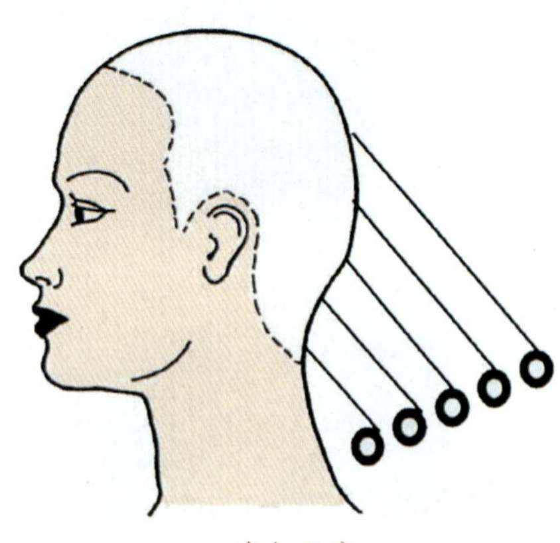
卷杠示意

烫发效果

课堂提问

1. 简述点在烫发设计中的运用。
2. 简述线在烫发设计中的运用。
3. 简述面在烫发设计中的运用。

课后练习

一、判断题（将判断结果填入括号中。正确的填“√”，错误的填“×”）

1. 发片提拉的方向分为离心方向和向心方向。（ ）
2. 向心方向运用是把整个发区的发片拉向一个平面进行卷曲。（ ）
3. 所有发片都向上定线卷曲，可避免头发卷曲产生的厚度堆积。（ ）
4. 面在烫发设计中的运用分为两种，一种是平面卷曲，一种是弧面卷曲。（ ）
5. 把所有发片拉向一条固定的线进行卷杠，是离心方向运用。（ ）

二、单项选择题（选择一个正确的答案，将相应的字母填入题内的括号中）

1. 全部 90° 提升进行卷曲属于（ ）方向的运用。

A. 离心　B. 向心　C. 平行　D. 向上

2. 向上定线卷曲适用于（ ）外切层次的发型。

A. 向上　B. 向下　C. 平行　D. 交叉

3. 弧面卷曲适用于（ ）层次的发型。

A. 任何　B. 向下　C. 平行　D. 向上

4.（ ）的平面卷曲可分散头发卷曲产生的厚度堆积。

A. 向上　B. 向下　C. 平行　D. 交叉

5.（ ）方向运用是把整个发区的发片拉向一个固定的位置进行卷曲。

A. 离心　B. 向心　C. 平行　D. 向上

参考答案

一、判断题

1. ×　2. ×　3. √　4. √　5. ×

二、单项选择题

1. A　2. A　3. A　4. A　5. B

第2章 烫发技术

传统发型设计中，烫发以把头发烫卷为目的，再以吹风造型为手段来完成发型最后的造型。现代发型设计中，通过烫发来改变头发的纹理，调整发尾的流向，修正脸型、头型的比例，推崇方便打理、一烫成型的烫发设计理念。

第1节　烫发系统理论

一、烫发的理论基础知识

1. 烫发的作用

（1）改变发丝形状。

（2）增加头发量感。

（3）凸显头发层次。

（4）改变头发流向。

（5）转移视觉焦点。

（6）增加个人魅力。

2. 烫发的服务标准

（1）根据顾客的个人气质和脸型特点设计烫发造型。

（2）与顾客进行充分沟通，达成共识后再进行操作。

（3）选择合适的烫发工具、造型产品。

（4）按照标准执行操作程序。

1）分区正确，排列整齐。

2）强调修饰的部位，决定卷杠次序和方法。

3）涂抹烫发剂不漏杠、不滴落。

4）发尾无折痕。

5）烫发剂彻底冲洗干净。

6）注重烫前、烫后护理。

（5）告知顾客基本的头发日常打理方法。

3. 头发发质的分类

中性发质	头发弹性较好，容易烫卷，不易变形。
油性发质	头发分泌的油脂过多，较难烫卷，烫卷后也容易变直。
干性发质	头发分泌的油脂过少，易起静电，没有弹性，容易烫卷，也容易毛糙。
受损发质	头发为多孔性或染后发质，容易烫卷，也容易变直。
抗拒发质	头发粗硬，毛鳞片层数多，很难烫卷，烫卷后也很难变直。

4. 烫发的分类

20 世纪 70 年代以前，烫发都是采用热烫的方式。那时的热烫烫发设备简陋，温度很难精确控制，经常会有烫焦、烫断头发或烫伤头皮的现象发生；因此冷烫应运而生，曾经一度代替热烫。21 世纪初，随着科技不断发展，热烫“卷土重来”。

20 世纪 70 年代的热烫设备

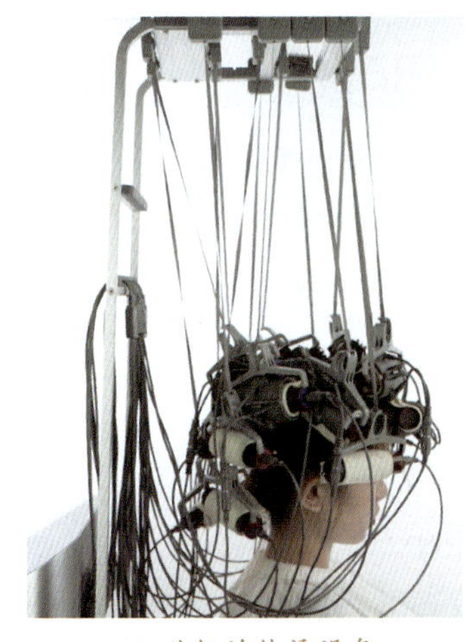

21 世纪的热烫设备

（1）冷烫。冷烫是运用范围较广的烫法，先卷杠，再涂抹烫发剂，最后中和定型，拆杠后可以产生湿卷干蓬的纹理，适合各种层次的发型和发质，可以根据要求进行硬性烫或软性烫。

（2）热烫。热烫时，先将头发软化，再将头发卷曲在可加热的发杠上，卷杠完毕后进行加热，最后中和定型，属于硬性烫，拆杠后可以产生湿直干卷的纹理，适合于高层次发型和各种发质。热烫烫出的发质富有弹性，发花柔和自然。在相同发质的情况下，其弹性远远超出冷烫的效果。如果是烫过离子烫的发质，只能热烫烫卷。数码烫、电棒烫、直板烫都属于热烫。

相关链接

硬性烫和软性烫

1. 硬性烫

卷杠时，施加一定的拉力把头发紧紧卷曲在发杠上，拆杠后可以产生发卷弹力较强的纹理效果。硬性烫适用于冷烫和热烫。

2. 软性烫

卷杠时，在不施加拉力的情况下，将头发卷曲并固定，拆杠后可以产生发卷较柔顺的纹理效果。软性烫有无杠烫、定位烫等，只适用于冷烫。

5. 烫发的原理

烫发是头发由直变卷的过程，是在物理作用和化学作用下形成的。通过各种操作方法，将头发缠绕在不同直径与不同形状的发杠上；再通过烫发剂的作用，改变发丝的形状。

（1）冷烫。冷烫烫发剂由软化剂、中和（定型）剂组成。冷烫烫发剂大多是液体状，便于烫发剂在卷好的发杠上渗透。

1）软化剂。软化剂也称 1 号剂或者 A 剂，其作用是使头发的毛鳞片软化与膨胀，以利于主剂硫化物的渗透与吸收，软化剂进入头发，头发受到发杠形状、直径、卷杠时拉力等因素的影响，产生变形。

2）中和剂。中和剂也称 2 号剂或者 B 剂，其作用是使头发的卷曲度持久定型。

特别提示

1. 受损发质烫发时，除了选用适合的烫发剂外，更应注重头发烫前和烫后的健康护理。

2. 冷烫的周期一般以间隔三个月以上为宜。

（2）热烫。热烫烫发剂由软化剂、中和剂、护理剂组成。

1）软化剂。热烫软化剂多为膏状，便于其更好地附着在头发上进行渗透软化。热烫软化剂的作用是使头发的毛鳞片软化与膨胀，角质蛋白之间的分子连接键断开，此时加热的发杠产生红外线，促使角质蛋白之间的分子结构发生改变，产生新的形状。发杠温度的升高使角质蛋白结构固定下来。

2）中和剂。热烫中和剂有膏状或液体状，其作用是使头发的卷曲度持久定型。膏状中和剂用于直板烫的定型，液体状中和剂用于卷发的定型。

3）护理剂。护理剂也称3号剂或者C剂，大多是膏状，便于与软化剂进行调配，可以更好地附着在头发上进行渗透软化。将软化剂与护理剂以不同比例进行调配，降低软化剂的浓度，使烫后的头发更具质感。

热烫烫发剂需要根据顾客的发质对软化剂和护理剂进行个性化调配，调配比例如下。

抗拒发质	软化剂中无须添加护理剂。
正常发质	软化剂与护理剂的调配比例为10∶1。
细软发质	软化剂与护理剂的调配比例为5∶1。
轻度受损发质	软化剂与护理剂的调配比例为（5∶2）~（10∶3）。
中度受损发质	软化剂与护理剂的调配比例为（5∶3）~（2∶1）。
重度受损发质	软化剂与护理剂的调配比例为（5∶4）~（10∶7）。
极度受损发质	软化剂与护理剂的调配比例为（1∶1）~（10∶9）。

特别提示

1. 在软化剂中添加护理剂后，需要延长头发软化的时间，护理剂比例越高，软化时间越长。

2. 护理剂可以用护发素代替。

二、烫发的工具与设备

1. 烫发通用工具

（1）尖尾梳。尖尾梳用于头发的分区和取份，是烫发时不可缺少的工具。	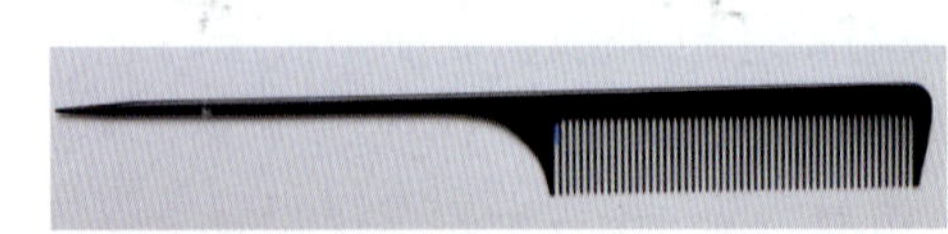
（2）分区夹和发片夹 1）分区夹用于固定大范围区域的头发。 2）发片夹用于固定小范围区域的头发。	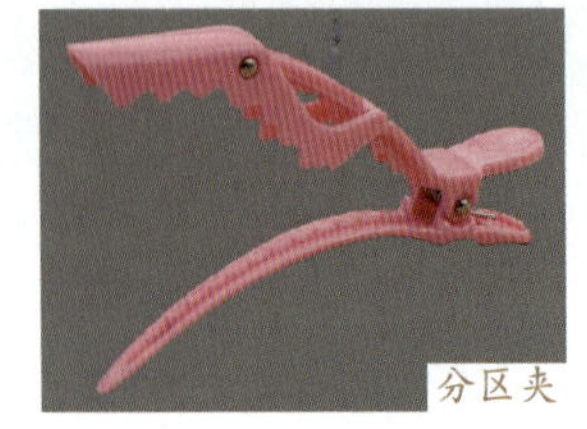 分区夹 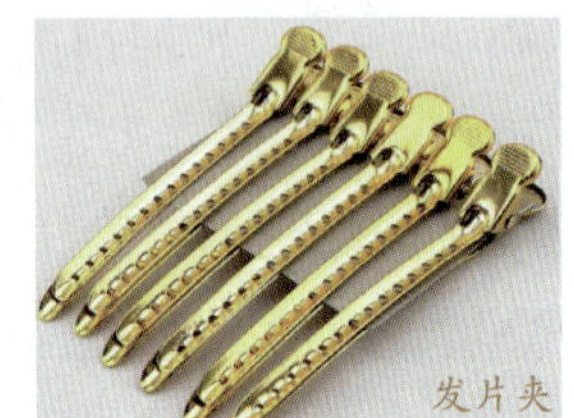 发片夹
（3）烫发纸。烫发纸具有吸水性，用于烫发时包裹发尾，避免头发散落。	 
（4）橡皮筋。橡皮筋用于将头发固定在发杠上。	
（5）防勒痕垫片、发针。防勒痕垫片、发针有不同规格，用于防止橡皮筋在头发上产生勒痕。	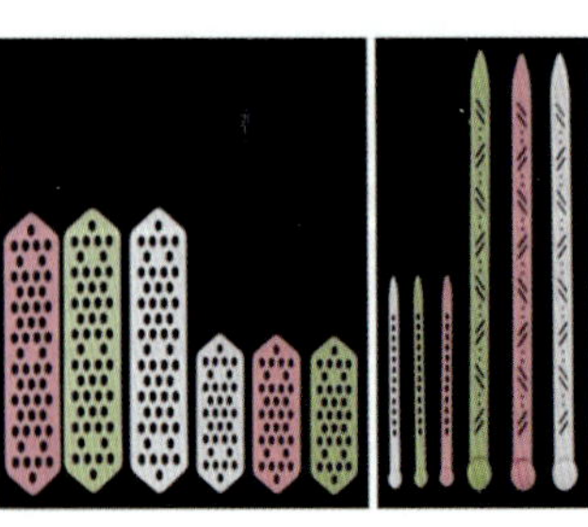 

（6）手套。手套可分为一次性手套和可重复使用手套，佩戴手套可以避免直接接触烫发剂。	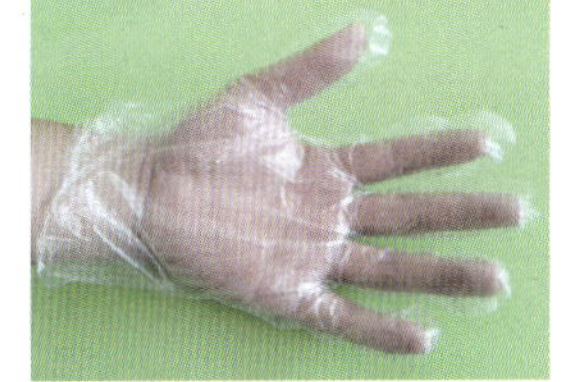 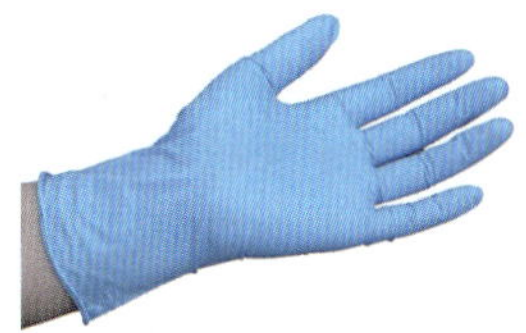
（7）隔离霜和棉条。在涂抹烫发剂前，在顾客发际线周围涂抹隔离霜，可以有效避免烫发剂与皮肤接触，保护皮肤；棉条可以吸附烫发剂，避免烫发剂滴落。	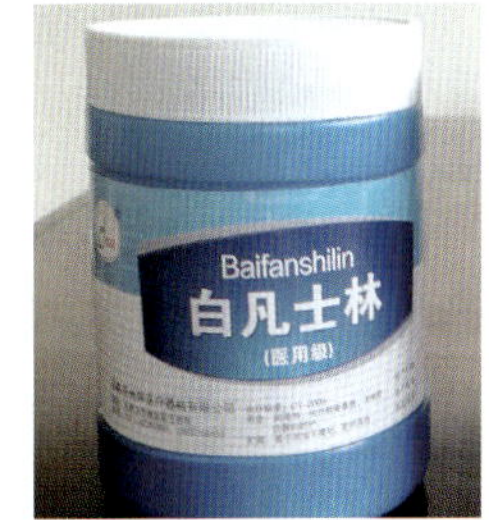 
（8）肩托。肩托用于避免烫发剂滴落在顾客身上。	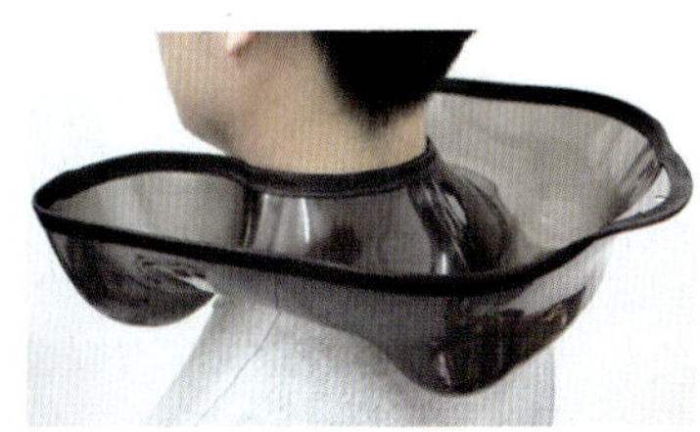
（9）一次性浴帽和保鲜膜。一次性浴帽和保鲜膜可以包裹住头发，避免烫发剂滴落，并保持头发的热量。	 
（10）其他防护物品。	1）围布、操作围裙可以有效保护顾客和美发师的衣物不被烫发剂污染渗透。 2）餐巾纸、湿巾纸用于及时擦拭不慎滴落的烫发剂。

2. 冷烫专用工具与设备

（1）带橡皮筋的标准发杠。在DX系统中，根据发杠直径大小（以mm为单位）进行编号区分。例如，直径5 mm的发杠称为5号杠，直径13 mm的发杠称为13号杠，以此类推。

9号杠 11号杠 13号杠 15号杠 17号杠 19号杠 21号杠

（2）不带橡皮筋的标准发杠。需要用橡皮筋进行固定，卷曲的方法不同，固定的方法也不同。

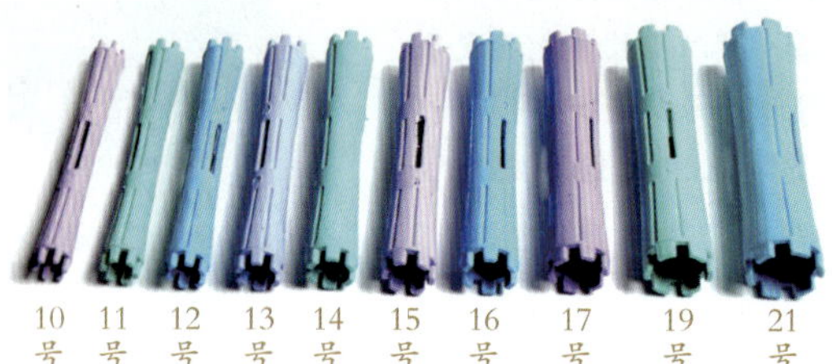

10号杠 11号杠 12号杠 13号杠 14号杠 15号杠 16号杠 17号杠 19号杠 21号杠

（3）海绵万能发杠。直径在10~20 mm，可以任意扭曲变形，不需要橡皮筋就可以固定，可以避免橡皮筋固定时产生的勒痕。

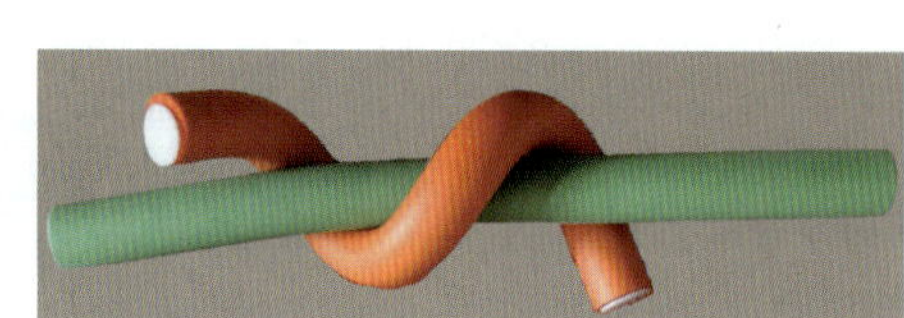

（4）烟花发杠。与海绵万能发杠类似，但其常用直径为3~6 mm，可以烫出膨胀的纹理。

（5）波浪板。波浪板必须与标准发杠配合，才能完成发片的固定。使用时，将发片固定在波浪板上，可以烫出典雅、文静的波浪状纹理。

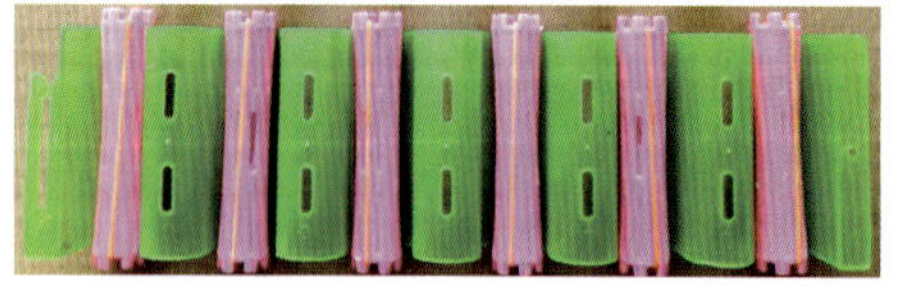

（6）螺旋形发杠。将发束缠绕在螺旋形发杠上，用橡皮筋固定，可以烫出螺旋状的具有野性的纹理。

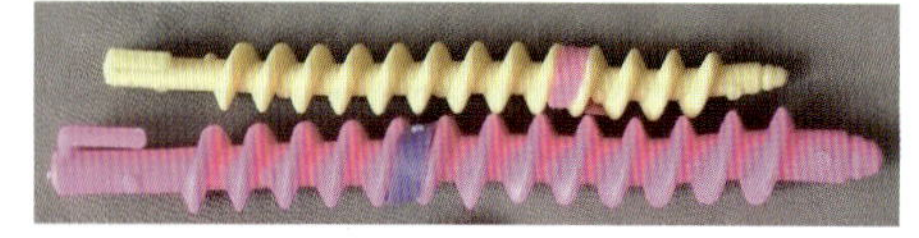

（7）定位夹。定位夹是定位烫时用来固定发卷的小夹子，定位夹一般采用铝制或塑料，夹子弹簧采用不锈钢。

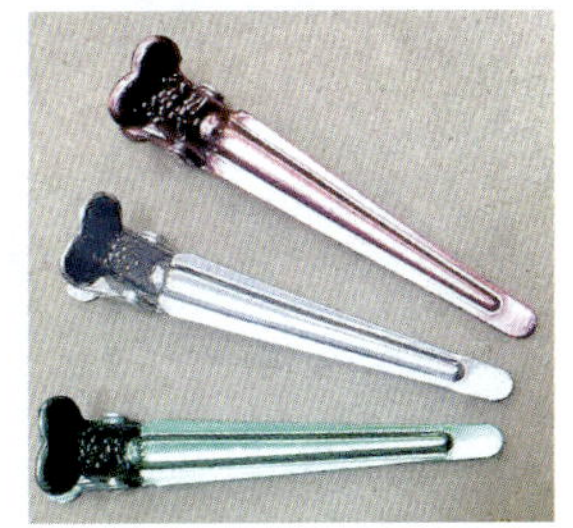

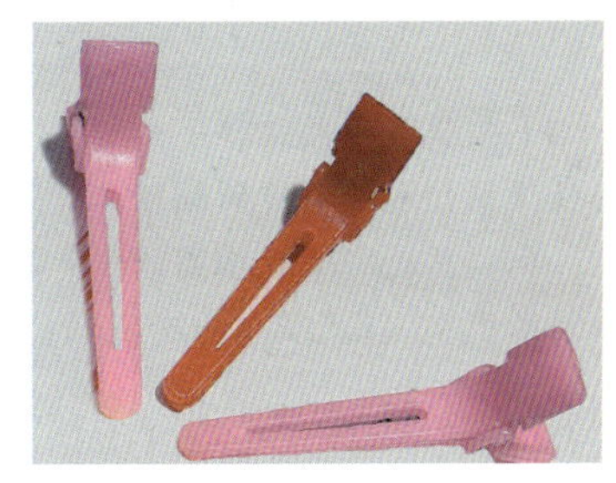

（8）红外线加热器。一般分为旋转式和固定式，在室温低于20 ℃时使用，在一定空间内增加空气温度，加快烫卷头发的速度。该机器也可在染发、护理时使用。

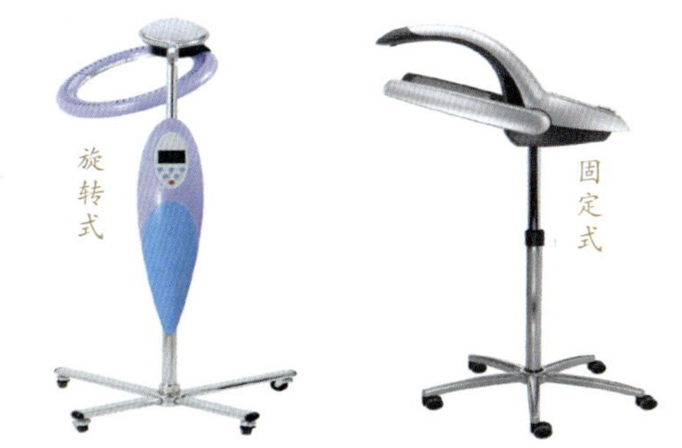

3. 热烫专用工具与设备

（1）发杠与热烫发杠加热器。标准热烫发杠多为圆筒形，直径为9~28 mm，发杠可以用夹子或者橡皮筋固定，需要配合热烫发杠加热器使用。

（2）热烫固定夹。热烫固定夹是数码烫的辅助工具，要根据发杠的大小选择适合的固定夹，其用于固定发杠，同时有蓄热保温的功能。

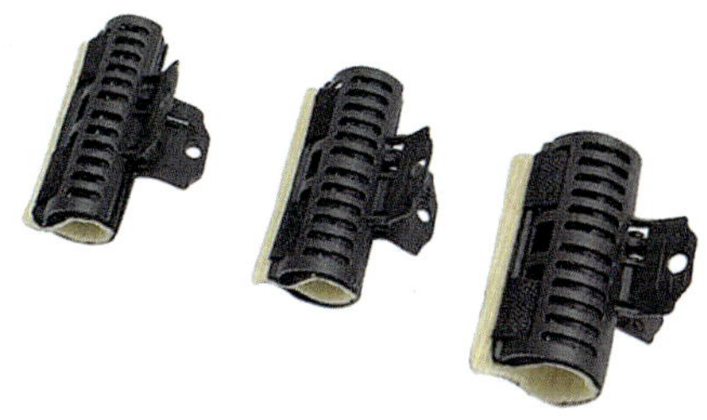

（3）热烫发根隔热垫。热烫发根隔热垫是数码烫的辅助工具，其作用是将温度很高的发杠隔离开来，避免烫伤头皮。

（4）电棒。电棒主要针对短发，多用于男士烫发，电棒的直径为 3~11 mm。

（5）电夹板。直板烫主要用于中长发的拉直，用于直板烫的电夹板宽度较宽，一般都在 5 cm 以上，并具有调温功能。

三、标准发杠卷杠操作基础知识

1. 分区

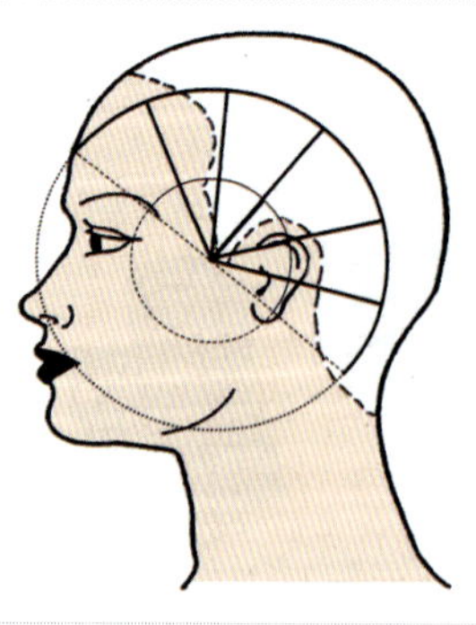

（1）圆形分区

1）圆形分区包括圆形和半圆形分区。

2）可在头部的任意部位进行设计划分。

3）发杠排列呈弧形，产生弧线的流向。

4）头发越短，流向越明显。

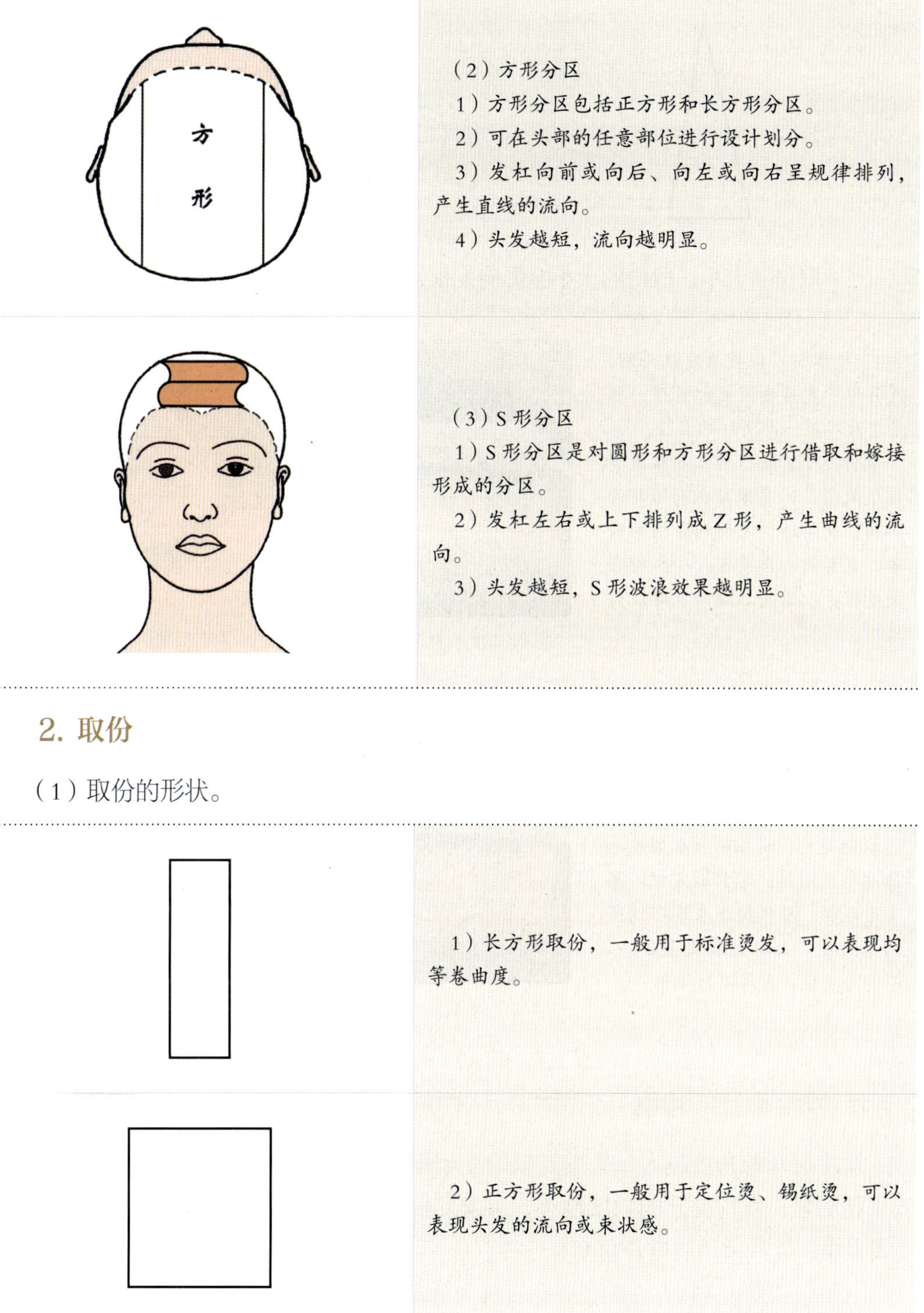

（2）方形分区

1）方形分区包括正方形和长方形分区。

2）可在头部的任意部位进行设计划分。

3）发杠向前或向后、向左或向右呈规律排列，产生直线的流向。

4）头发越短，流向越明显。

（3）S形分区

1）S形分区是对圆形和方形分区进行借取和嫁接形成的分区。

2）发杠左右或上下排列成Z形，产生曲线的流向。

3）头发越短，S形波浪效果越明显。

2. 取份

（1）取份的形状。

1）长方形取份，一般用于标准烫发，可以表现均等卷曲度。

2）正方形取份，一般用于定位烫、锡纸烫，可以表现头发的流向或束状感。

3）三角形取份，一般用于S形或圆形分区烫发，可以表现不均等的卷曲度。

（2）取份的大小。取份的大小会影响发根立起的程度。

1）小取份。以标准发杠为例，发片取份宽度参照发杠宽度，取份厚度参照一个发杠的直径。

取份越小，发根的立起程度和强度越明显；发根处也有明显的卷曲；整体造型表现均等的卷曲度，且卷曲形态紧密。小取份在发量较少、需要表现头发厚度时使用。

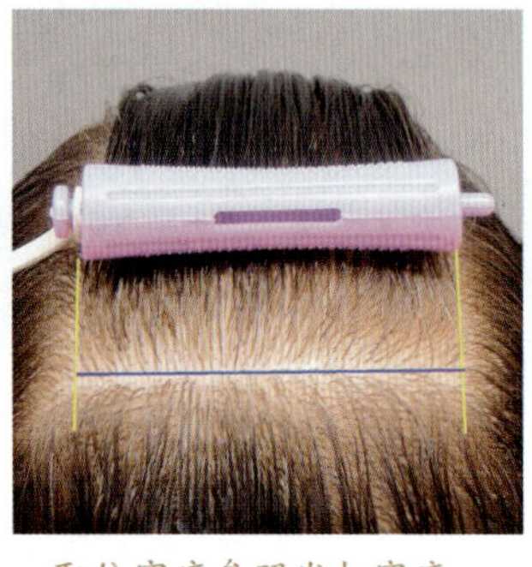

取份宽度参照发杠宽度

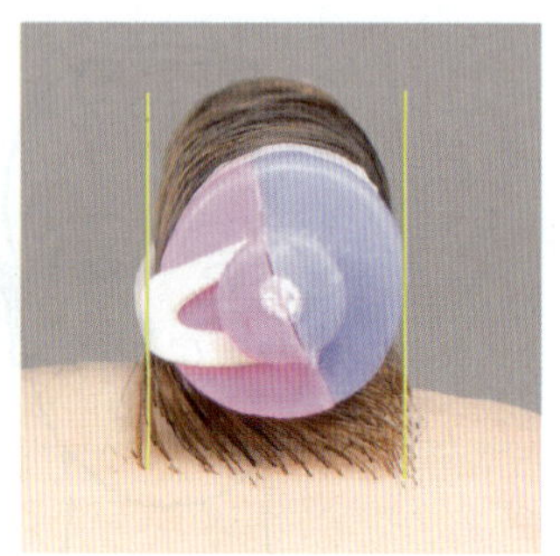

取份厚度参照一个发杠的直径

2）大取份。以标准发杠为例，发片取份宽度参照发杠宽度，取份厚度大于一个发杠的直径。

取份越大，发根的立起程度和强度越不明显；越靠近发根，卷曲度越弱；整体造型表现不均等的卷曲度。大取份在发量较多、不需要表现头发厚度时使用。

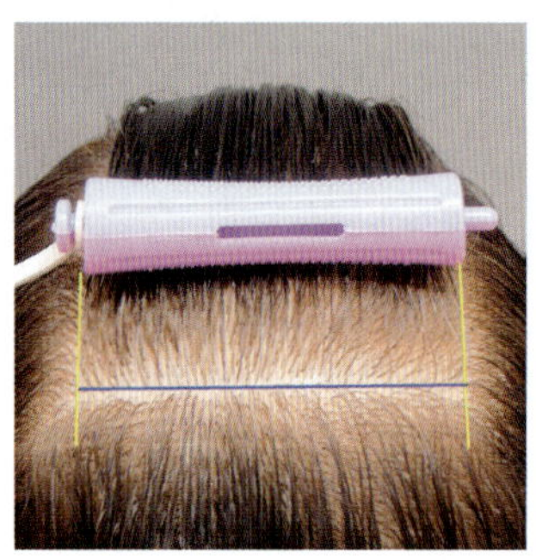

取份宽度参照发杠宽度

取份厚度大于一个发杠的直径

3. 发片提升的角度

发片提升的角度越大，头发发根的立起程度、强度及膨胀度越明显，头发越短，效果越明显；发片提升的角度越小，头发发根的立起程度、强度及膨胀度越不明显。在烫发中，发片常用的提升角度有三种。

（1）与头皮成45°左右的提升角度称为低角度提升。

（2）与头皮成90°左右的提升角度称为中角度提升，也称正常提升。

（3）与头皮成135°左右的提升角度称为高角度提升。

4. 提升角度与取份的设计

（1）正卷设计。正卷设计是指水平取份、发杠由上至下向内卷曲的设计。头发越短，呈现的设计效果越明显。

1）低角度正卷设计。低角度正卷设计是指以取份的中心线45°以下的提升角度向内进行卷杠的设计。

①一个取份的低角度正卷设计。以一个取份的中心线提升45°左右进行卷杠设计，发杠落在取份外面，发根立起的强度较小，烫出的发卷较服帖，根部不会产生蓬松的效果。

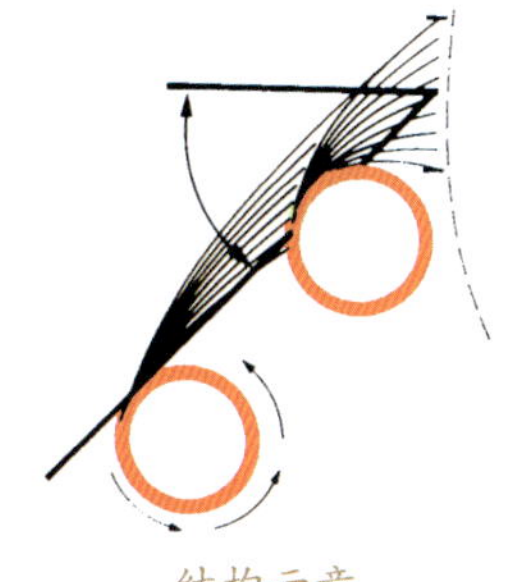
结构示意

提升角度

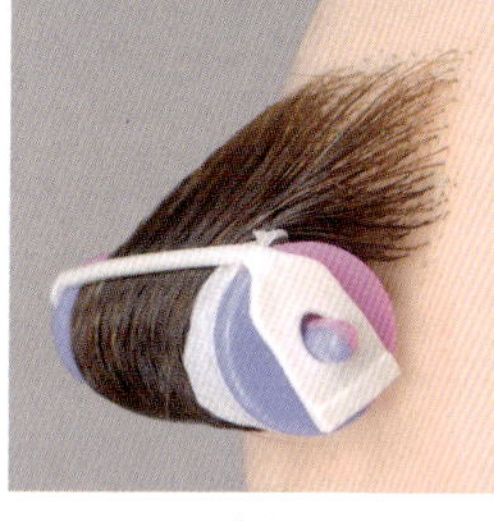
落杠

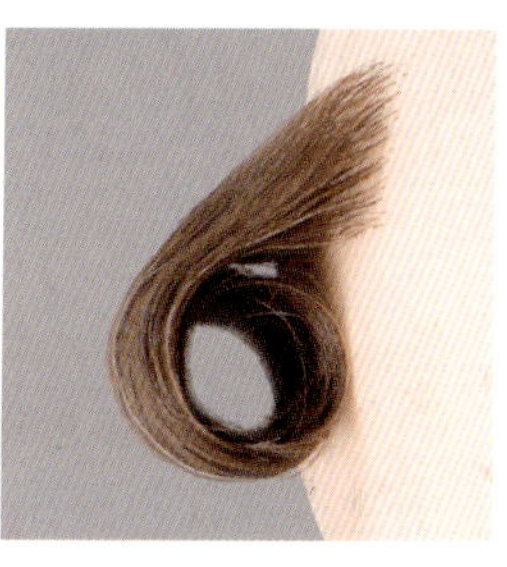
拆杠落位

②两个取份的低角度正卷设计。以两个取份的中心线提升45°左右进行卷杠设计，发杠落在取份外面，有平服的发根强度和较少的量感。

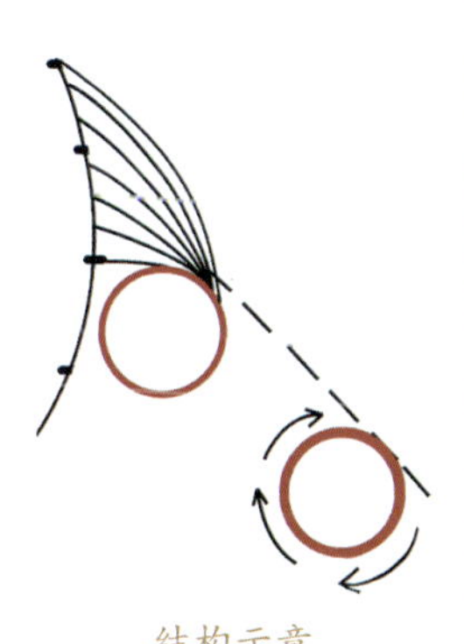
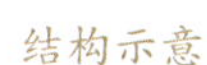
结构示意

提升角度

落杠

拆杠落位

2）中角度正卷设计。中角度正卷设计是指发片正常提升，以取份的中心线90°左右的提升角度向内进行卷杠的设计。

①一个取份的中角度正卷设计。以一个取份的中心线提升90°左右进行卷杠设计，发杠的一半会落在取份上，另一半会落在取份外，有较强的发根强度和较多的量感。

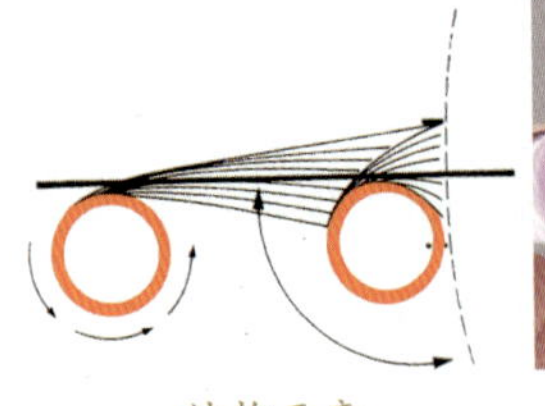
结构示意

提升角度

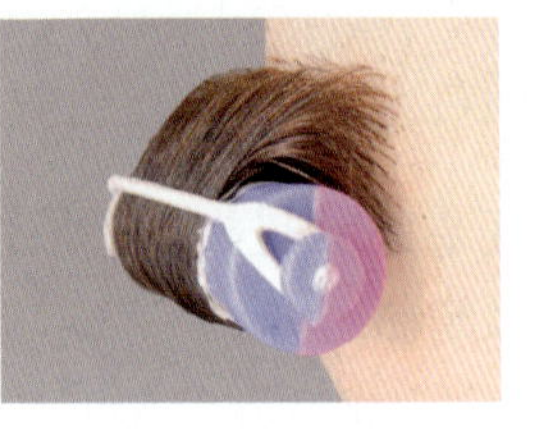
落杠

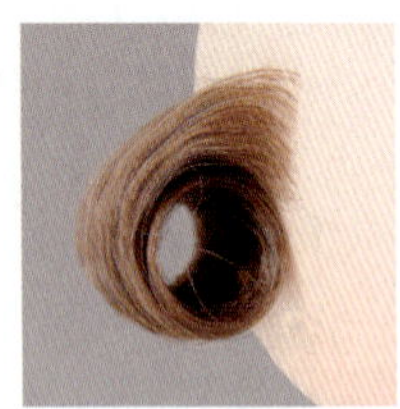
折杠落位

②两个取份的中角度正卷设计。以两个取份的中心线提升 90° 左右进行卷杠设计，发杠落在下面的取份上，由上至下有增强的发根强度和较多的量感。

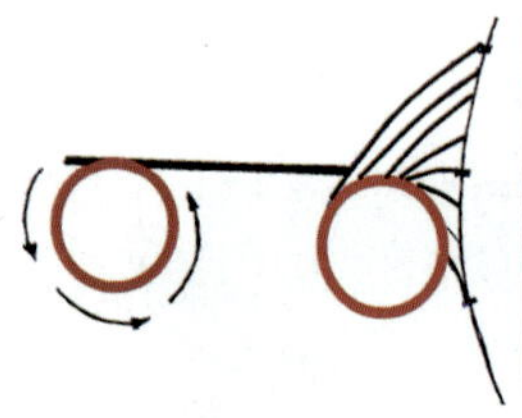
结构示意

提升角度

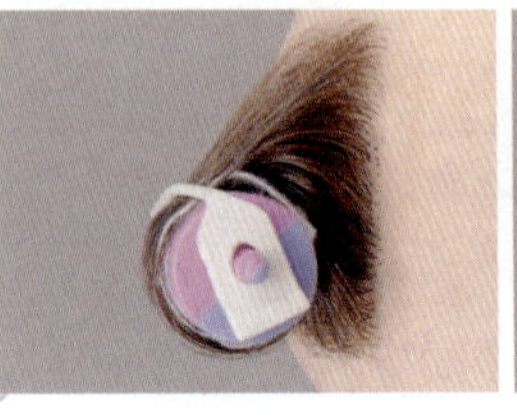
落杠

折杠落位

3）高角度正卷设计。高角度正卷设计是指以取份的中心线 135° 左右的提升角度向内进行卷杠的设计。

①一个取份的高角度正卷设计。以一个取份的中心线提升 135° 左右进行卷杠设计，发杠落在取份上，有极强的发根强度和极多的量感。

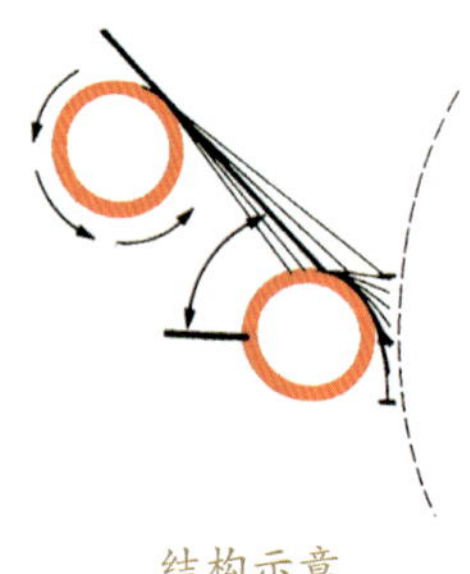
结构示意

提升角度

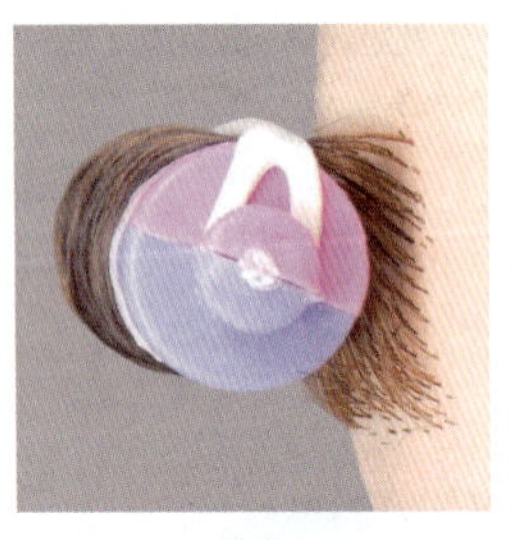
落杠

折杠落位

②两个取份的高角度正卷设计。以两个取份的中心线提升 135° 左右进行卷杠设计，发杠落在上面的取份上，由下至上有增强的发根强度和增多的量感。

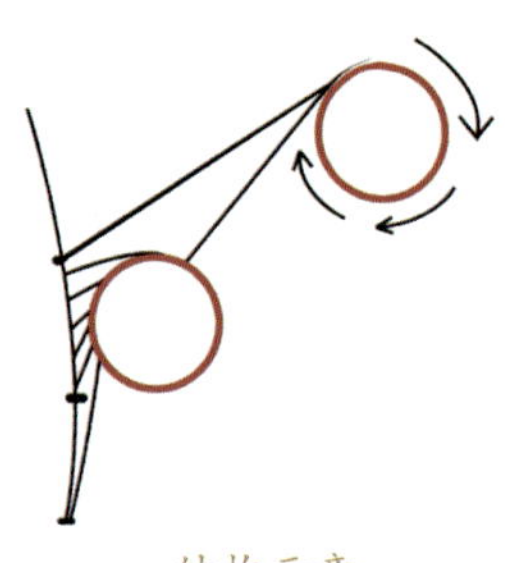

结构示意

提升角度

落杠

折杠落位

（2）反卷设计。反卷设计是指水平取份、发杠由下至上向外卷曲的设计，头发越短，呈现的设计效果越明显。

1）低角度反卷设计。低角度反卷设计是指以取份的中心线 45° 以下的提升角度向外进行卷杠的设计。

①一个取份的低角度反卷设计。以一个取份的低角度反卷设计进行卷杠，发杠落在取份上，有压缩的发根强度和较少的量感。

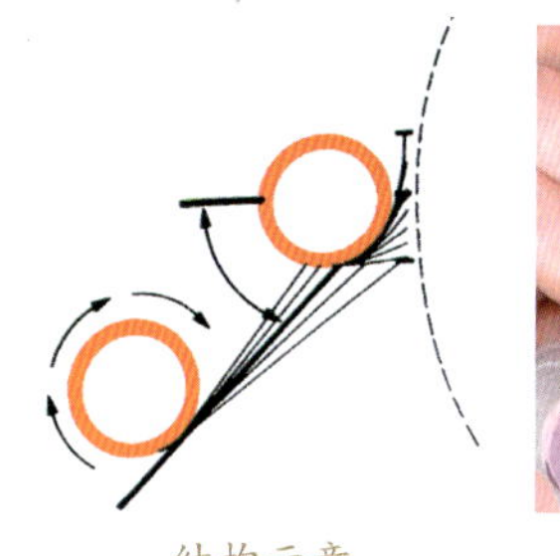
结构示意

提升角度

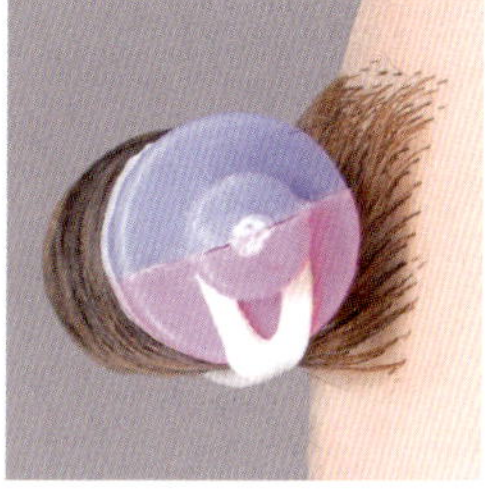
落杠

拆杠落位

②两个取份的低角度反卷设计。以两个取份的低角度反卷设计进行卷杠，发杠落在下取份上，由上至下有增强的发根强度和增多的量感。

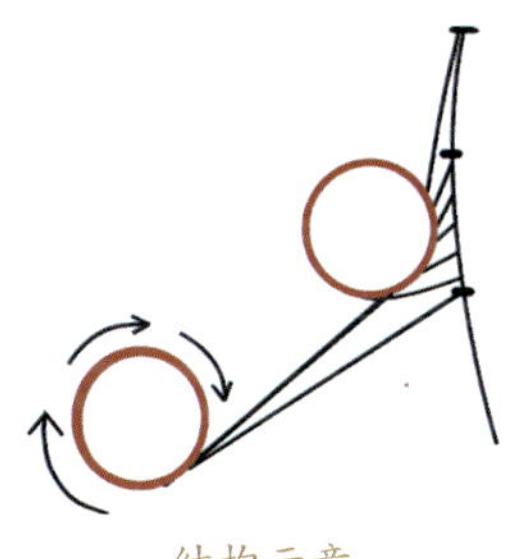
结构示意

提升角度

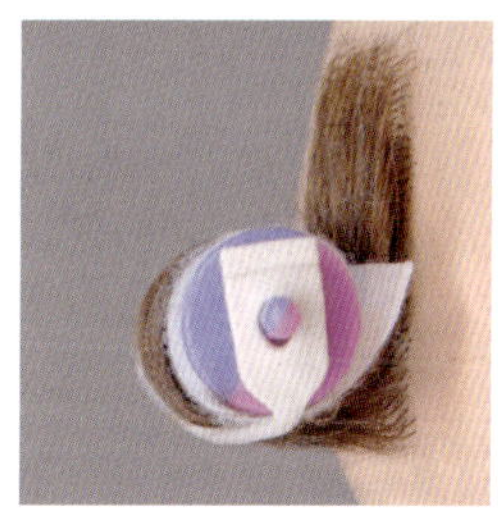
落杠

拆杠落位

2）中角度反卷设计。中角度反卷设计是指以取份的中心线正常提升（90°）向外进行卷杠的设计。

①一个取份的中角度反卷设计。以一个取份的中心线正常提升进行卷杠，发杠一半落在取份上，有极强的发根强度和极多的量感。

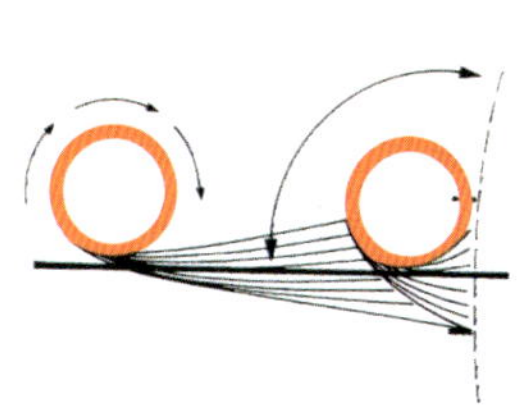
结构示意

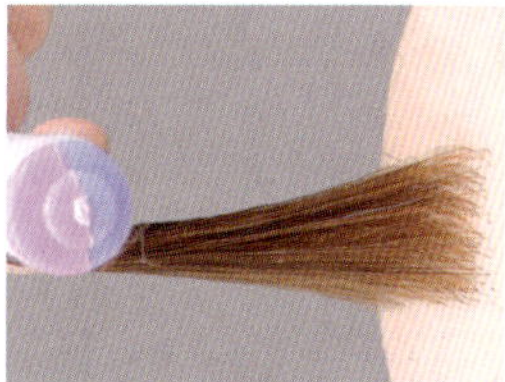
提升角度

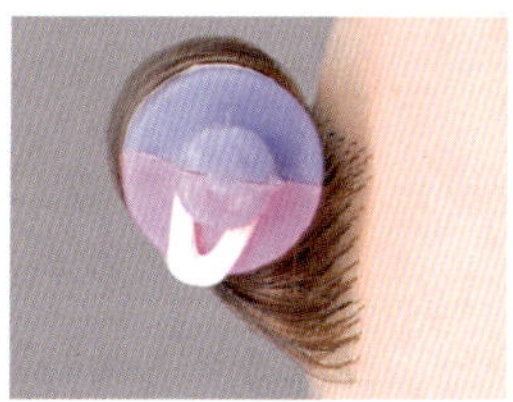
落杠

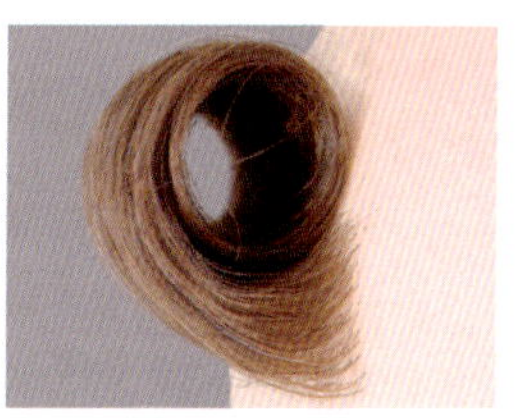
拆杠落位

②两个取份的中角度反卷设计。以两个取份的中心线正常提升进行卷杠，发杠落在上取份上，由下至上有增强的发根强度和增多的量感。

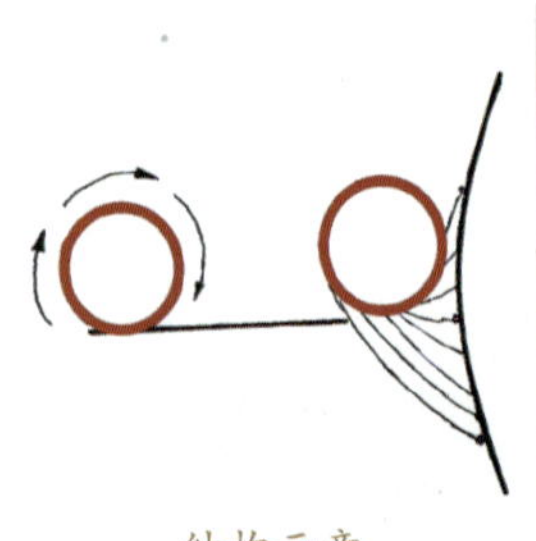
结构示意

提升角度

落杠

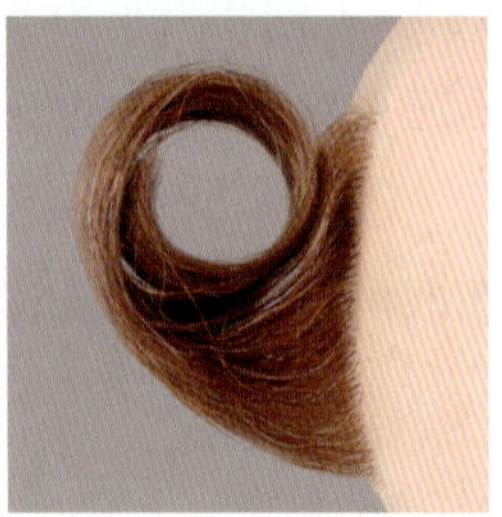
折杠落位

5. 卷杠方向

卷杠方向设定取决于取份的排列方向，分为水平取份排列、垂直取份排列、斜向取份排列。其中，斜向取份排列又分为前斜取份排列和后斜取份排列。

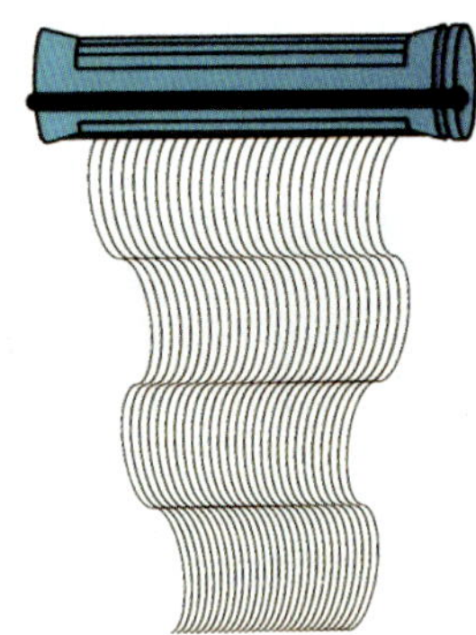
水平取份排列

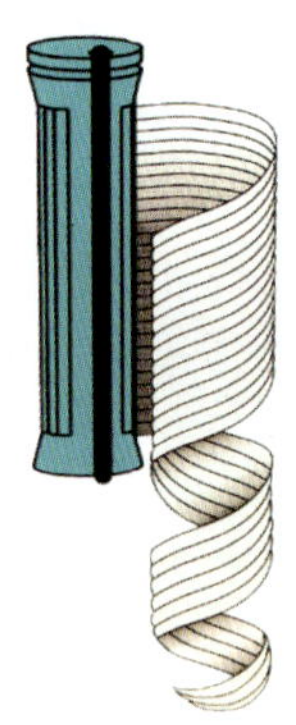
垂直取份排列

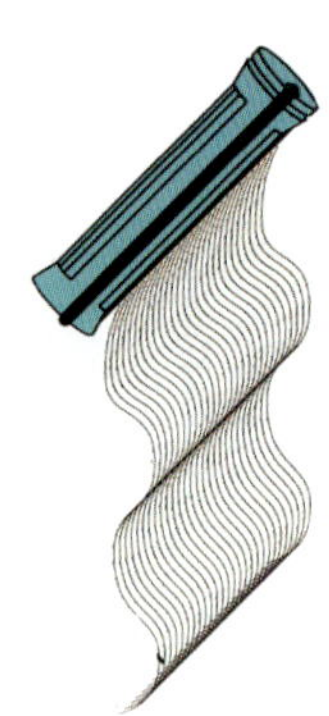
斜向取份排列

（1）水平取份排列的两个方向

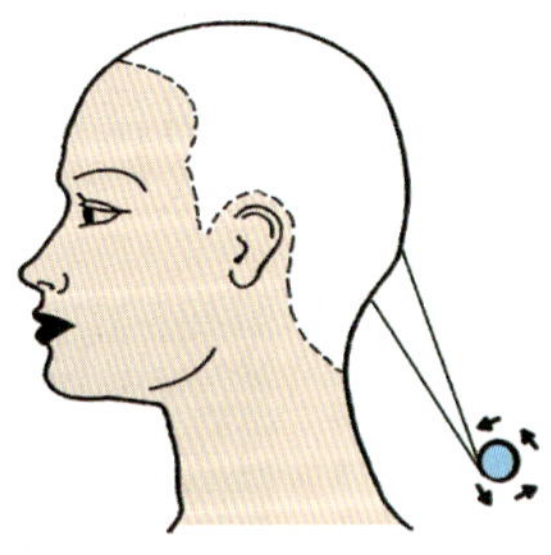
水平向上外卷的方向

向上卷曲便于发根收紧，产生向外跳跃的动感，适用于头型较大的顾客。

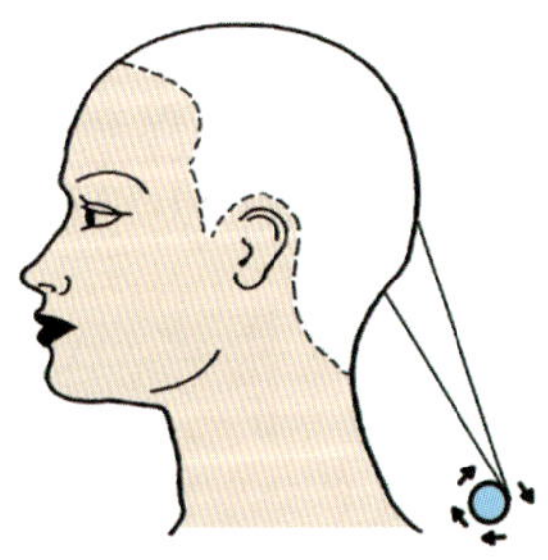
水平向下内卷的方向

向下卷曲便于发根的立起，产生含蓄向内的姿态，发卷容易形成厚度，在需要增加厚度的情况下使用，适用于发量较少的顾客。

（2）垂直取份排列的两个方向

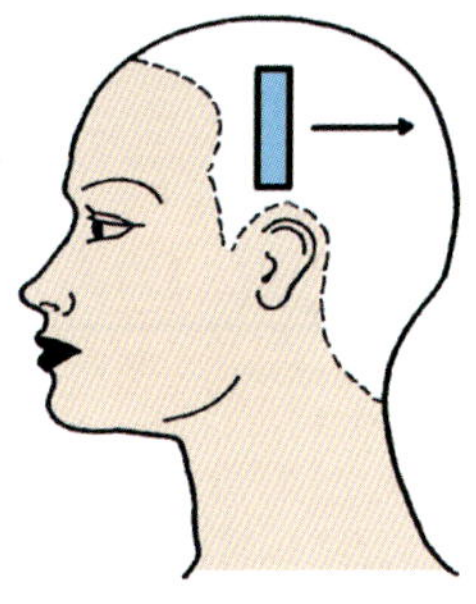

垂直向后卷曲的方向

背离脸部，发卷膨胀性小，波浪整齐，可以削减量感，适用于脸型小、发量多的顾客。

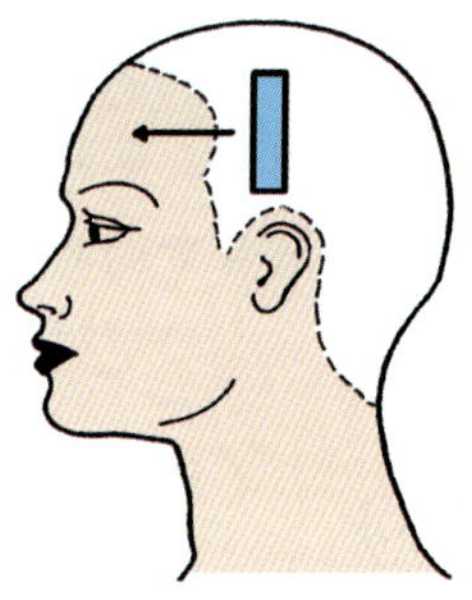

垂直向前卷曲的方向

朝向脸部，适用于脸型大、发量多的顾客。

（3）前斜取份排列的两个方向

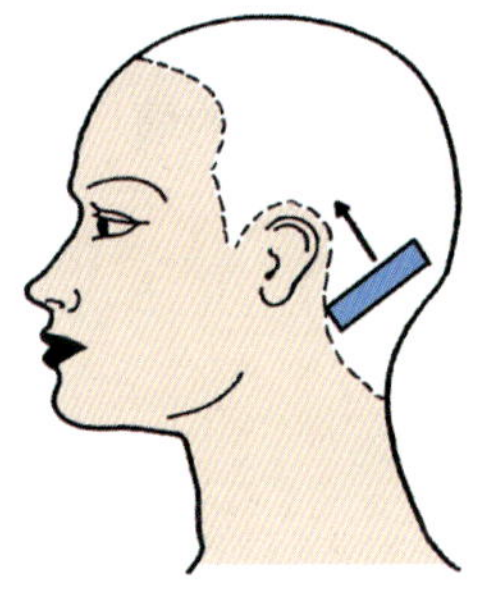

前斜向上外卷的方向

便于发根的收紧，产生前斜向外跳跃的动感，适用于头型较大的顾客。

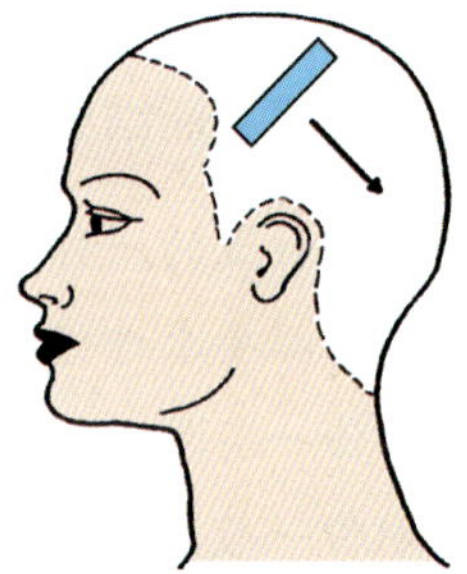

前斜向下内卷的方向

膨胀发根，削减量感，波浪整齐，呈现自然倾斜向下的动感，适用于脸型小、发量少的顾客。

（4）后斜取份排列的两个方向

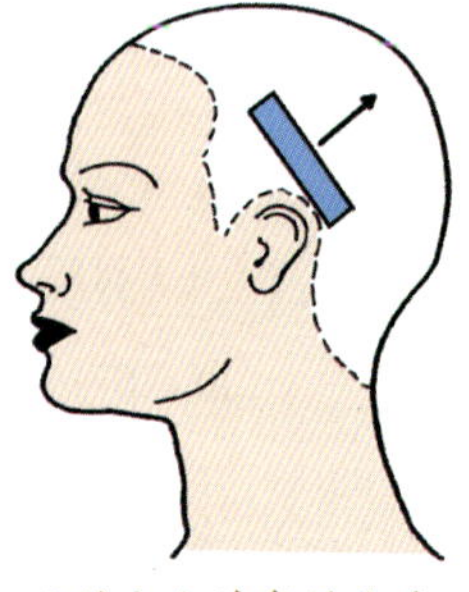

后斜向上外卷的方向

削减量感，便于发根的收紧，产生自然向后跳跃的动感，适用于脸型较小的顾客。

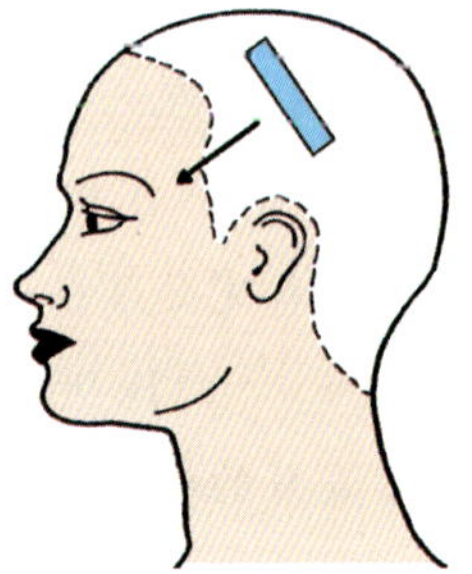

后斜向下内卷的方向

膨胀发根，呈现自然包裹脸部的动感，适用于脸型较大的顾客。

特别提示

1. 卷杠时卷曲圈数越少，卷杠方向的效果越明显。
2. 卷杠时取份越薄，卷杠方向的效果越明显。
3. 头发越短，卷杠方向的效果越明显。

课堂提问

1. 简述烫发的分类。
2. 简述烫发的作用。
3. 简述烫发的卷杠方法。

课后练习

一、判断题（将判断结果填入括号中。正确的填“√”，错误的填“×”）

1. 热烫属于软性烫的一种。（ ）
2. 冷烫可以根据要求进行硬性烫或软性烫。（ ）
3. 长方形取份一般用于标准烫发，可以表现均等卷曲度。（ ）
4. 正方形取份一般用于定位烫、锡纸烫。（ ）
5. 大取份时，发片取份宽度参照两个发杠的宽度，取份厚度参照两个发杠的直径。（ ）

二、单项选择题（选择一个正确的答案，将相应的字母填入题内的括号中）

1. 烫发分为硬性烫和（ ）两大类。

A. 陶瓷烫　B. 软性烫　C. 热烫　D. 冷烫

2. 正卷时，发杠落在一个取份的发片上，提升角度是（ ）。

A. 135°　B. 90°　C. 60°　D. 30°

3. 反卷时，发杠完全落在一个取份的发片上，提升角度是（ ）。

A. 135°　B. 90°　C. 45°　D. 30°

4. 正卷时，发片的提升角度是45°，发片落在取份发片的（ ）。

A. 外面　B. 上面　C. 下面　D. 不确定位置

5. 取份的排列可分为水平取份排列、垂直取份排列、（ ）取份排列。

A. S形　B. 组合　C. 斜向　D. 圆形

参考答案

一、判断题

1. ×　　2. √　　3. √　　4. √　　5. ×

二、单项选择题

1. B　　2. A　　3. C　　4. A　　5. C

第2节　烫发技术运用

烫发工具可以形成的发丝形状主要有直线状、卷曲状、螺旋状、波浪状和折角状，这些形状的纹理效果各不相同。

- 直线状——彻底压缩头发的厚度，表现最小的膨胀效果，适用于头发较蓬松或自然卷的人。
- 卷曲状——水平卷曲发片，表现较膨胀的曲线效果，适用于头发较短或发量较少的人。
- 螺旋状——垂直卷曲或缠绕发片，表现较柔顺的曲线效果，适用于头发较长或发量较多的人。
- 波浪状——发片放入波浪形的工具中进行烫发处理，表现柔顺的曲线效果，适用于头发较长或发量较多的人。
- 折角状——将发片用锡纸包住再折角处理，可以烫出Z形纹理，表现最大的膨胀效果，适用于头发较长或发量较少的人。

直线状

卷曲状

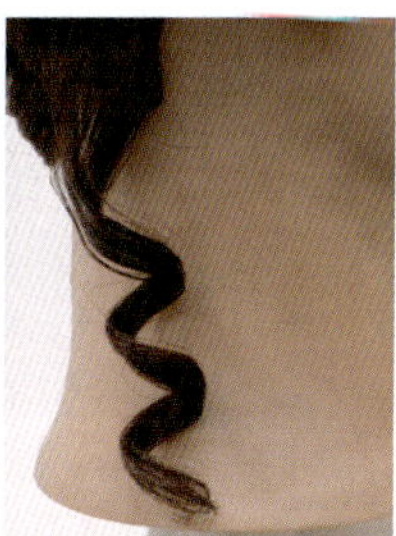
螺旋状

波浪状

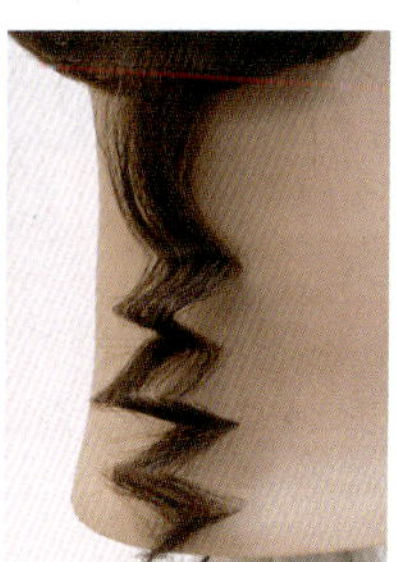
折角状

本节从烫发纸包裹技术、烫发卷杠技术、烫发固定技术和基础排列卷杠技术训练进行烫发技术讲解。

一、烫发纸包裹技术

烫发时，烫发纸起包裹发尾、防止松散的作用，可以使发尾平服地贴在发杠上，以免发尾对折、烫焦。烫发纸包裹头发的方法有以下五种。

1. 单面包裹法

单面包裹法多用于顶部区域卷杠时发尾的包裹。

包纸

上杠

卷曲

扫码观看

2. 对折双面包裹法

对折双面包裹法多用于周边区域卷杠时整齐发尾的包裹。

包纸

上杠

卷曲

扫码观看

3. 双纸双面包裹法

双纸双面包裹法多用于较碎发尾或斜线发尾的包裹。

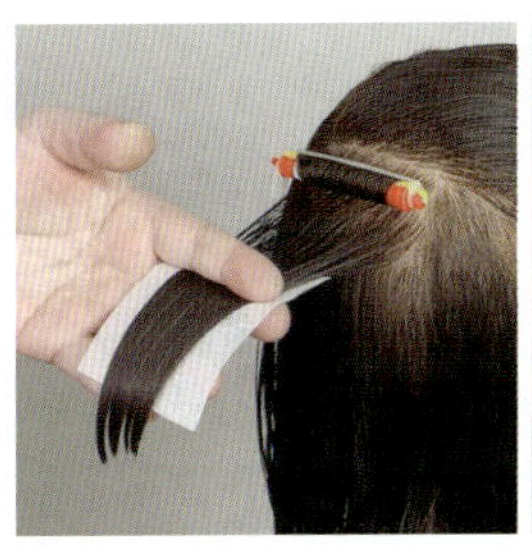
包下纸

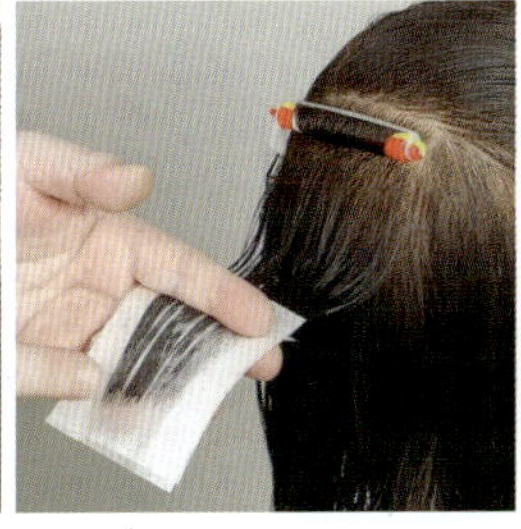
包上纸

卷曲

扫码观看

4. 环抱包裹法

环抱包裹法多用于定位烫的包裹。

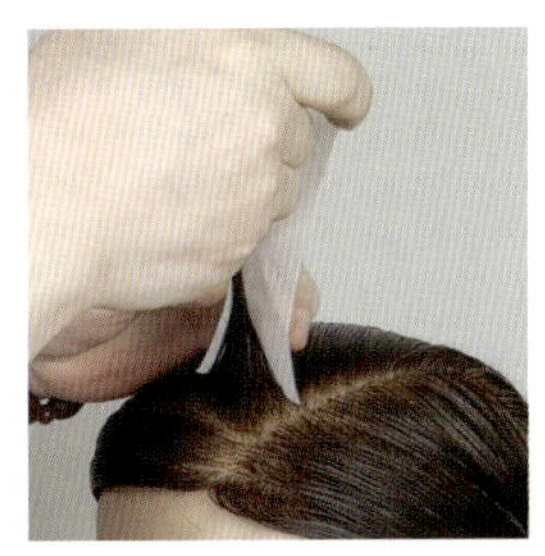
侧包纸

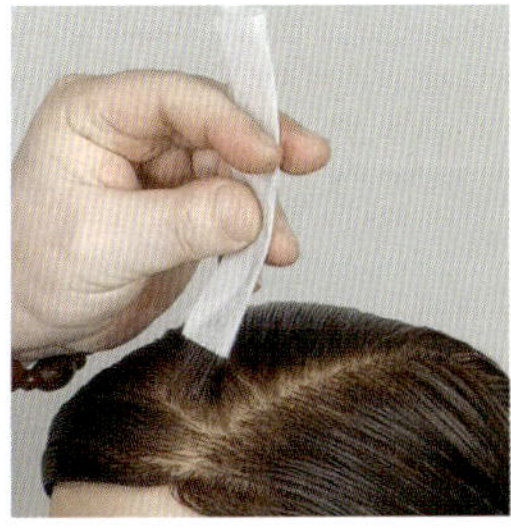
环包纸

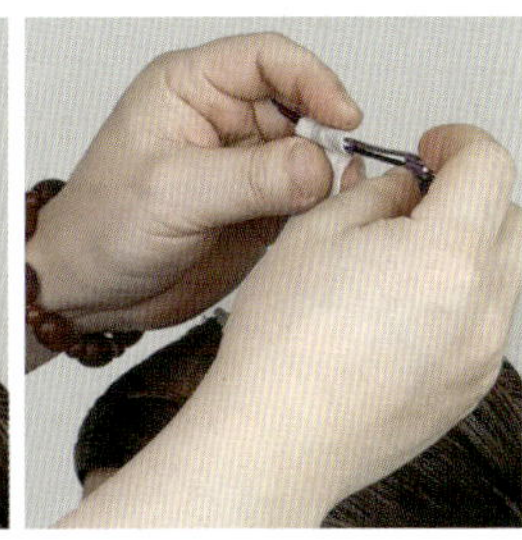
卷曲

扫码观看

5. 扭转包裹法

扭转包裹法多用于缠绕式发尾的包裹。

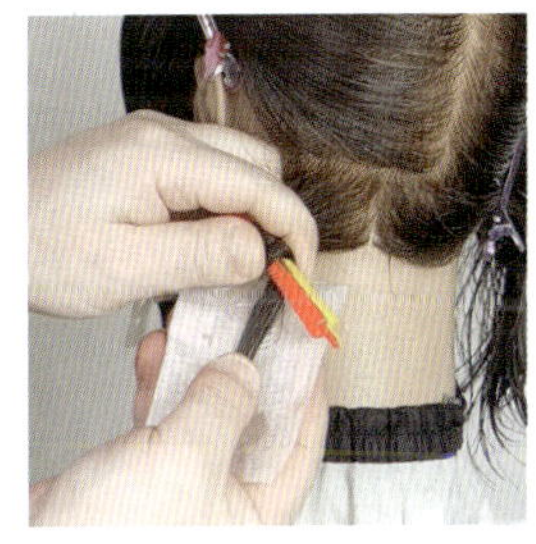
包纸

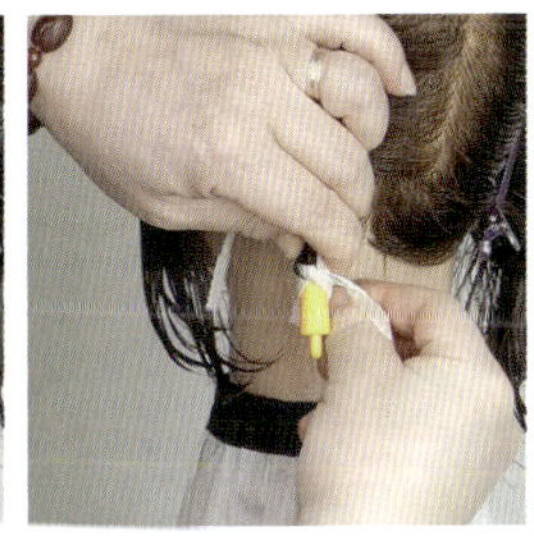
固定

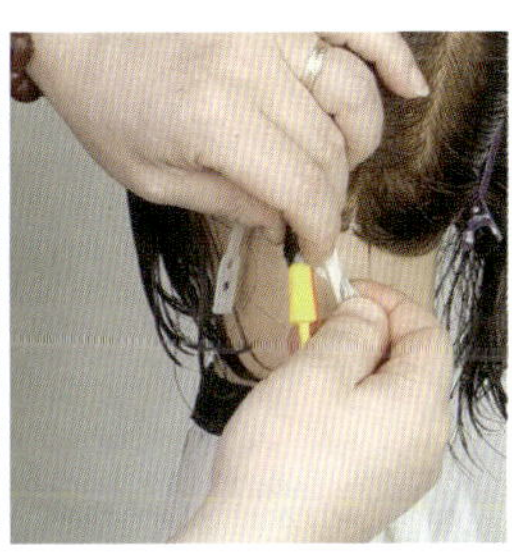
拧转

扫码观看

二、烫发卷杠技术

1. 平卷法

平卷法是最传统的烫发卷杠技术，将发片从发尾卷向发根，可分为水平、垂直、斜向三种排列方法。这种卷杠技术常用于冷烫。

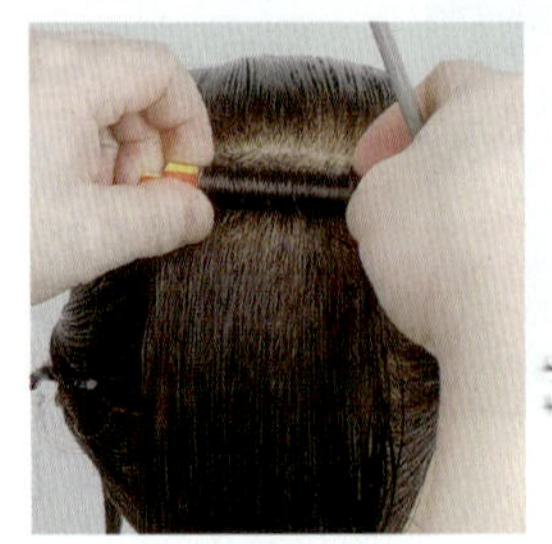

平卷法

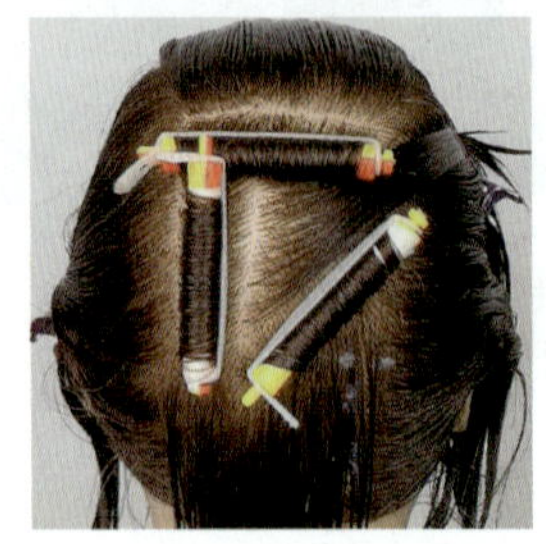
三种排列方法

扫码观看

2. 斜卷法

斜卷法适合中等以上长度的发型，从发尾斜卷向发根或发中，发片半叠在发杠上。这种卷杠技术常用于热烫。

上杠

斜卷

完成效果

扫码观看

3. 平绕法

平绕法适合长发发型，将头发从发根开始以片状绕卷在发杠上，平绕至发中或发尾。这种卷杠技术可用于冷烫或热烫。

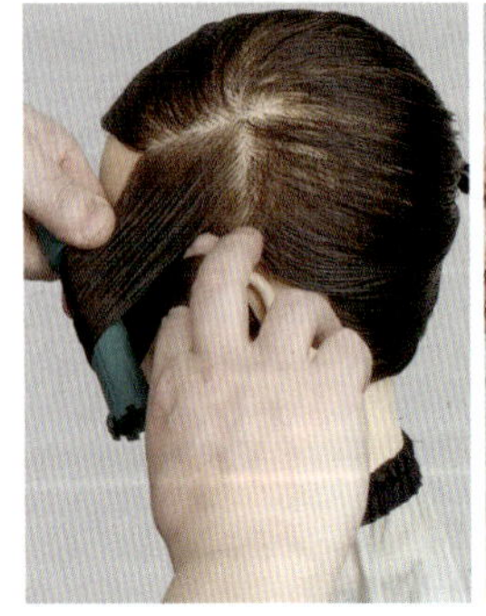
上杠

平绕

完成效果

扫码观看

4. 拧绕法

拧绕法适合中等以上长度的发型，将头发从发根开始不断拧转绕卷在发杠上。这种卷杠技术可用于冷烫或热烫。

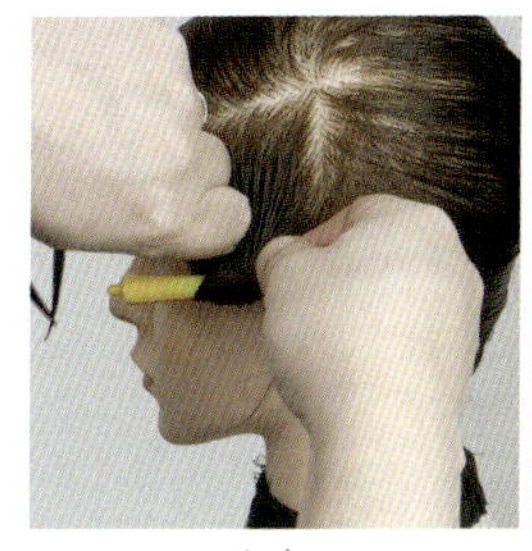
上杠

拧转

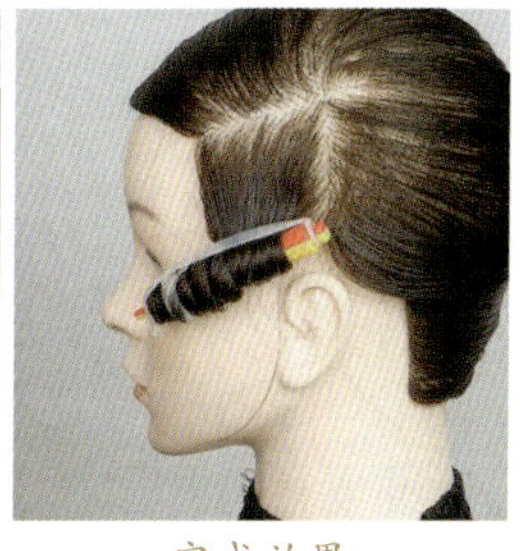
完成效果

扫码观看

5. 折叠法

折叠法是 DX 系统独创的卷杠技术，适合中等长度的低层次结构发型，用于呈现 S 形波浪状纹理。这种卷杠技术可用于冷烫或热烫。

上杠

固定

完成效果

扫码观看

6. 环穿法

环穿法是 DX 系统独创的卷杠技术，适合中等长度发型的发根烫。这种卷杠技术常用于冷烫。

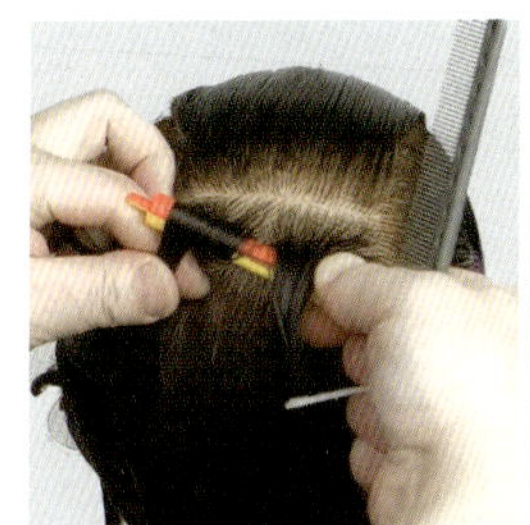
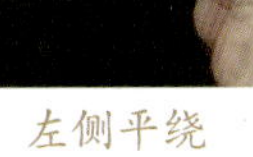
左侧平绕

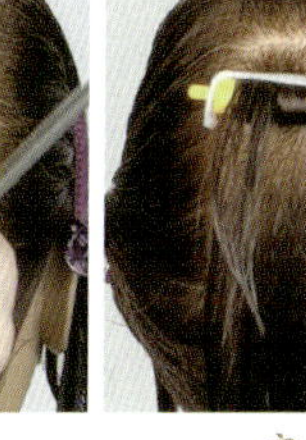
右侧平绕

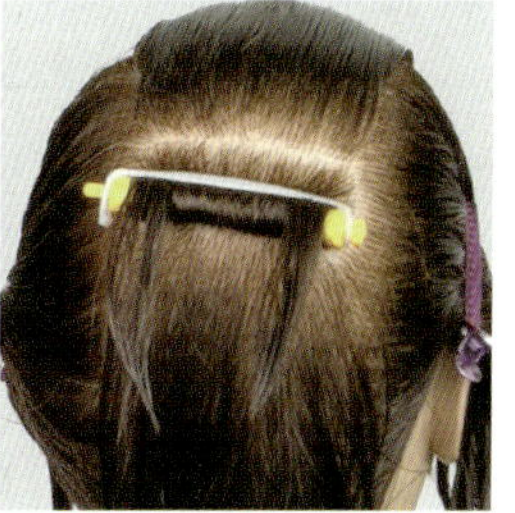
完成效果

扫码观看

特别提示

粗硬发质卷杠时的拉力可适当大些，正常发质卷杠时的拉力应适中，细软发质卷杠时的拉力可适当轻些。

三、烫发固定技术

1. 发杠一字固定法

发杠一字固定法是标准发杠的常用固定方式，用发杠上的橡皮筋单边固定发杠。

卷曲

提拉橡皮筋

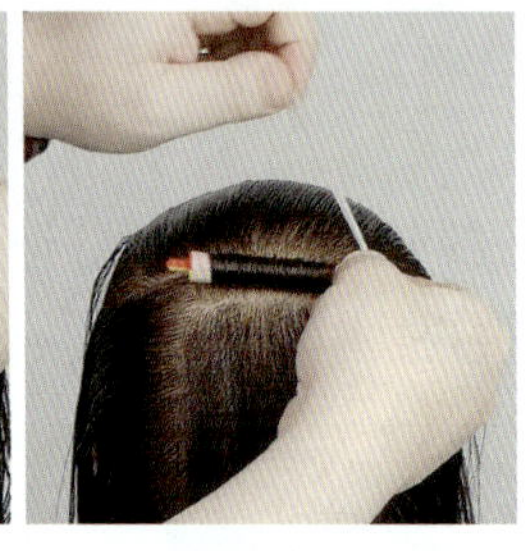
固定

扫码观看

2. 发杠交叉包裹固定法

将橡皮筋交叉环抱固定在无橡皮筋的发杠上，是常用的固定方式。

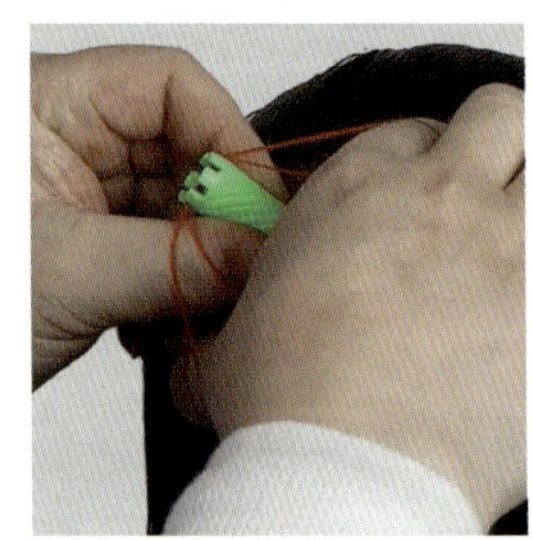
左侧固定

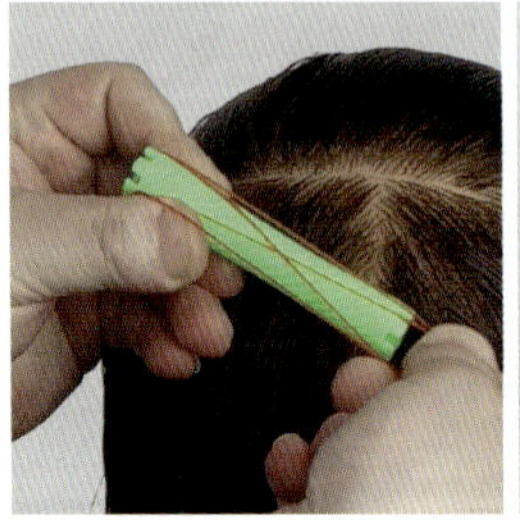
右侧固定

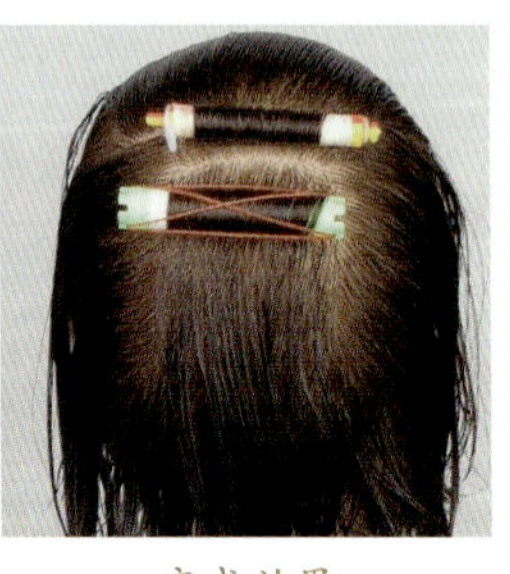
完成效果

扫码观看

3. 发杠十字固定法

将橡皮筋以十字形固定发杠，是缠绕发尾时常用的固定方式。

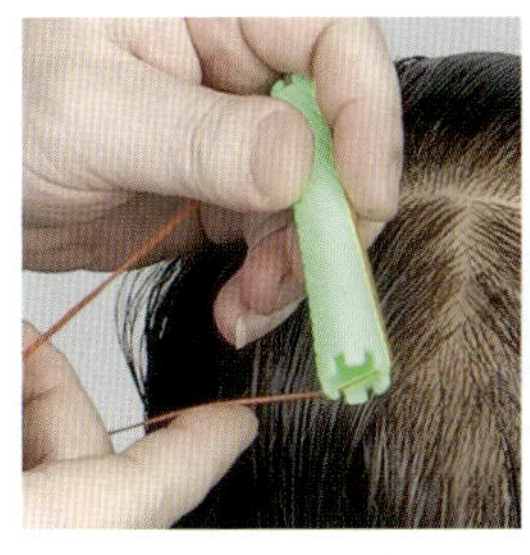
环绕橡皮筋

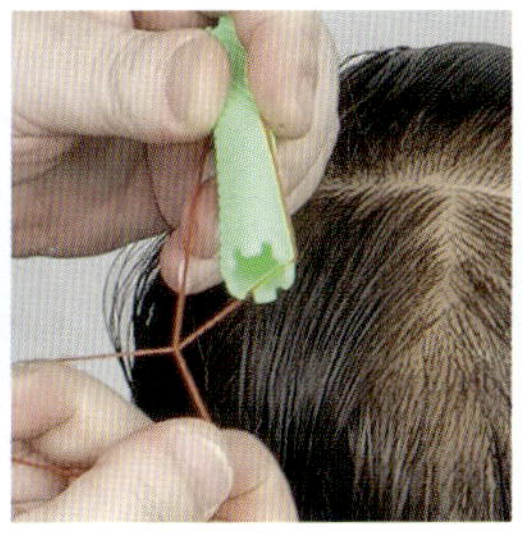
十字交叉

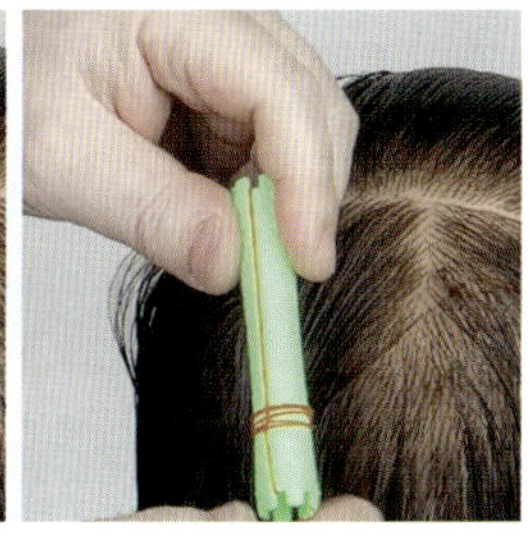
完成效果

扫码观看

4. 发杠无橡皮筋固定法

发杠无橡皮筋固定法是冷烫时海绵发杠独有的固定方式，可以避免橡皮筋固定时产生的压痕。

卷曲

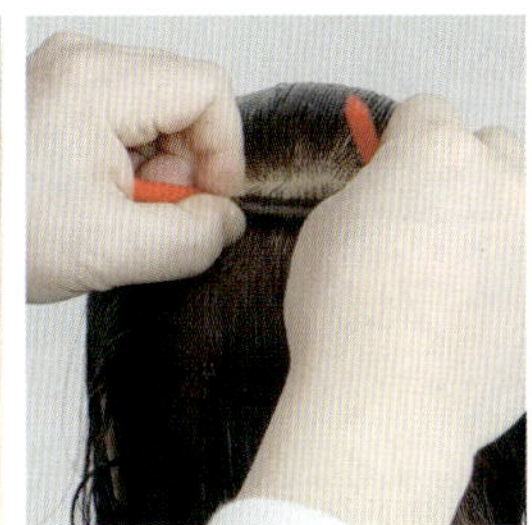
固定

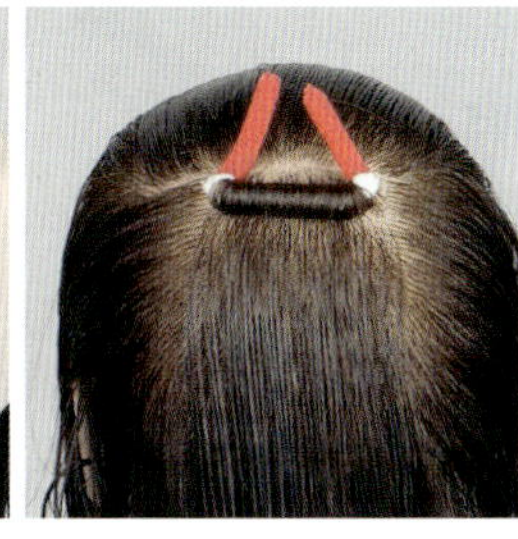
完成效果

扫码观看

5. 夹子固定法

夹子固定法是定位烫和热烫定型时常用的固定方式。

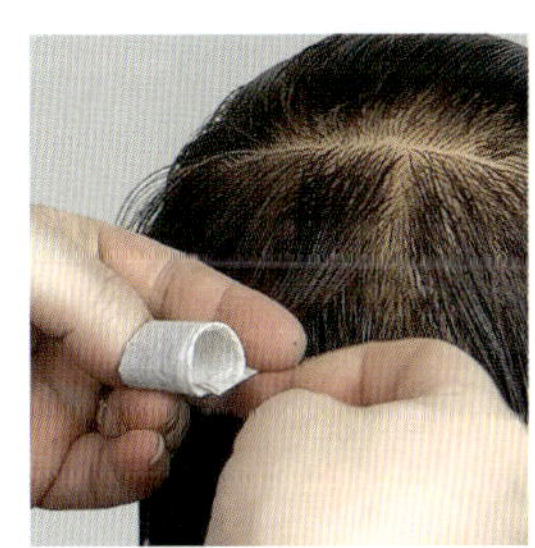
卷曲

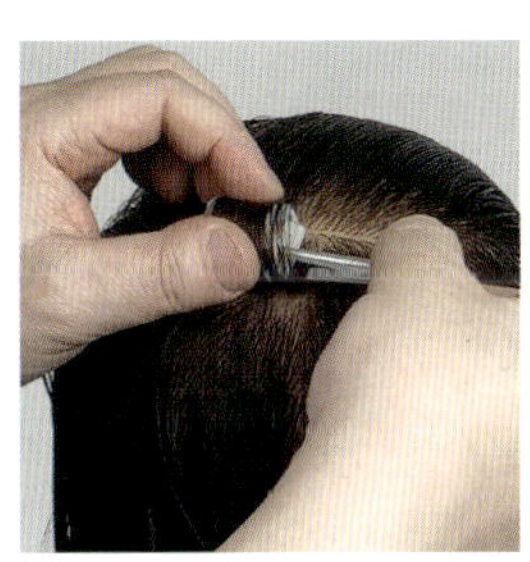
固定

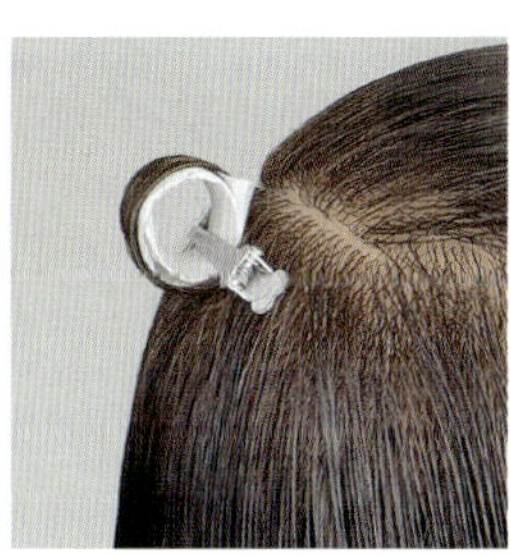
完成效果

扫码观看

6. 锡纸固定法

锡纸固定法包括全包拧转法、发根包裹拧转法、Z 形对折法和环圈包裹法。

扫码观看

（1）全包拧转法。全包拧转法是用锡纸完全包裹住头发后进行拧转的固定方式，可以产生蓬松、凌乱的效果。

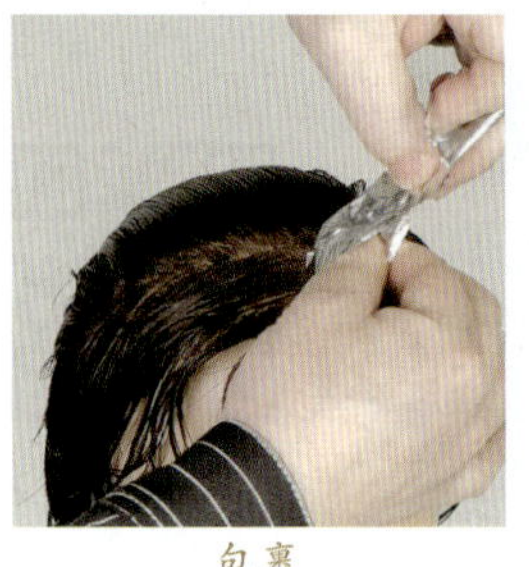
包裹

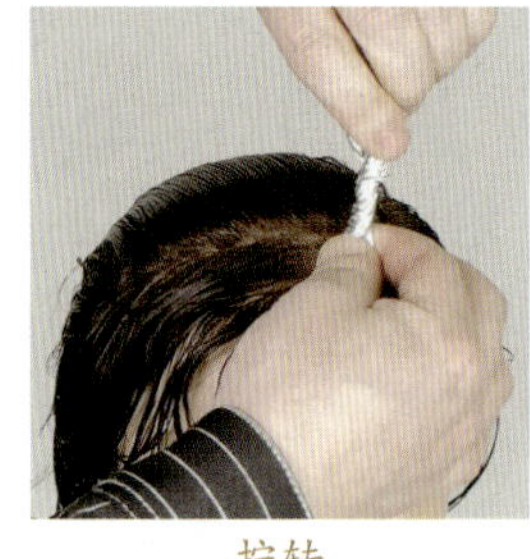
拧转

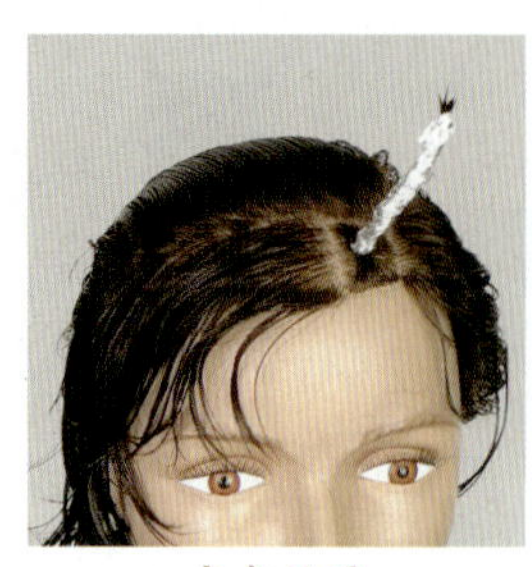
完成效果

（2）发根包裹拧转法。发根包裹拧转法是用锡纸包裹住头发的根部后进行拧转的固定方式，可以在发根产生蓬松的效果。

包裹

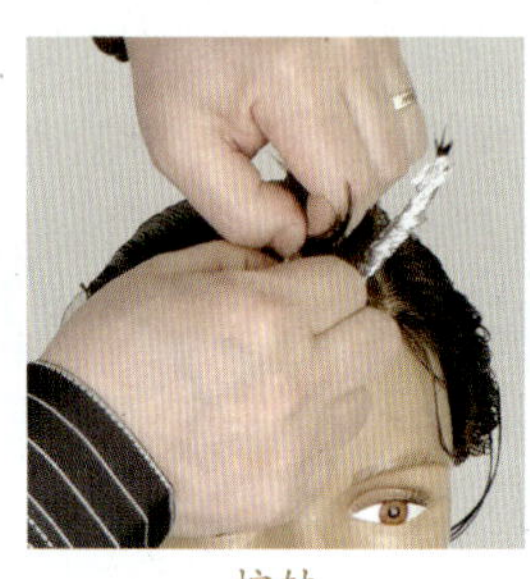
拧转

完成效果

（3）Z 形对折法。Z 形对折法是用锡纸包裹住发片，再进行 Z 形对折的固定方式，可以产生尖锐、蓬松、凌乱的效果。

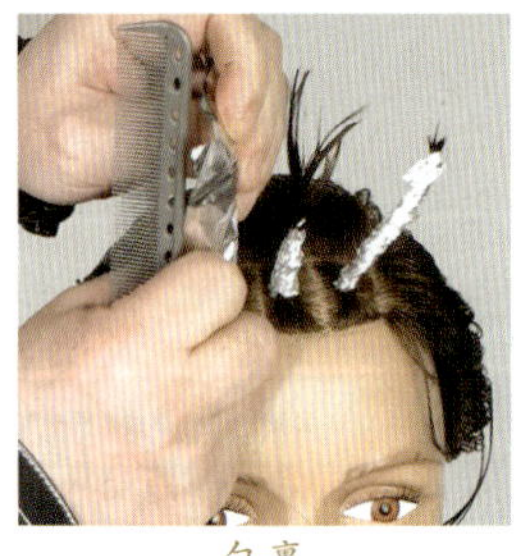
包裹

折叠

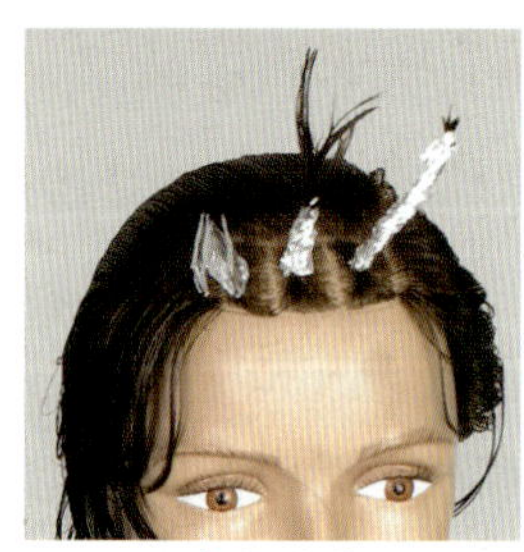
完成效果

（4）环圈包裹法。环圈包裹法是用锡纸包裹住发片，再进行空心平卷的固定方式，可以产生圆润的效果。

包裹

拧转

完成效果

四、基础排列卷杠技术训练

基础排列卷杠技术训练是按照头发长度（从长到短）进行安排的，便于剪、烫综合课程的训练。

1. 平绕式排列卷杠技术训练

【准备用品】长发教习头模、尖尾梳、分区夹、13~22 号发杠、橡皮筋、烫发纸等。

【技术要点】将大区块的发束或小区块的发片从发根开始平绕在发杠上，可以用于长发的热烫或冷烫，适合发量偏多的人。

【操作步骤】

❶ 底区左侧前斜向上平绕卷杠

❷ 底区右侧前斜向上平绕卷杠

❸ 后发区中区两侧前斜向上平绕卷杠

❹ 后部倒三角形区发尾平绕卷杠

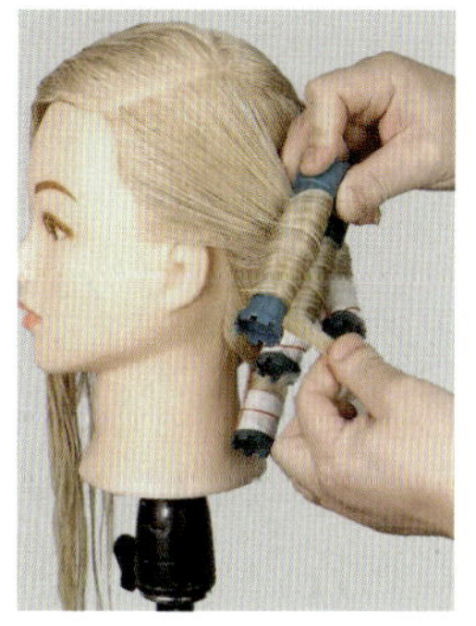
❺ 前发区两侧斜向上向左平绕卷杠

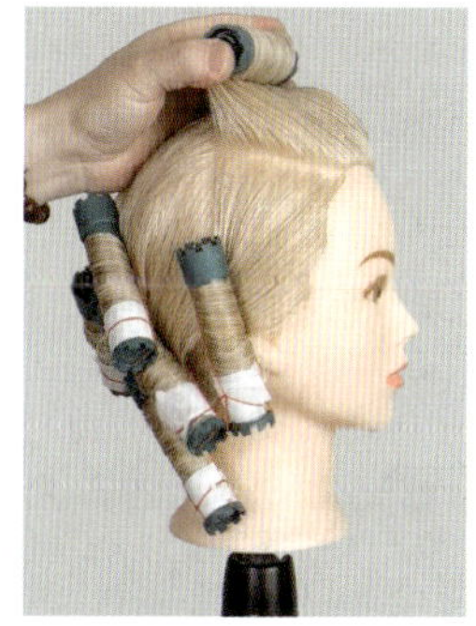
❻ 顶区发尾向前平绕卷杠

扫码观看

2. 拧绕式排列卷杠技术训练

【准备用品】长发教习头模、尖尾梳、分区夹、13~22 号发杠、橡皮筋、烫发纸等。

【技术要点】将大区块的发束从发根开始拧绕在发杠上，多用于长发的热烫，适合发量偏少的人。

【操作步骤】

❶ 底区左侧前斜向上拧绕卷杠

❷ 底区右侧前斜向上拧绕卷杠

❸ 中区右侧前斜向上拧绕卷杠

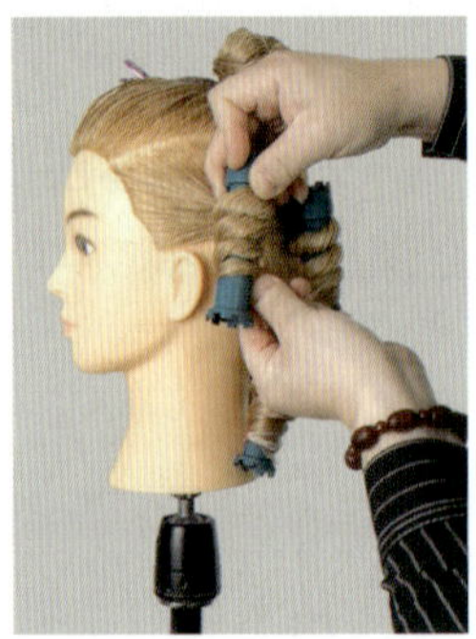

❹ 中区左侧前斜向上拧绕卷杠

❺ 十字分区，后部向两侧前斜向上拧绕卷杠

❻ 前部向两侧前斜向上拧绕卷杠

扫码观看

3. 垂直排列卷杠技术训练

【准备用品】中长发教习头模、尖尾梳、分区夹、11~15 号冷烫无橡皮筋发杠、橡皮筋、烫发纸等。

【技术要点】第一层（头顶区域）是点状放射三角形取份，第二层是上窄下宽的梯形取份，底下两层是长方形取份，适合长发及发量较多的人。

正面效果

侧面效果

后面效果

扫码观看

4. 水平阶梯排列卷杠技术训练

【准备用品】中长发教习头模、尖尾梳、分区夹、5~9 号冷烫无橡皮筋发杠、橡皮筋、烫发纸等。

【技术要点】下面 1~3 层水平发片要卷到头发根部，上面的发片逐渐离开头发根部，适合中等长度的平切或者内切层次发型。

排杠

拆杠效果

扫码观看

小卷阶梯局部烫效果

小卷阶梯全烫效果

5. S 形排列卷杠技术训练

S 形排列卷杠适合中短长度、层次较低的发型，烫完的纹理呈现明显的波浪形。

S 形排列卷杠分为有缝 S 形排列卷杠和无缝 S 形排列卷杠。S 形排列卷杠可用于烫发，也可用于波浪造型。

（1）有缝 S 形排列卷杠技术训练

【准备用品】中长发教习头模、尖尾梳、分区夹、9~13 号冷烫无橡皮筋发杠、橡皮筋、烫发纸等。

【技术要点】除了转弯的发杠，其他发杠的倾斜度一般在 45° 左右，与底层阶梯缺口完成 90° 的衔接。

【操作步骤】

❶ 分“三七”头缝

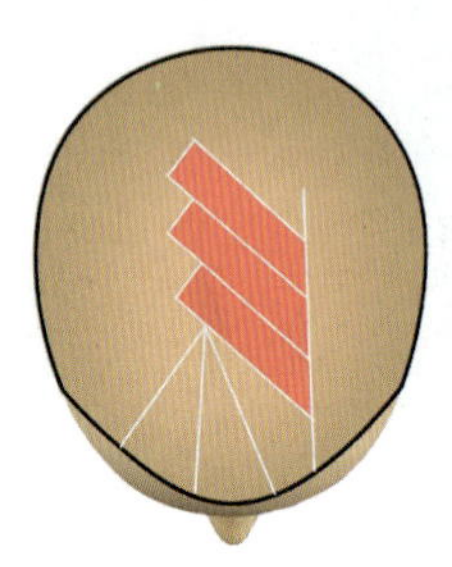

❷ 沿头缝 45° 阶梯排杠

❸ 点状放射取份，旋转方向

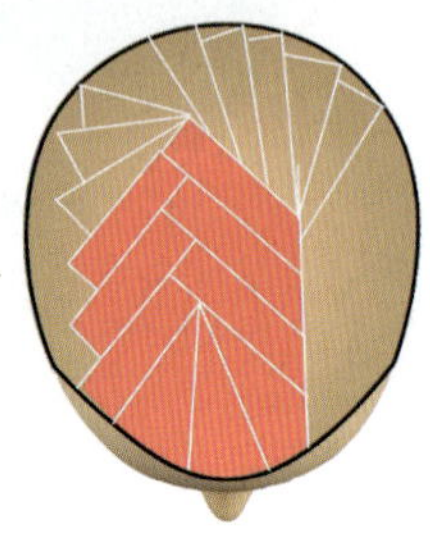

❹ 90° 衔接阶梯缺口

❺ 旋转向后 45° 阶梯排杠

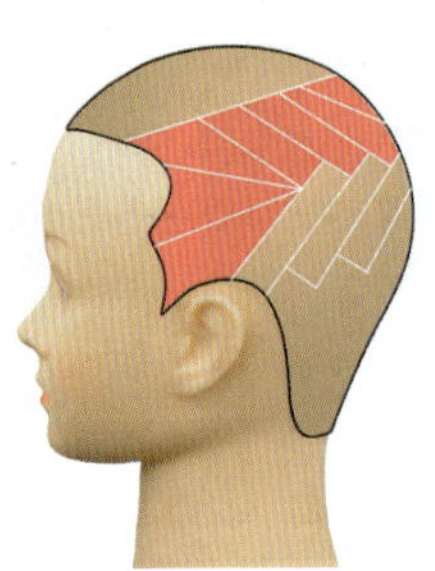

❻ 沿头缝 45° 阶梯排杠

❼ 左侧点状放射取份，旋转方向

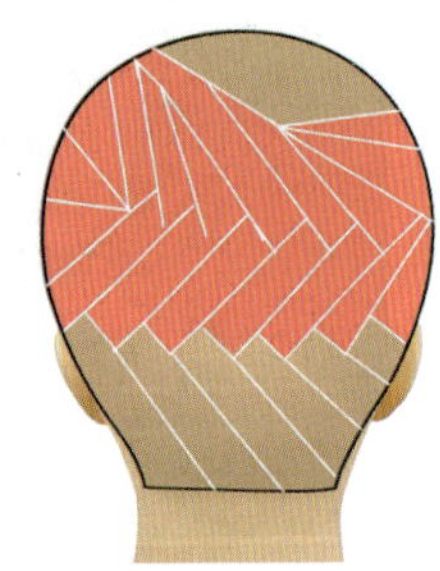

❽ 向上 90° 衔接阶梯缺口

❾ 底层向上 90° 衔接阶梯缺口

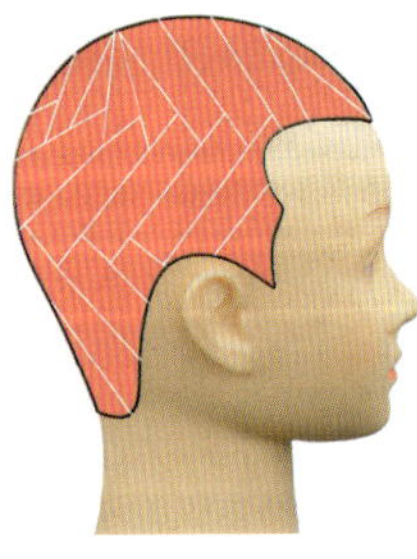

❿ 右侧向上 90° 衔接阶梯缺口

⓫ 完成 S 形排列

⓬ 拆杠，向下梳顺头发

正面完成效果

真人正面效果

真人侧面效果

（2）无缝S形排列卷杠技术训练

扫码观看

【准备用品】中长发教习头模、尖尾梳、分区夹、9~13号冷烫无橡皮筋发杠、橡皮筋、烫发纸等。

【技术要点】除了转弯的发杠，其他发杠的倾斜度一般在45°左右，与底层阶梯缺口完成90°衔接。

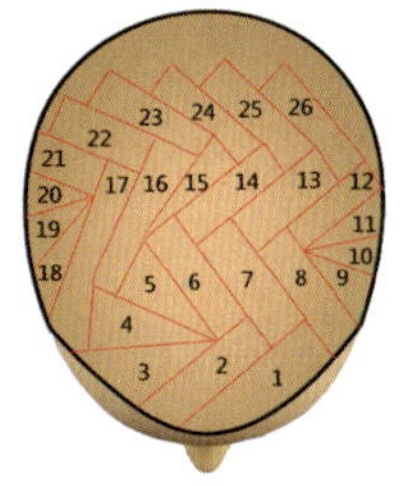

顶区旋转排列示意

顶区旋转排列

顶区完成效果

后区完成效果

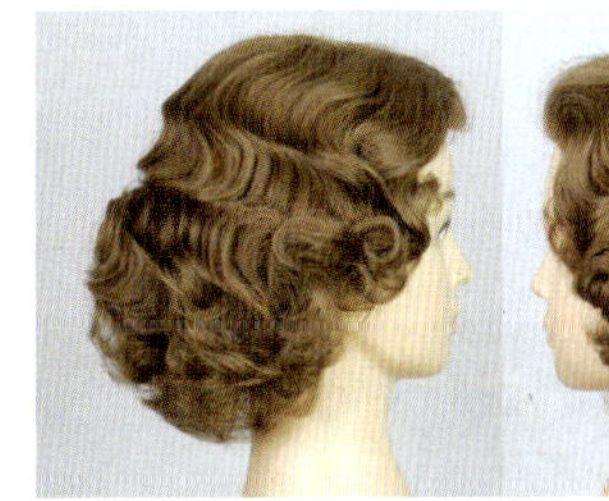

拆杠，梳理出经典的波浪效果

拆杠，梳理出野性的S形波浪效果

6. 砌砖排列卷杠技术训练

【准备用品】中长发教习头模、尖尾梳、分区夹、13~15号冷烫无橡皮筋发杠、橡皮筋、烫发纸等。

【技术要点】取份的形状大多是中间高、两边窄的梯形，适合发量较少的人。

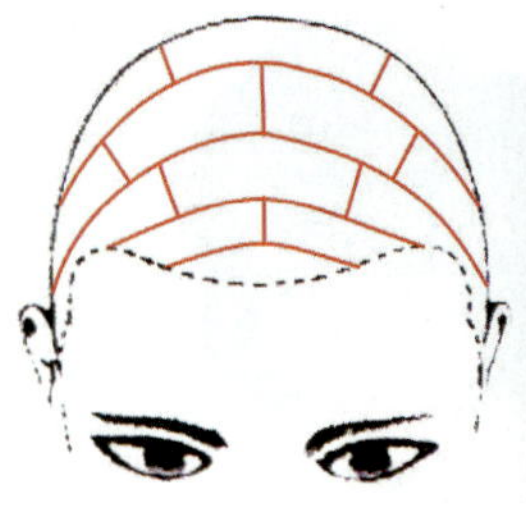

正视取份示意

正面完成效果

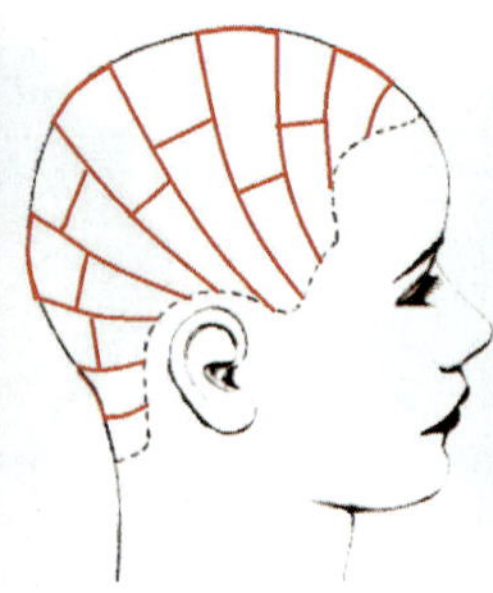
侧视取份示意

侧面完成效果

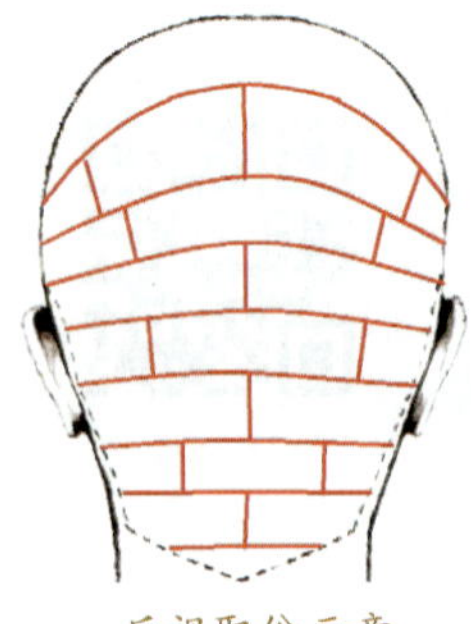
后视取份示意

后面完成效果

扫码观看

7. 标准发杠排列卷杠技术训练

【准备用品】中长发或短发教习头模、尖尾梳、分区夹、9~13 号冷烫无橡皮筋发杠、橡皮筋、烫发纸等。

【技术要点】采用经典的五分区卷杠方法进行技术示范，适用于中短长度的烫发排列。

【操作步骤】

❶ 从前额开始取份，以大于 90° 的提升角度进行卷杠

❷ 以同样的方法取份，依次向后完成中区卷杠

❸ 左侧从后区开始卷杠，依次向下完成卷杠

❹ 左侧前区以同样的方法完成卷杠

❺ 右侧从后区开始卷杠，依次向下完成卷杠

❻ 右侧前区以同样的方法完成卷杠

正面效果

侧面效果

后面效果

扫码观看

8. 定位烫排列卷杠技术训练

【准备用品】短发教习头模、尖尾梳、分区夹、烫发纸、定位夹等。

【技术要点】定位烫可以调整发流方向、制造纹理线条，排列卷杠时采用三角形和梯形取份，多用于短发的冷烫。

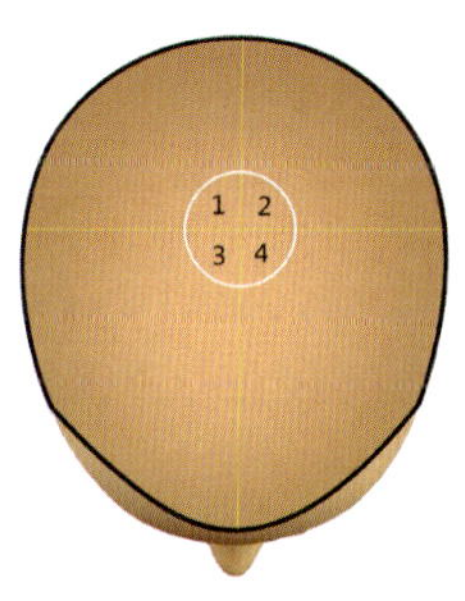

❶ 前后左右十字分区，交叉点定位取份

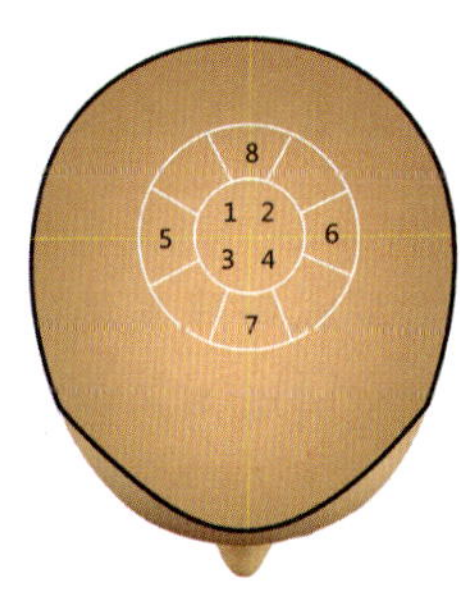

❷ 第二圈砌砖定位取份

❸ 整体放射状定位取份

正面效果

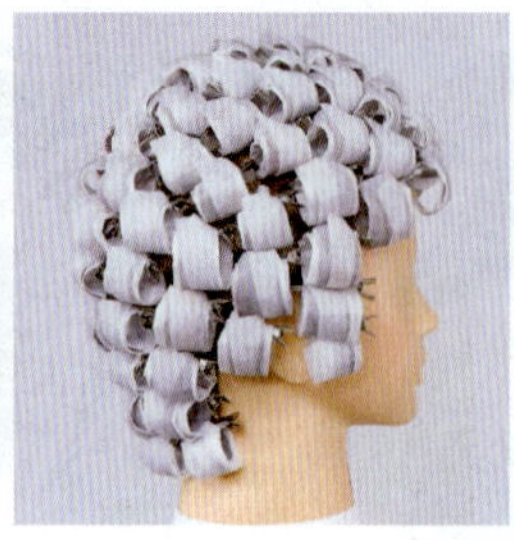
侧面效果

后面效果

扫码观看

特别提示

烫发卷杠的排列在实际操作中要灵活运用，需要根据不同顾客的条件进行适当调整，可以把多种卷杠技术加以综合运用，以达到理想的烫发效果。

课堂提问

1. 简述烫发纸包裹技术。
2. 简述烫发卷杠技术。
3. 简述发杠固定的方法。
4. 简述发杠排列的方法。

课后练习

一、判断题（将判断结果填入括号中。正确的填“√”，错误的填“×”）

1. 传统卷杠技术可分为水平和垂直两种排列方法。 （ ）
2. 烫发可以根据不同的烫发工具和效果采用不同的固定方法。 （ ）
3. 折叠法卷杠技术仅适用于冷烫。 （ ）
4. 双纸双面包裹法多用于较碎发尾或斜线发尾的包裹。 （ ）
5. 夹子固定法是定位烫和热烫定型时常用的固定方式。 （ ）

二、单项选择题（选择一个正确的答案，将相应的字母填入题内的括号中）

1. 拧绕式卷杠技术是从（ ）开始缠绕卷曲的。

A. 发根　B. 发中　C. 两侧　D. 头顶

2.（ ）可以产生尖锐、蓬松、凌乱的纹理。

A. 全包拧转法　B. 发根包裹拧转法

C. Z 形对折法　D. 环圈包裹法

3. S 形排列卷杠适合中短长度、层次（　　）的发型。

A. 凌乱　　B. 适中　　C. 较低　　D. 较高

4. 砌砖排列适合发量（　　）的人。

A. 多　　B. 较多　　C. 适中　　D. 较少

5. 定位烫排列卷杠时常用的是（　　）取份。

A. 圆形　　B. 方形和梯形

C. 长方形和三角形　　D. 三角形和梯形

参考答案

一、判断题

1. ×　　2. √　　3. ×　　4. √　　5. √

二、单项选择题

1. A　　2. C　　3. C　　4. D　　5. D

第 3 节　烫发操作流程

一、冷烫的标准操作流程

1. 发质鉴定

发质鉴定应在头发干燥时进行，烫发前应先检查头发的粗细、长短、发质、分布情况等，检查头发受损的程度。

头皮有破损或炎症时不能烫发，顾客身体虚弱时也不能烫发。

2. 烫发剂选择

在为顾客选择烫发剂时，应根据顾客的发质和消费能力选择适合的烫发剂。烫发剂可分为碱性烫发剂（低档）、弱碱性烫发剂（中档）及酸性烫发剂（高档）。

碱性烫发剂	pH值为8.9~11.5，含氨成分，价格低廉，适用于粗硬抗拒发质。碱性烫发剂侧重于软化剂的作用。
弱碱性烫发剂	pH值为7.5~8.9，价格适中，是较为常用的烫发剂。弱碱性烫发剂侧重中和剂的作用，适用于正常发质、细软发质或轻度受损发质，波浪效果柔和自然。
酸性烫发剂	pH值为4.5~6.9，价格较贵，特别适用于受损发质。酸性烫发剂侧重中和剂的作用。

3. 洗发

洗发的水温以40 ℃为宜，不可用指甲抓头皮，用指腹轻搓头皮、洗净头发即可。健康和抗拒发质使用不含护发素的洗发水，受损发质可以使用护发素，但必须冲洗干净。

4. 修剪

按照发型设计要求进行烫前修剪，烫发会缩短发长，所以需要对发长进行放量处理。头发的发量不宜大量去除，否则容易将头发烫“毛”。

5. 烫前护理

针对受损发质进行烫前护理，可降低烫发剂对头发的伤害。烫前护理比烫后护理更加重要，烫前护理剂的种类很多，常用的是涂抹类和喷洒类护理剂。

6. 发杠选择

头发的形状、卷曲度与发杠的直径有着密切的关系：所需要的发型是曲线纹理型的，需选用大号的发杠，头发的卷曲度弱；所需要的发型是自然卷曲型的，需选用中号的发杠，头发的卷曲度适中；所需要的发型是膨胀卷曲型的，需选用小号的发杠，头发的卷曲度强。

7. 卷杠

（1）根据设计要求进行烫发分区。

（2）根据设计要求确定卷杠的方法、方向、角度、排列。

（3）卷杠完毕，上防压痕垫片或发针。

（4）在发际线处涂抹隔离霜，进行皮肤防护。

（5）在发卷四周围上烫发棉条，防止烫发剂滴落。

特别提示

在没有棉条的情况下，可以先用毛巾进行防护，再套上一次性浴帽或裹上保鲜膜。

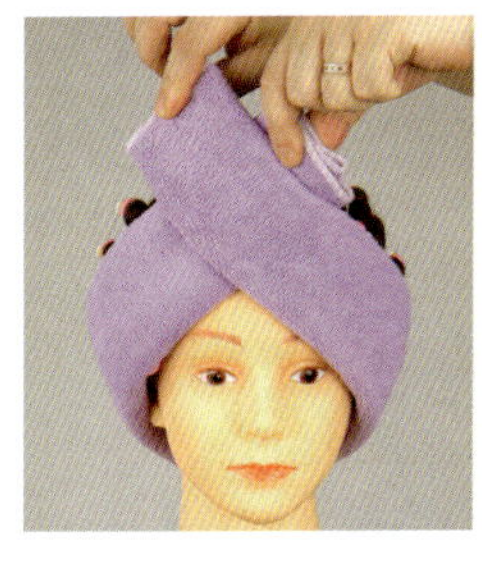
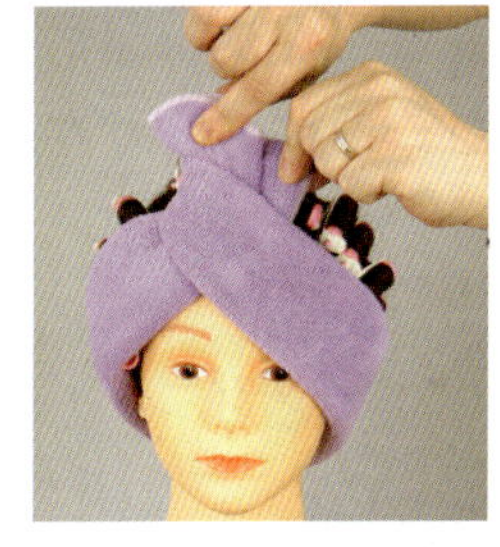
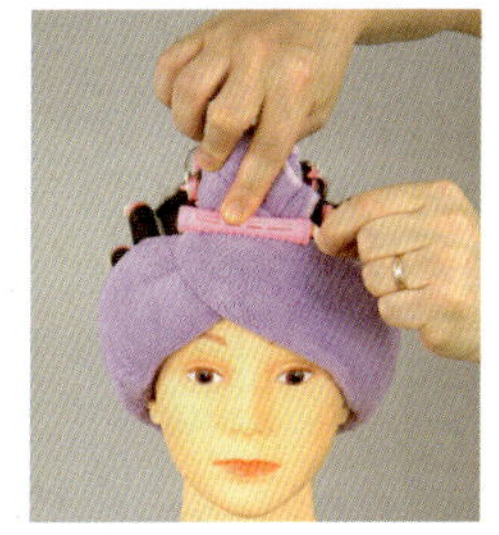
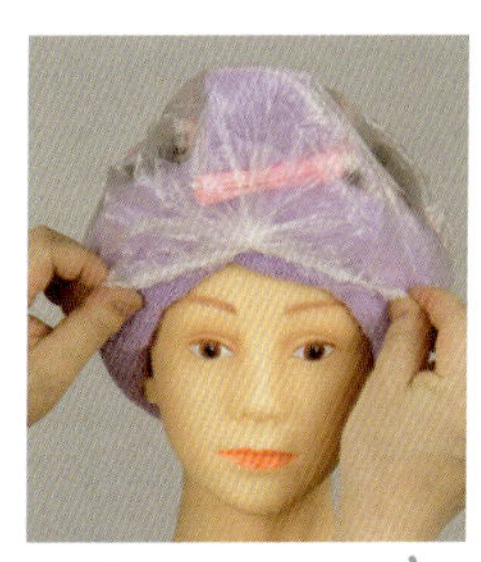

8. 软化剂涂抹

软化剂一般分两次涂抹，用量要适中，要求涂透涂匀，软化剂在头发上停留的时间为 10~20 min，时间控制是烫发非常重要的一环，涂抹时注意不要漏杠。涂抹完毕后，换烫发棉条，包好一次性浴帽或保鲜膜。约 10 min 后，软化剂的温度受人体温度的影响大约会升至 30 ℃，一般发质基本上可以达到卷曲；而一些粗硬、抗拒的发质则需要较长的时间，当软化剂的温度升至 35 ℃左右，粗硬、抗拒的发质也能软化卷曲。

相关链接

冷烫时的加热方法

当室温低于 20 ℃时，软化剂的升温速度较慢，软化剂与头发的接触时间增长，会造成头发蛋白质受损，并造成烫发失败。在这种情况下，可以在烫发时适当进行加热处理，一般分为外部加热和软化剂加热。

1. 外部加热

外部加热一般采用蒸汽机、红外线加热器、电热帽等加热设备，外部加热的时间不宜过长，以免造成头发干燥、开叉、断裂等。对于受损发质，要使用低温加热的方式处理，以免加重头发的损伤。

2. 软化剂加热

把密封的软化剂瓶放在盛满开水的容器里约 10 min，使瓶中软化剂的温度达到 40 ℃左右（手感偏热，但不烫手），这时再将软化剂快速涂抹到卷好的头发上，并用一次性浴帽或保鲜膜包好。

9. 软化程度测试

（1）软化不到位。从头顶部、侧区、后颈部各取一个发卷，松开用于固定的橡皮筋，向后退两圈，再把发片往回推，如果发片呈现上下起伏、软弱无力的形态，说明软化剂作用不足，软化不到位。应重新卷杠，给测试的发卷涂少许软化剂，再停留5~10 min。

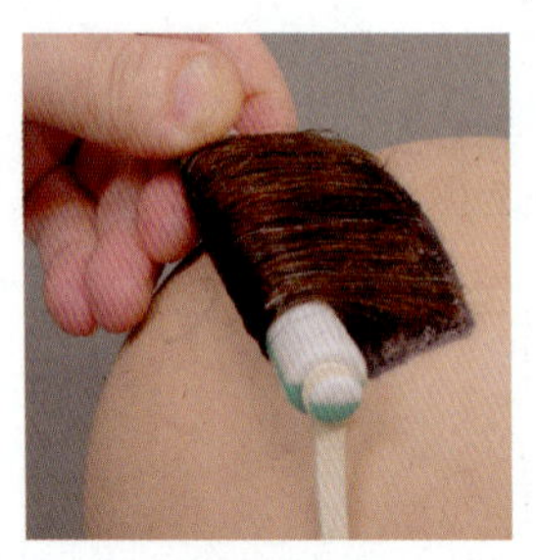
松开橡皮筋

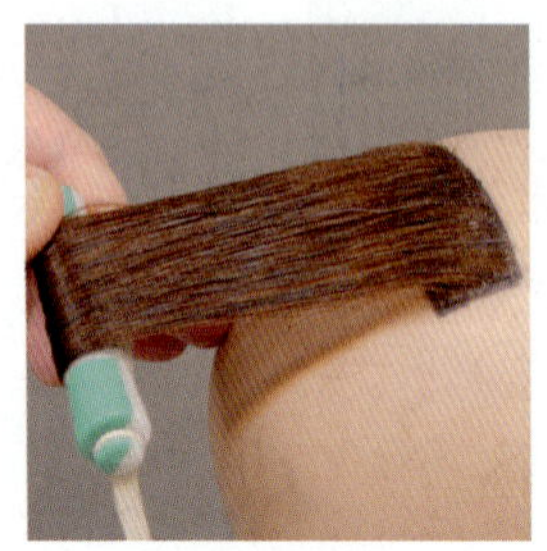
向后退两圈回推

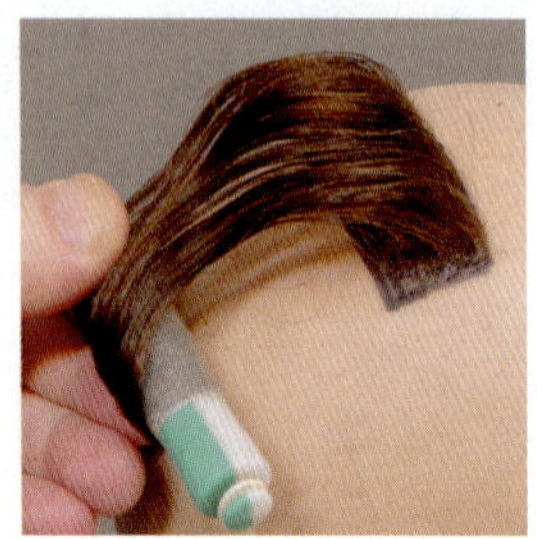
冷烫软化不到位的状态

（2）软化到位。从头顶部、侧区、后颈部各取一个发卷，松开用于固定的橡皮筋，向后退两圈，再把发片往回推，如果发片呈现明显的 S 形纹理，说明软化剂作用完成，软化到位。

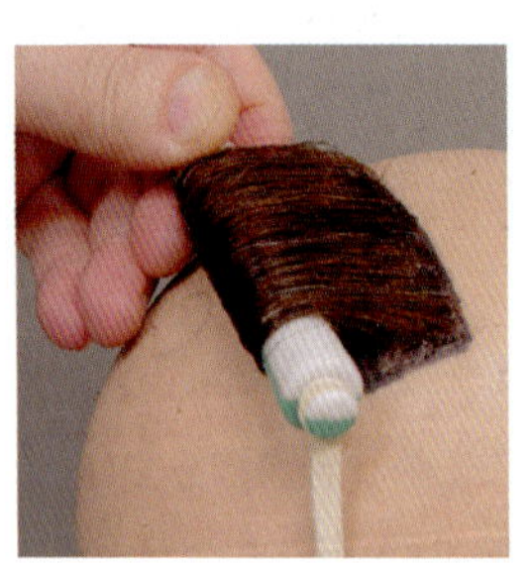
松开橡皮筋

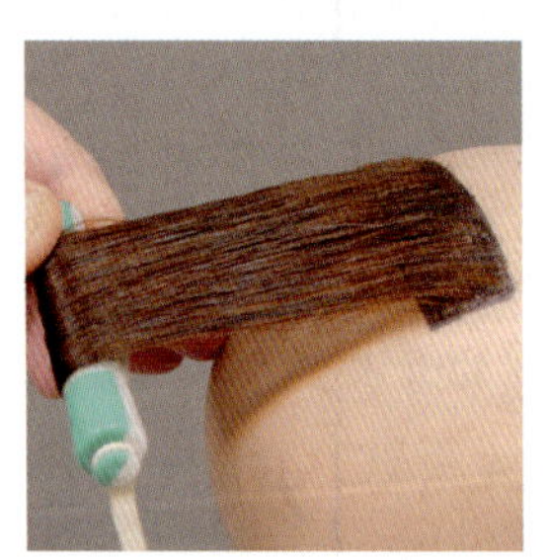
向后退两圈回推

冷烫软化到位的状态

特别提示

1. 应对每个区域都进行软化程度测试，以避免烫发卷曲度不均匀。

2. 软化剂停留时间不足会造成头发软化不到位，停留时间过长会造成毛发结构松弛、多孔、无弹性。

10. 软化剂冲洗

由于软化剂所含的碱性物质会使头发发生膨胀的现象，同时也会影响头发的酸碱度，若未冲水即上中和剂，会使头发弹性降低，并造成头发多孔，烫后失去光泽。为防止软化剂中的碱性物质与中和剂中的氧化物质对头发造成双重伤害，在涂抹中和剂之前，要用 38~43 ℃的温水彻底冲洗发卷中的软化剂（带杠冲洗）。

11. 中和剂涂抹

在冲洗软化剂后，顾客不必起身，直接在洗头盆内擦干头发上的水分，用海绵把中和剂打出泡沫，进行全头的中和剂涂抹。

如果中和剂用量或停留时间不足，没有起定型作用，烫卷的头发就会还原（变直），造成烫发失败。中和剂停留的时间过长，会使头发出现干燥、开叉、断裂、发色变浅等现象。中和剂应有适宜的量及适当的停留时间才能达到较佳的固型效果，头发才不容易变直，通常中和剂的停留时间在 5~10 min。

特别提示

必须保证中和剂能够均匀地涂抹到每一个发卷上，中和剂一般分两次涂抹，先涂抹一次，隔 5 min 再涂抹一次。

12. 拆杠冲洗

从头发的最底层开始拆杠，拆杠后用手指揉松发根，在自然状态停留大约 5 min，再用温水把头发上的中和剂冲洗干净，可以不用洗发水，直接用护发素洗发，洗后 48 h 不宜重复洗发。最后进行烫后护理、局部精剪和吹风造型。

特别提示

冲洗中和剂的水温对头发的卷曲度有一定影响。冲洗中和剂时，水温越低，卷曲度越明显，但水温应以顾客感觉适宜为度，不可用凉水冲洗。

相关链接

新生发补烫技术示范

对于已经烫了几个月的头发，新生直发会影响发型的形状，需要进行发根补烫。如果重新烫发，发根新生的头发和已经烫卷的头发会产生两种不同的卷曲效果，同时也会对头发造成不必要的损伤。

1. 短发发根补烫

按照烫发要求进行分区，每一片发片用一张不吸水的塑料纸包裹在原来已经卷曲的头发上，卷至发根。全都卷好后，涂抹软化剂，这样软化剂只被新生发根吸收，而头发有卷的部位则因为被塑料纸包住而无法吸收软化剂，从而在保护原有头发卷曲度的同时烫卷新生的发根。

需要发根补烫的头发

用一张不吸水的塑料纸包裹已经卷曲的头发，再上发杠

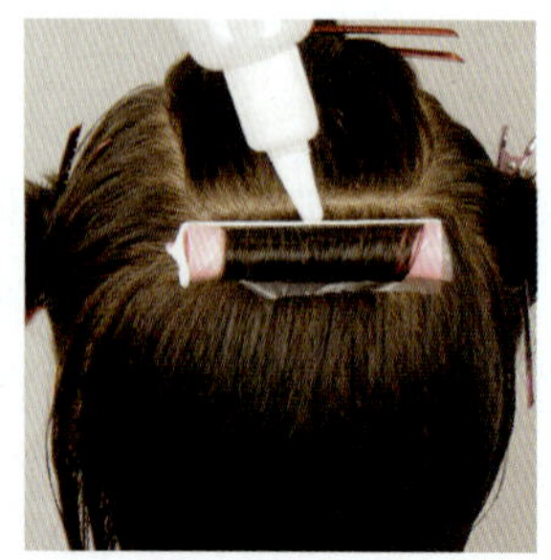
冷烫处理

完成发根补烫效果

扫码观看

2. 长发发根补烫

按照烫发要求进行分区取份，每一片发片从发根开始，将新生发绕卷在发杠上，留出已卷的头发不卷，全都卷好后进行冷烫流程操作，从而达到烫卷新生发根的目的。

需要发根补烫的头发

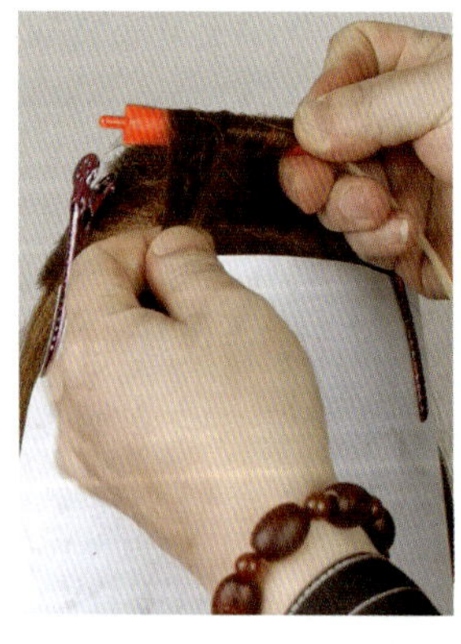
发根缠绕式卷曲在发杠上

冷烫处理

完成发根补烫效果

扫码观看

相关链接

冷烫失败的原因

1. 头发的原因

（1）头发的抵抗力强，烫发剂不易渗透，如白发。

（2）头发未洗干净或附有妨碍烫发剂起作用的其他物质。

（3）严重受损发质，因频繁的烫、染、漂导致毛发结构松弛、多孔、无弹性。

2. 烫发剂的原因

（1）烫发剂长时间日晒导致药性分解。

（2）烫发剂未密封保存导致药性分解。

（3）烫发剂过期变质。

3. 操作上的原因

（1）选择的发杠直径不合适。

（2）卷杠时发片从发根到发尾没有梳理均匀。

（3）发片的提升角度不正确。

（4）发尾集中卷曲或折叠卷曲。

（5）卷杠时力度大小不均匀。

（6）软化剂在头发上停留的时间不足或过长。

（7）涂抹中和剂时，因头发上水分太多而被稀释，作用减弱。

二、热烫的标准操作流程

1. 发质鉴定与洗发

先确定发质受损程度，再将头发洗净，避免头发上的污垢影响烫发的效果。

2. 修剪

修剪是去量，热烫的修剪要避免层次过高，缺乏量感。同时也要避免修剪的层次过低，量感堆积过密。

烫发是增量，如果发量过多过厚，应在发杠固定的位置去量，发尾一定要均匀柔和，不能过多地打薄头发。发中一定不能打薄，否则会影响头发的质感，引起发尾的毛糙。

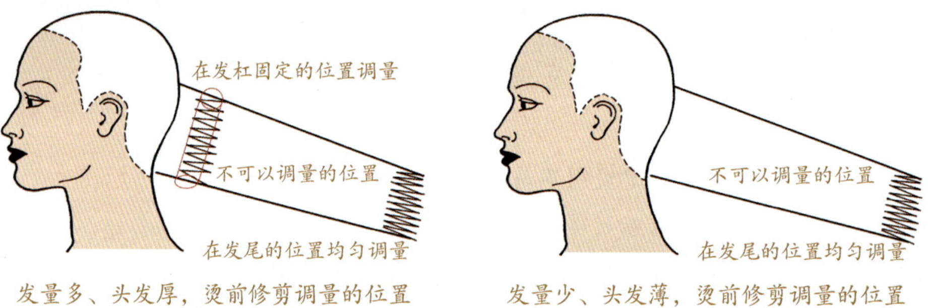

发量多、头发厚，烫前修剪调量的位置　　发量少、头发薄，烫前修剪调量的位置

3. 吹干

（1）正常和抗拒发质——将头发全部吹干。

（2）阶段性受损发质——将发根吹干。

（3）严重或极度受损发质——用毛巾将头发擦干，以不滴水为宜。

4. 软化剂调配

热烫的最终效果与头发的软化有直接的关系，因此在调配软化剂时要根据头发的受损程度，在软化剂中添加适量的护理剂，以保证头发的健康软化。

5. 软化剂涂抹

（1）在需要烫卷的头发区域上移 2 cm 进行涂抹。

（2）水平取份，由下至上进行快速涂抹，最好是两人左右同时操作。

（3）针对有新生发的阶段性受损发质，需要进行两段或者三段不同配比软化剂的涂抹，头发的涂抹顺序为先涂抹健康发质，再涂抹中度受损发质，最后涂抹严重受损发质，同样需要进行快速涂抹，最好是两人左右同时操作。

6. 软化时间控制

（1）抗拒发质。软化剂涂抹完毕后，可以进行 10~20 min 的外部加热，每 5 min 进行一次软化程度测试。

（2）正常或轻度受损发质。软化剂涂抹完毕后，戴一次性浴帽或裹上保鲜膜，停留 10 min，每 5 min 进行一次软化程度测试。

（3）严重受损发质。软化剂涂抹完毕后，停留 10 min 后进行第一次软化程度测试，随后每 3 min 进行一次软化程度测试。

7. 软化程度测试

（1）软化不到位。将头发从 1 cm 拉到 3 cm，松手，头发恢复至 1 cm 的时间为 2~4 s，或者头发拉不动、拉时有断裂都属于软化不到位。

（2）软化过度。将头发从 1 cm 拉到 3 cm，松手，头发恢复至 1 cm 的时间超过 10 s 或无法恢复弹性都属于软化过度。必须立刻冲水，并用护理剂进行补救，不建议继续进行热烫操作，容易把头发烫焦，导致烫发彻底失败。

（3）软化到位。将头发从 1 cm 拉到 3 cm，松手，头发恢复至 1 cm 的时间为 5~9 s，或者将三四根头发挑出，用毛巾擦去软化剂，在手指上缠绕 2~3 圈，放到手心不弹开，属于软化到位。

8. 软化剂冲洗

将头发中的软化剂彻底冲洗干净，水温不能过高，因为过高的水温会造成头发软化过度。

9. 护理剂涂抹

用毛巾将头发擦干，在受损部位涂抹护理剂。

10. 卷杠

一般正常发量的中长发使用的发杠数量为 8~15 个。根据头发长度和烫发纹理选择不同直径的发杠。在离皮肤较近的地方，应使用双层隔热垫。

特别提示

热烫过程中，应有人随时留意，防止烫伤等事故发生。

11. 通电加热

加热时注意加热→冷却→加热→冷却的程序变化，避免造成过烫。加热时间20 min，冷却5 min，喷水，继续停留15 min，如果头发还没有干就利用发杠上的热度再停留10 min，10 min以后再加热10 min，再冷却，直至头发全干。

12. 拆杠

每拆一个发杠，要保证发卷不散乱，每个发卷都需要用夹子固定。

13. 中和剂涂抹

中和剂最好使用电动喷泡枪打出泡沫，然后涂抹在发杠上；或者用喷水壶直接喷洒在发杠上，用手帮助渗透。发杠上的头发完全湿润说明涂抹均匀。为确保烫发效果，可以分两次涂抹中和剂，首次涂抹后停留5~10 min，再涂抹一次，继续停留5~10 min。

14. 冲洗

卸下夹子后冲洗头发，均匀施放护理剂，停留3~5 min后冲水。

15. 造型

（1）用干毛巾吸除头发多余的水分，发尾部分涂抹少许护理剂。

（2）将发根吹干。

（3）让顾客头部向后仰，美发师用双手用力抓握烫卷部分，使发卷弹起，然后用热风配合风罩将发尾轻轻托起烘干，用热冷风交替进行发卷定型。

（4）整理吹散的发丝，可适当均匀涂抹护发产品。

特别提示

1. 最好选择无重力造型产品，以增加发尾的动感。
2. 烫发后3天内不能洗发，15天内不做染发项目。

相关链接

热烫失败的原因

1. 烫过的头发不卷

（1）软化剂没有涂抹均匀。

（2）软化时间过短。

（3）加热时间过短，过早停止加热。

（4）中和剂不配套。

2. 烫过的头发变干，缺乏光泽度

（1）软化时间过长。

（2）卷杠之前没有涂抹护理剂。

（3）加热时间过长，没有采取间隔加热。

（4）定型时间过长。

课堂提问

1. 简述冷烫、热烫的标准操作流程。

2. 简述冷烫、热烫失败的原因。

课后练习

一、判断题（将判断结果填入括号中。正确的填“√”，错误的填“×”）

1. 烫发时，烫发剂的选择遵循越贵越好的原则。（　　）

2. 冷烫加热的方法有自身加热和外部加热这两种方法。（　　）

3. 白发抵抗力强，烫发剂不易渗透。（　　）

4. 护理剂的作用是烫后护理头发。（　　）

5. 根据发质受损的程度调配软化剂。（　　）

6. 冲洗软化剂的水温不能过高，因为过高的水温会造成头发软化过度。（　　）

7. 选择无重力造型产品，可以增加发尾的动感。（　　）

二、单项选择题（选择一个正确的答案，将相应的字母填入题内的括号中）

1. 当室温低于（　　）℃时，在冷烫时适当进行加热处理。

A. 15　　B. 20　　C. 25　　D. 30

2. 正常发质的软化程度测试要每（　　）min 进行一次。

A. 3　　B. 5　　C. 10　　D. 12

3. 烫发后建议（　　）天内不做染发项目。

A. 5　　B. 10　　C. 15　　D. 20

4. 涂抹软化剂时，在需要烫卷的头发区域上移（　　）cm 进行涂抹。

A. 2　　B. 3　　C. 4　　D. 5

参考答案

一、判断题

1. × 2. × 3. √ 4. × 5. √ 6. √ 7. √

二、单项选择题

1. B 2. B 3. C 4. A

第 4 节 商业烫发技术运用

一、商业发型冷烫造型技术运用

1. 男士爆炸卷造型技术运用

【准备用品】尖尾梳、烟花发杠、肩托、冷烫烫发剂、毛巾、围布、修剪工具、造型工具等。

【技术要点】爆炸卷是短发冷烫技术，采用的是小方形取份，拧转上杠，发卷具有极强的膨胀感。

【操作步骤】

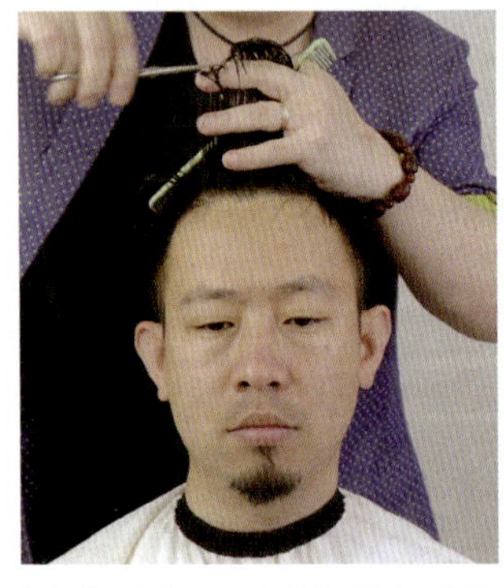

❶ 在顶部 U 形区做平行外切层次结构修剪

❷ U 形区以下的头发初步推剪色调

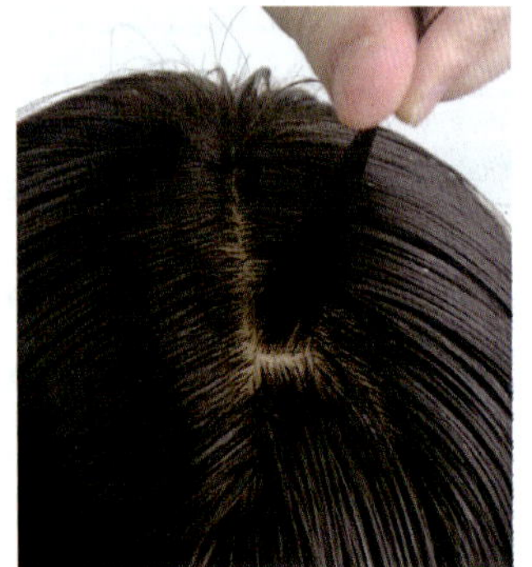

❸ 卷杠的取份大小在 1 cm^2 左右

❹ 发尾缠绕在烟花发杠上

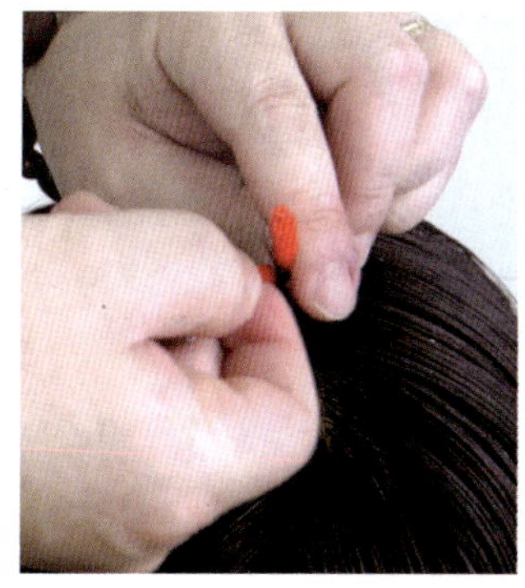

❺ 对折拧转烟花发杠，锁紧发尾

❻ 拧转发束并绕卷在烟花发杠上

❼ 适度调整烟花发杠，完成第一缕头发的卷杠

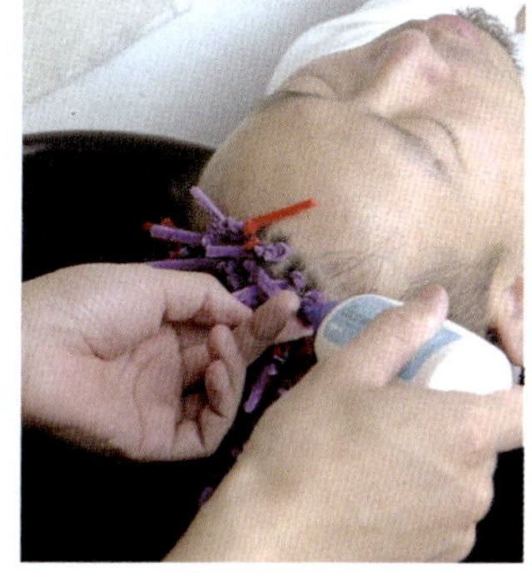

❽ 以同样的方法完成U形区头发的上杠，按冷烫操作流程完成烫发工序

❾ 逐一拆除烟花发杠

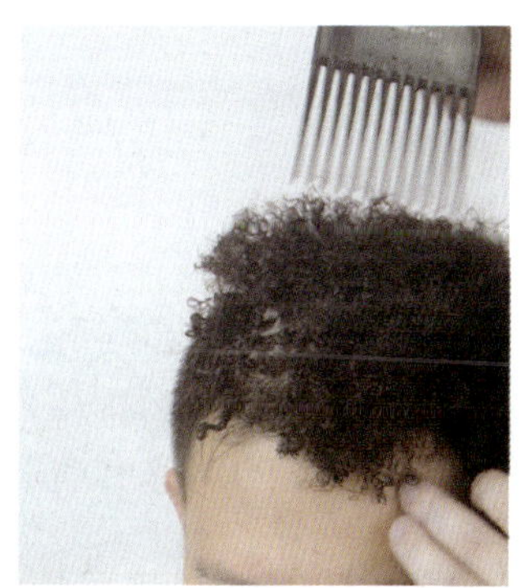

❿ 梳开发卷

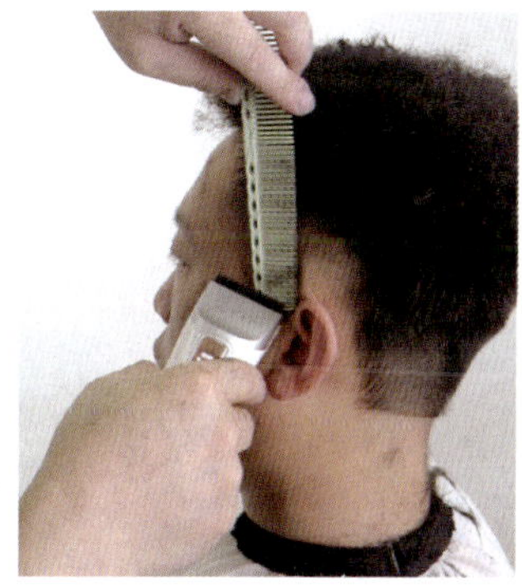

⓫ 左右两侧发区方形色调推剪

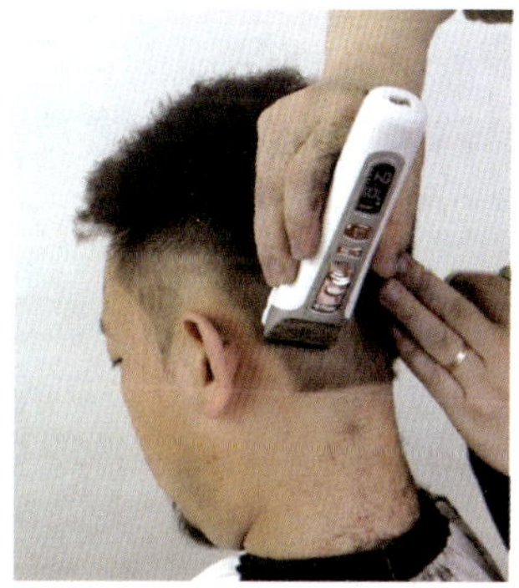

⓬ 左侧后发区反色调渐变修剪

⑬ 右侧后发区雕刻推剪

⑭ 精修外线

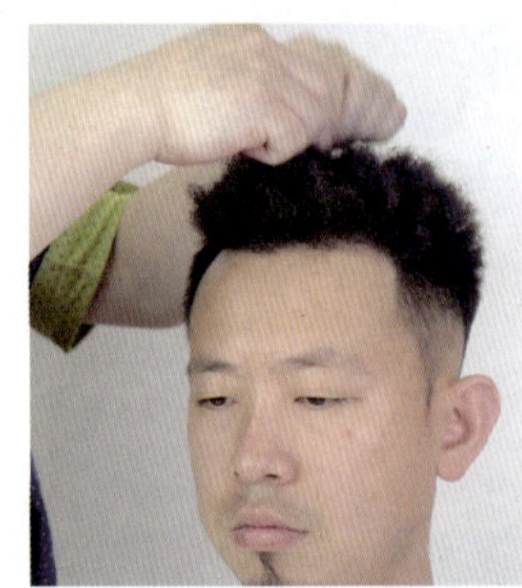
⑮ 徒手做出颗粒感造型

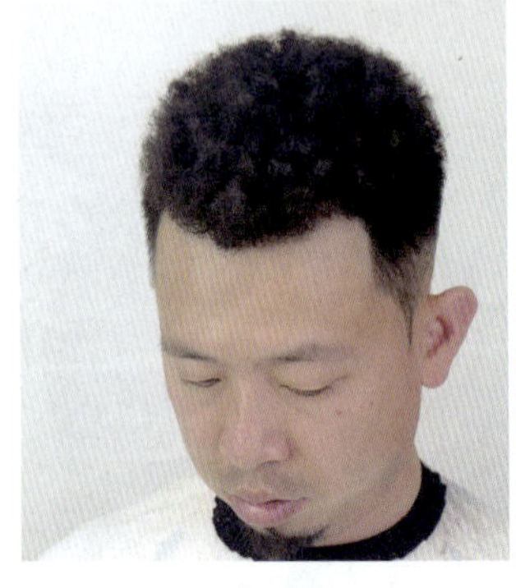
顶部效果

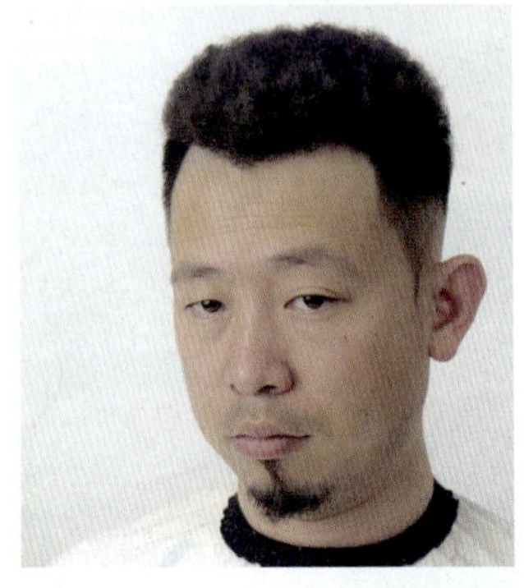
正面效果

扫码观看

2. 女士短发造型技术运用

【准备用品】尖尾梳、分区夹、13 号带橡皮筋发杠、烫发纸、肩托、冷烫烫发剂、毛巾、围布、修剪工具、造型工具等。

【技术要点】在需要烫发的区域卷杠，卷曲圈数不超过两圈。

【操作步骤】

① 底区向上卷杠

② 后区三角形分区向上卷杠

③ 后区两侧前斜向上卷杠

④ 左右两侧后斜向上卷杠

❺ 头顶区垂直向上卷一半，卷杠完成后正常冷烫

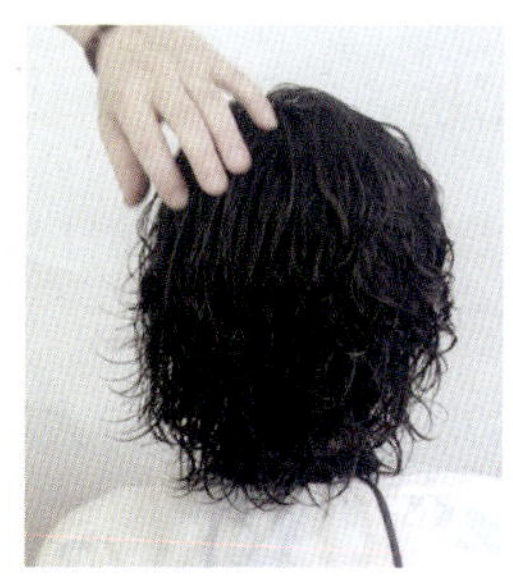
拆杠效果

造型效果

扫码观看

3. 女士短发交替烫造型技术运用

【准备用品】尖尾梳、分区夹、15号带橡皮筋发杠、烫发纸、肩托、冷烫烫发剂、修剪工具、造型工具等。

【技术要点】在需要烫发的区域卷杠，动感区采用点状放射取份，卷曲圈数不超过两圈。

【操作步骤】

❶ 后部量感区向上定线修剪

❷ 两侧向后定线修剪

❸ 动感区向上定平面修剪

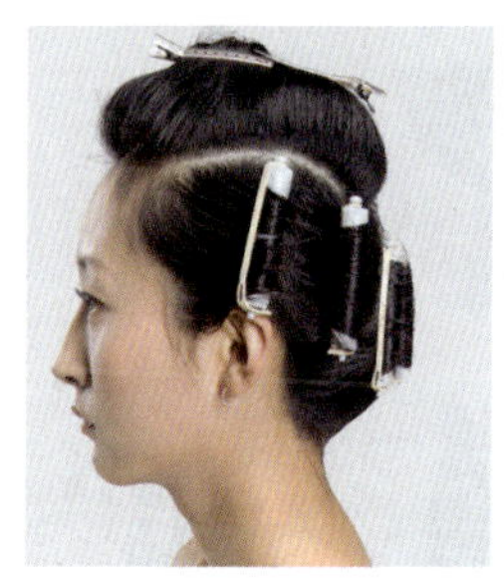
❹ 两侧正反交替排杠

❺ 量感区后侧正反交替排杠

❻ 动感区点状放射排杠，卷杠完成后正常冷烫

造型效果

扫码观看

4. 女士长发对比交替烫造型技术运用

【准备用品】尖尾梳、分区夹、11号加长不带橡皮筋发杠、橡皮筋、烫发纸、肩托、冷烫烫发剂、修剪工具、造型工具等。

【技术要点】量感区采用垂直取份、一片烫一片不烫的方式进行卷杠，动感区采用点状放射取份，卷曲圈数超过三圈。

【操作步骤】

❶ 分区

❷ 量感区垂直取份，一片烫一片不烫

❸ 动感区点状放射取份，一片烫一片不烫

❹ 卷杠完成，刘海不烫

❺ 正常冷烫

拆杠效果

造型效果

扫码观看

5. 女士中长发定线递进烫造型技术运用

【准备用品】尖尾梳，分区夹，13号、15号、17号带橡皮筋发杠，烫发纸，肩托，冷烫烫发剂，修剪工具，造型工具等。

【技术要点】两侧采用定线法进行卷杠，卷曲圈数不超过两圈。

【操作步骤】

❶ V形分区

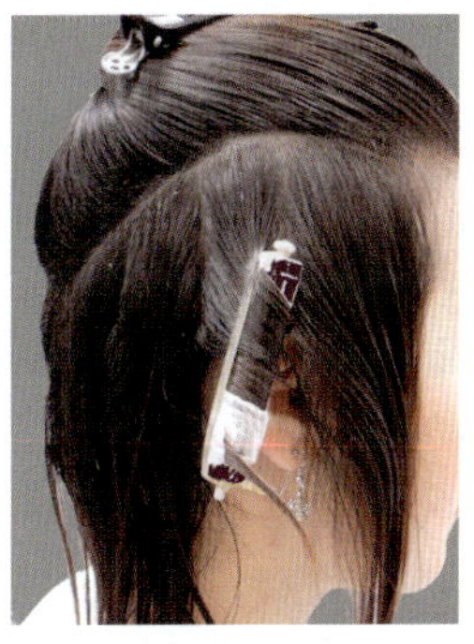
❷ 耳上垂直取份并向前卷杠

❸ 后面的头发垂直取份，前拉定线向前卷杠

❹ 逐一完成后面头发的卷杠

❺ 两侧的头发后拉定线向前卷杠

❻ 正常冷烫

造型效果

扫码观看

6. 女士中长发牙签发根烫造型技术运用

【准备用品】尖尾梳、分区夹、7号带橡皮筋发杠、牙签、烫发纸、肩托、冷烫烫发剂、修剪工具、造型工具等。

【技术要点】动感区内牙签发根烫是真正意义上膨胀发根的烫发技巧。将量感区的发根拧转卷杠，增强了量感区发根的膨胀性和发丝的卷曲度；在发尾处留出的直发增强了发尾的张力，给人耳目一新的视觉冲击。

【操作步骤】

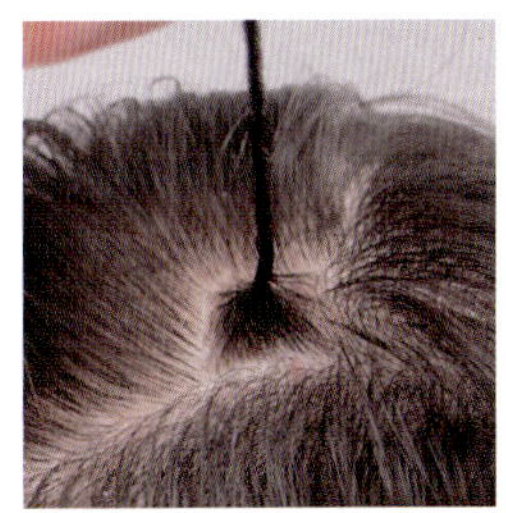
❶ 在动感区取小发束顺时针拧转

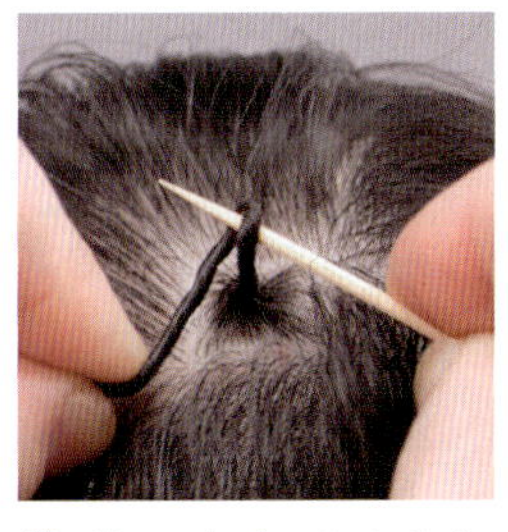
❷ 将小发束逆时针绕在牙签上

❸ 顺时针扭转牙签

❹ 牙签插入发根固定

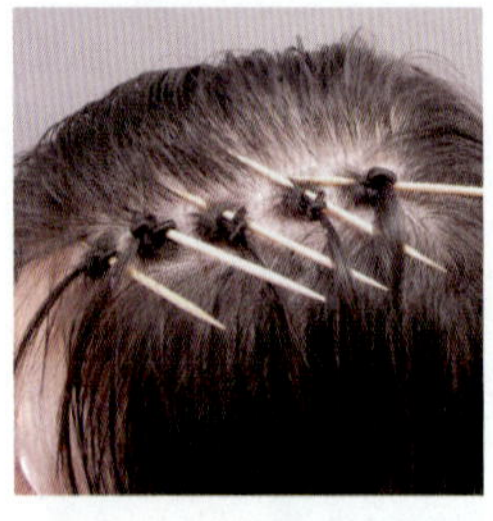
5 完成一排牙签发根烫的固定

6 发束卷曲上杠，留出发尾不烫

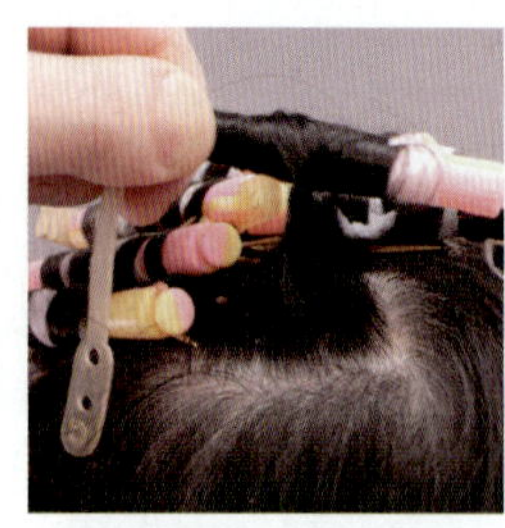
7 量感区分片卷杠，发根扭转后固定

8 留出发尾不烫

9 卷杠完成后正常冷烫

拆杠效果

造型效果

扫码观看

二、商业发型热烫造型技术运用

1. 男士电棒烫造型技术运用

【准备用品】尖尾梳、3 mm 电棒、热烫烫发剂、毛巾、围布、修剪工具、造型工具等。

【技术要点】

（1）电棒烫适合中老年男士超短发，采用热烫操作流程。

（2）烫发取份发片厚度在 0.5 cm 左右、宽度在 4 cm 左右。

（3）软化剂涂抹不能触碰头皮。

（4）电棒卷曲时先卷发尾半圈，再卷发中到发根一圈。

（5）卷曲度设定在 10 度。

【操作步骤】

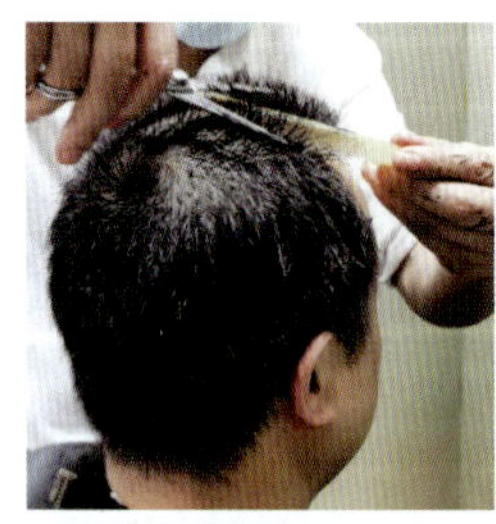
1 将头发修剪成 2 cm 的均等层次

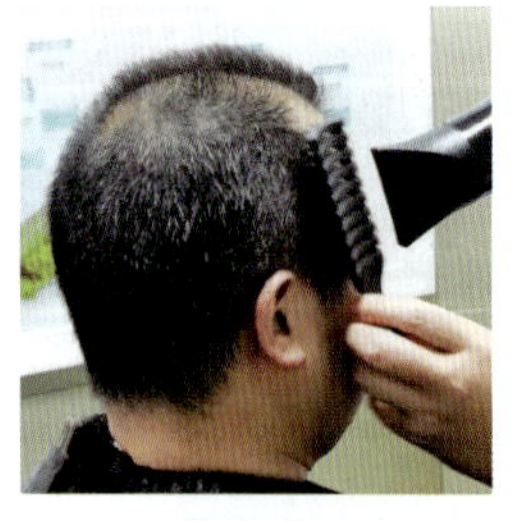
2 向后吹梳头发

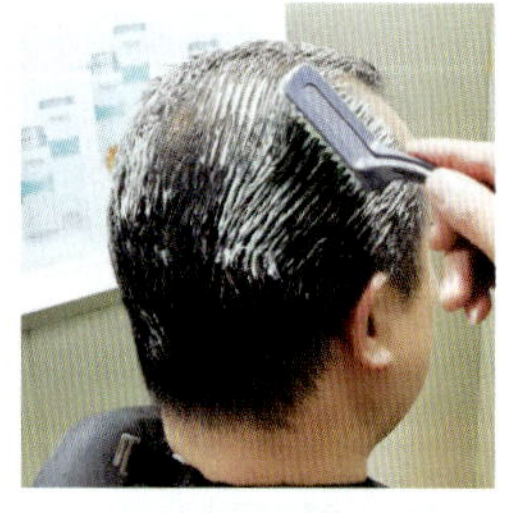
3 均匀涂抹软化剂后加热 20 min

4 洗净头发，卷发尾半圈

❺ 卷发中到发根一圈

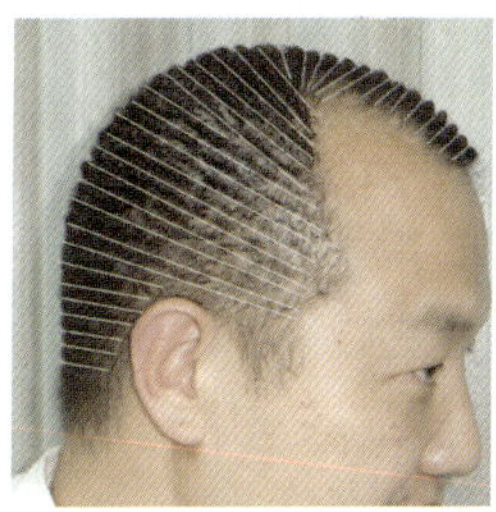

❻ 从前向后完成电棒卷曲

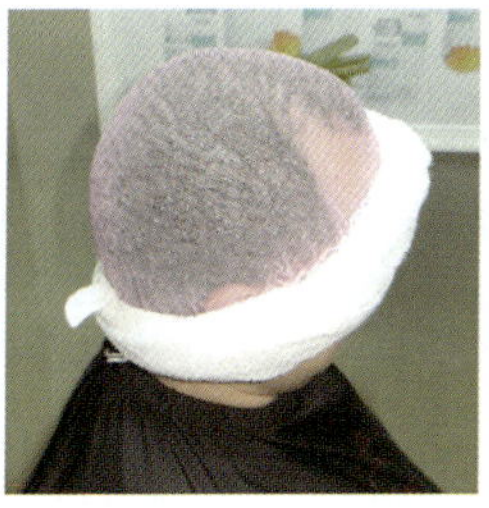

❼ 涂抹中和剂，停留 15 min

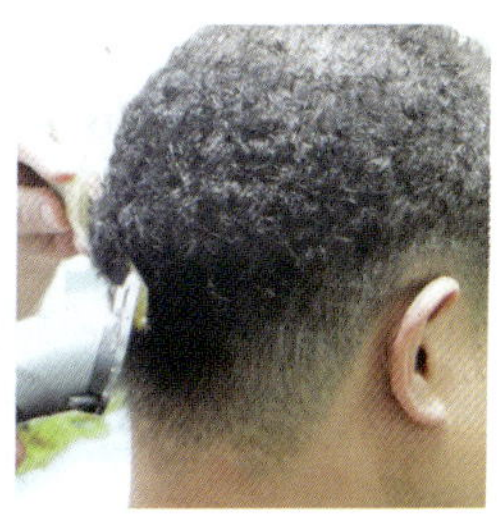

❽ 推剪色调连接卷曲头发

正面效果

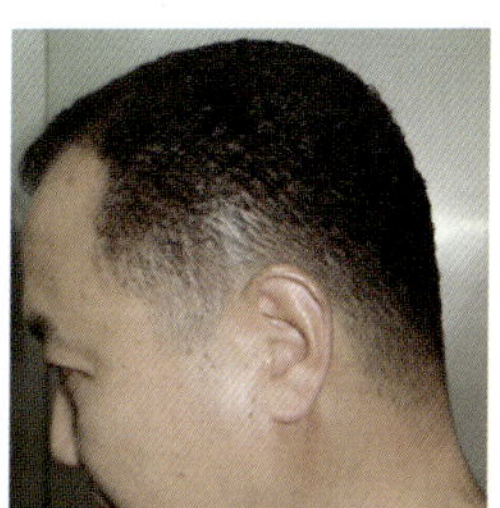

侧面效果

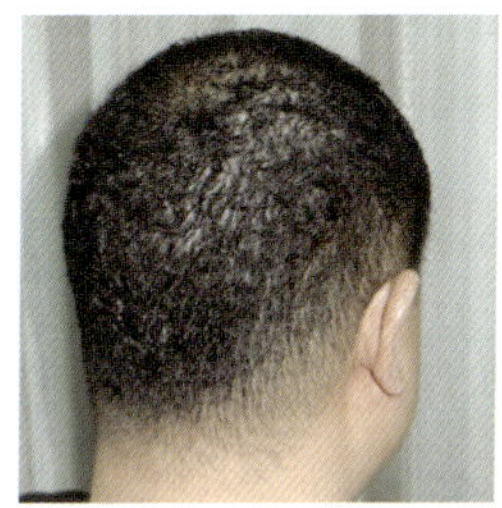

后面效果

扫码观看

2. 女士长发数码烫技术运用

【准备用品】尖尾梳、热烫机、17 号发杠、11 mm 电棒、弧形夹板、热烫烫发剂、毛巾、围布、吹风机、橡皮筋、夹针、防护工具等。

【技术要点】

（1）涂抹软化剂要快速均匀。

（2）软化要温和。

（3）卷曲度设定在 6 度。

【操作步骤】

❶ 发质鉴定

❷ 涂抹软化剂

❸ 卷杠法软化程度测试

④ 量感区后斜向上排列卷杠

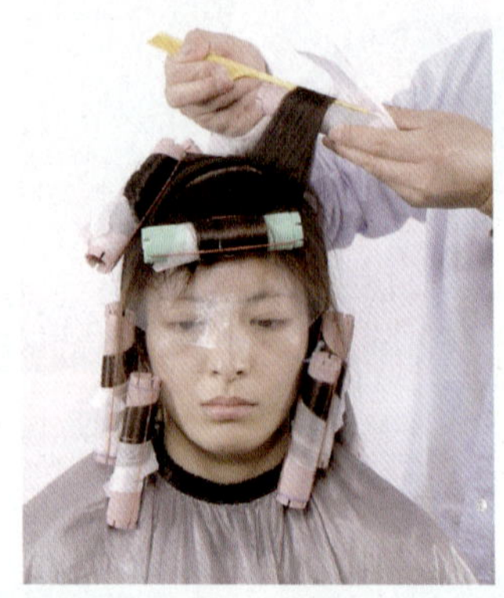

⑤ 动感区放射排列卷杠

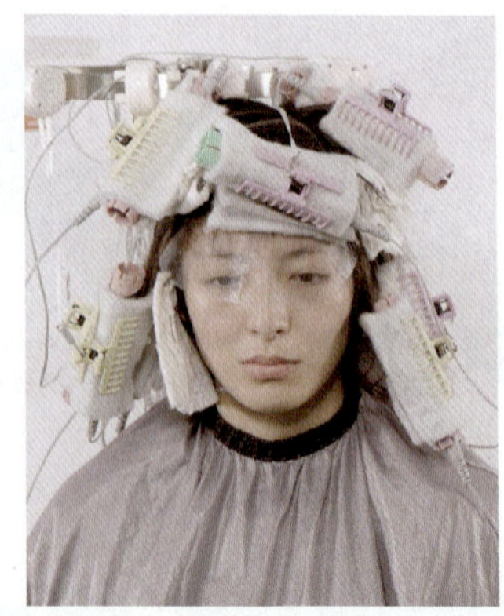

⑥ 通电热烫

后面效果

正面效果

扫码观看

3. 女士短发热纹理烫技术运用

【准备用品】尖尾梳、热烫机、19 号发杠、11 mm 电棒、弧形夹板、热烫烫发剂、毛巾、围布、吹风机、橡皮筋、夹针、防护工具等。

【技术要点】

（1）涂抹软化剂要快速均匀。

（2）综合卷杠、电棒、夹板三种热烫技术。

（3）卷曲度设定在 3~4 度。

（4）注重烫前和烫后护理。

【操作步骤】

❶ 均匀涂抹软化剂，注意停留时间

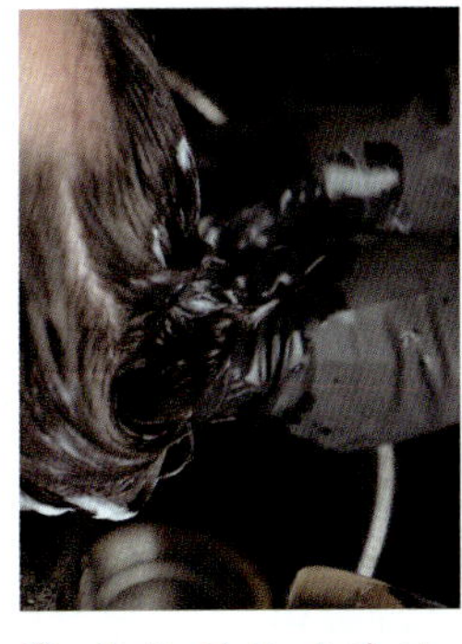
❷ 软化到位后冲洗，涂抹护理剂

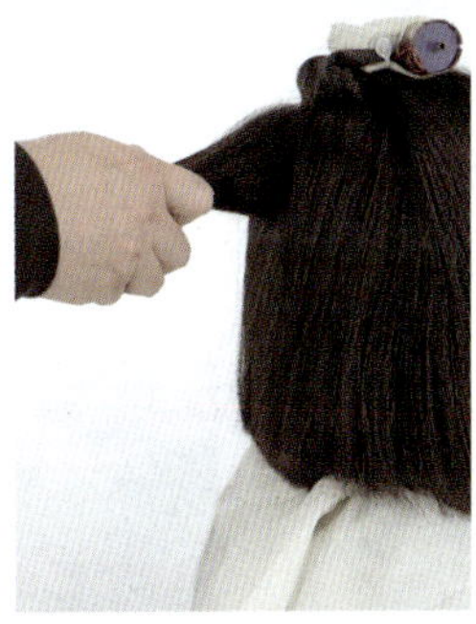
❸ 水平向下卷曲齐耳线以上的头发

❹ 通电加热 20 min 后拆杠

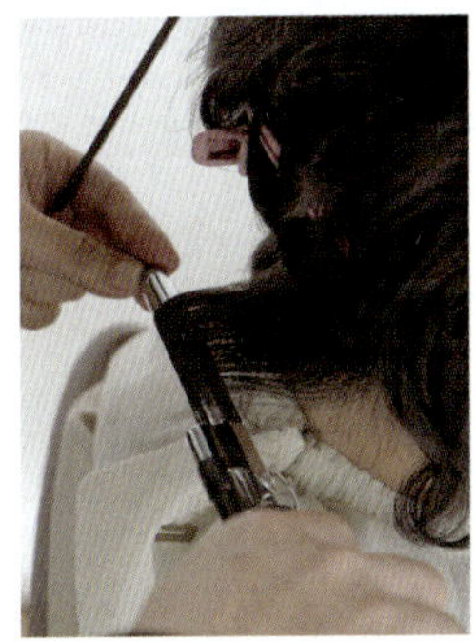
❺ 齐耳线以下的短发用电棒向内卷曲

❻ 齐耳线以上的头发用弧形夹板拉光洁

❼ 圈绕发尾固定，涂抹中和剂后等待 15 min

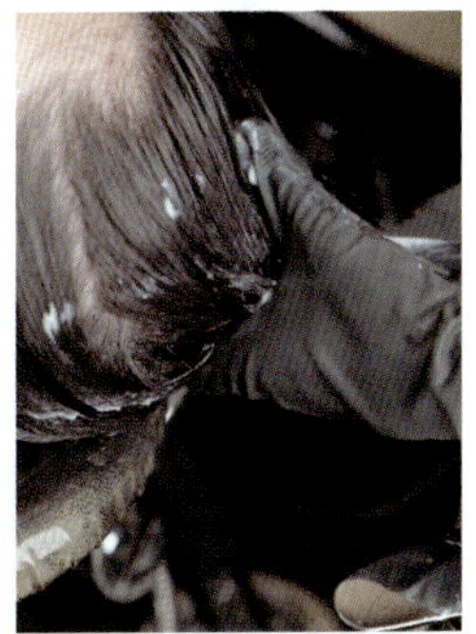
❽ 冲洗后进行烫后护理

左侧效果

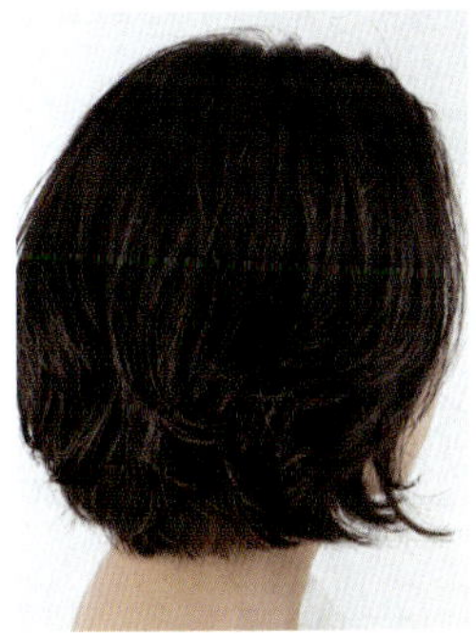
右后侧效果

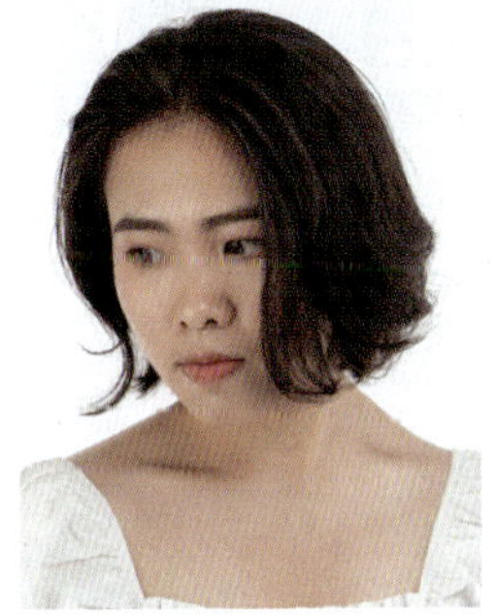
正面效果

扫码观看

4. 女士中长发热烫技术运用

【准备用品】尖尾梳、热烫机、19 号发杠、热烫烫发剂、毛巾、围布、吹风机、橡皮筋、夹针、防护工具等。

【技术要点】

（1）涂抹软化剂要快速均匀。

（2）卷曲度设定在 5 度。

（3）注重烫前和烫后护理。

【操作步骤】

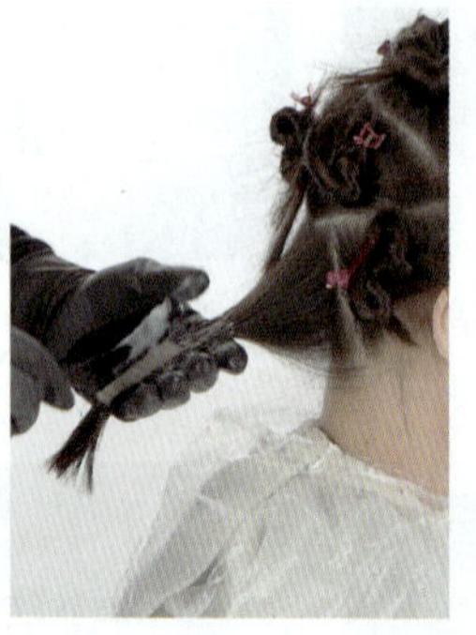

❶ 均匀涂抹软化剂，注意停留时间

❷ 软化到位后冲洗，涂抹护理剂

❸ 水平向上卷曲齐耳线以下的头发

❹ 水平向下卷曲齐耳线以上的头发

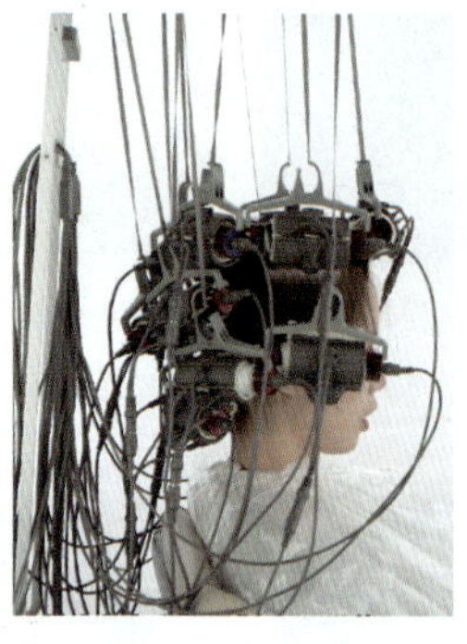

❺ 通电加热 20 min 后拆杠，涂抹中和剂后等待 15 min

❻ 圈绕发尾固定

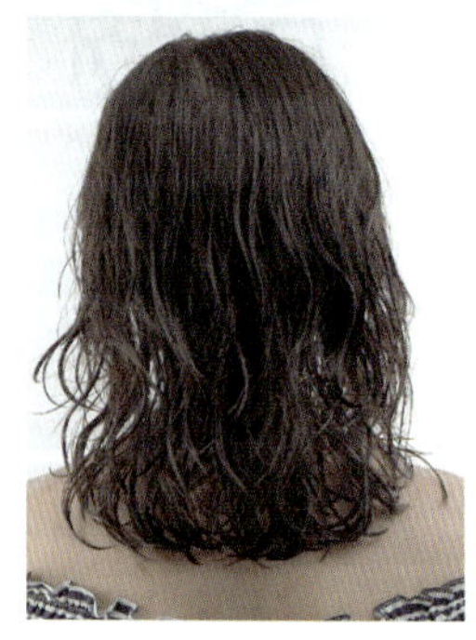

拆杠效果

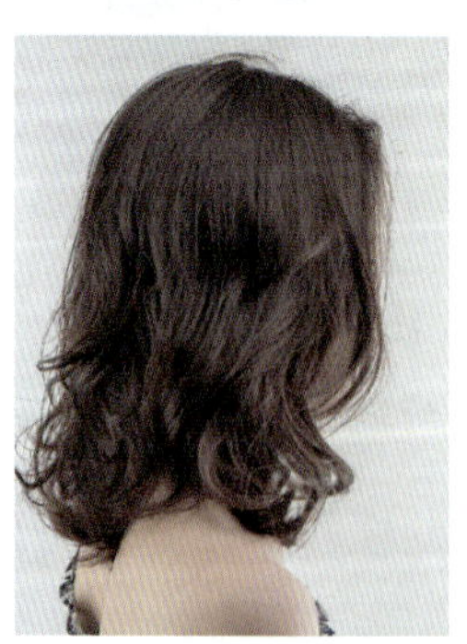

侧面效果

正面效果

扫码观看

5. 女士长发热烫技术运用

【准备用品】尖尾梳、热烫机、19 号发杠、热烫烫发剂、毛巾、围布、吹风机、橡皮筋、夹针、防护工具等。

【技术要点】

（1）涂抹软化剂要快速均匀。

（2）卷曲度设定在 6 度。

（3）注重烫前和烫后护理。

【操作步骤】

❶ 均匀涂抹软化剂，注意停留时间

❷ 软化到位后冲洗，涂抹护理剂

❸ 水平向下卷曲 U 形区以下的头发

❹ 垂直向前卷曲 U 形区的头发

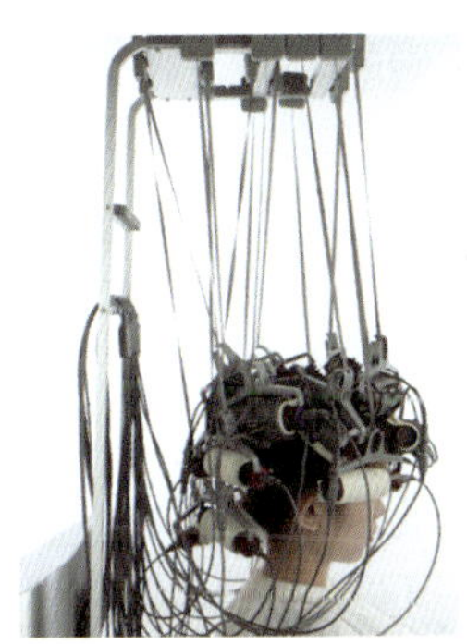

❺ 通电加热 20 min 后拆杠

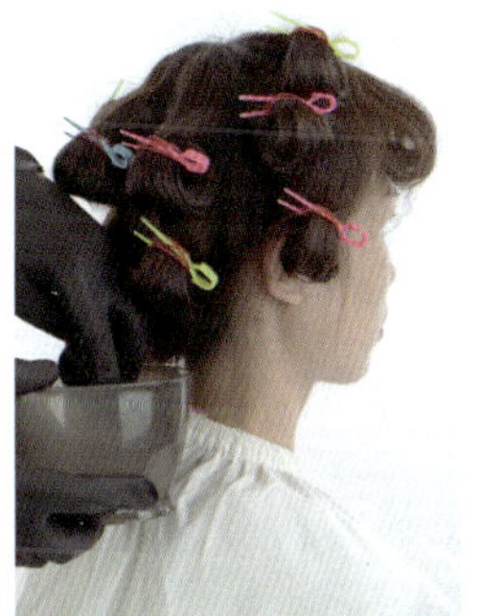

❻ 圈绕发尾固定，涂抹中和剂后等待 15 min

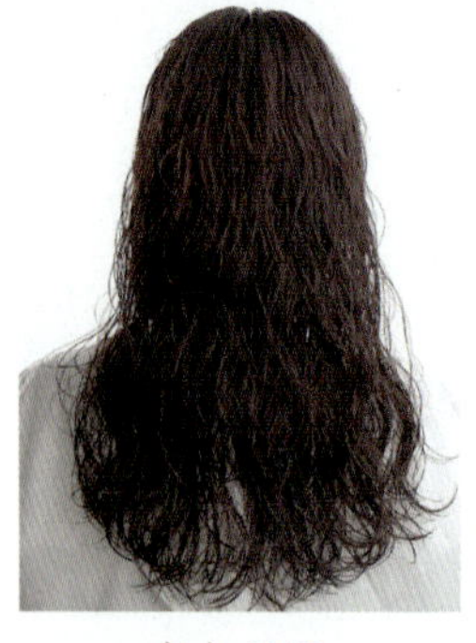

折杠效果

正面效果

扫码观看

课堂提问

1. 简述商业发型冷烫造型技术运用的种类和技术要点。
2. 简述商业发型热烫造型技术运用的种类和技术要点。

课后练习

一、判断题（将判断结果填入括号中。正确的填“√”，错误的填“×”）

1. 动感区内牙签发根烫是真正意义上收缩发根的烫发技巧。（　　）
2. 电棒烫适合中老年男士超短发，采用热烫操作流程。（　　）
3. 热烫时，涂抹软化剂要快速均匀。（　　）

二、单项选择题（选择一个正确的答案，将相应的字母填入题内的括号中）

1. 爆炸卷采用的是（　　）取份。

A. 大方形　　B. 小方形　　C. 三角形　　D. 圆形

2. 女士长发对比交替烫时，动感区采用（　　）取份。

A. 垂直　　B. 水平　　C. 斜线　　D. 点状放射

3. 电棒卷曲时，先卷（　　）半圈。

A. 发尾　　B. 发根　　C. 发中　　D. 以上都不正确

参考答案

一、判断题

1. ×　　2. √　　3. √

二、单项选择题

1. B　　2. D　　3. A

第2篇

染发造型

引导语

在DX系统中，把染发归纳为持久性造型的范畴。染发是在修剪或烫发造型上的拓展。发型的色彩可以彰显发型的个性、突出发型的重点、改变发型的风格、凸显发型的纹理，是造型的第一要素。

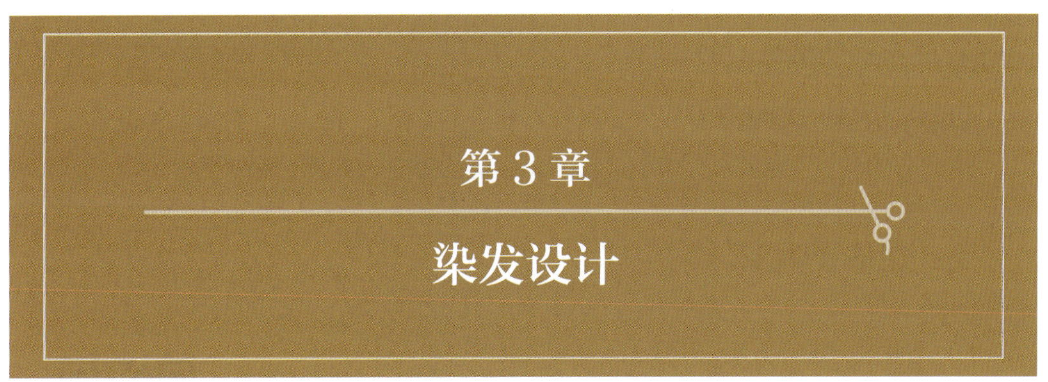

传统的美发师操作手法娴熟规范，把头发染成目标色；现代的美发师通过设计分区配色，运用科学的染发设计原则凸显发型特点。

第 1 节　色彩理论

一、色彩的基本概念

色彩是由光线引起的视觉感受，光线是体现色彩的基本要素，光线的明暗变化可以改变色彩的明度。

1. 色彩的冷暖

色彩有冷暖之分。红、橙、黄都属于暖色系，是让人感觉温暖、热情的色彩。冷色有吸收光线的作用，蓝、绿、紫都属于冷色系，是让人感觉冷峻、凉爽的色彩。棕色系属于没有明显冷暖感觉的色彩，称为中间色系。

2. 色彩的轻重

色彩颜色越淡，感觉越轻。轻而明亮的色彩给人柔软、安静的感觉，如米黄、烟灰、粉等。

色彩颜色越深，感觉越重。重而暗淡的色彩给人生硬、厚重、高贵的感觉，如深黑、深紫、深蓝等。

3. 色彩的明度

明度高的色彩，看起来有放大、膨胀、前进的感觉，如鲜红、嫩黄、嫩绿等。明度低的色彩，看起来有缩小、收缩、后退的感觉，如黑、深灰等。

二、色彩的定律

1. 三原色

扫码观看

三原色是指色彩中不能再分解的三种基本颜色，通常是指5度的红色、9度的黄色、4度的蓝色。

2. 二次色

将三原色的任何两个颜色混合，可得到二次色——橙、紫、绿。色轮上的三原色与相对的二次色称为互补色（也称为对冲色），如红和绿、蓝和橙、黄和紫为互补色。

互补的两个颜色相混合会产生棕色。三原色混合在一起会产生各种浓淡不同的棕色，含蓝色较多会形成深棕色，含红色较多会形成中棕色，含黄色较多会形成浅棕色。

（1）红色 + 黄色 = 橙色

扫码观看

（2）黄色 + 蓝色 = 绿色

扫码观看

（3）红色 + 蓝色 = 紫色

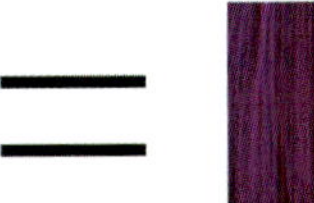

扫码观看

（4）红色 + 黄色 + 蓝色 = 棕色

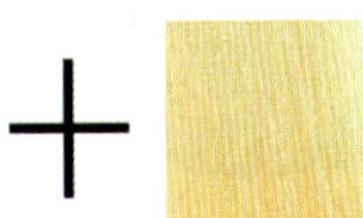
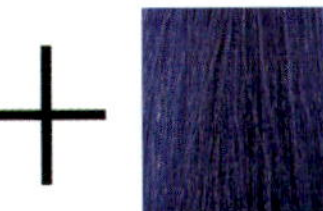
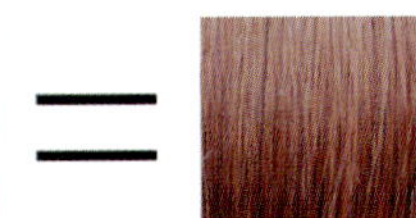

扫码观看

特别提示

★红色与绿色为互补色，这两种颜色混合可以形成红棕色。

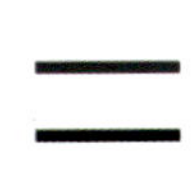

★蓝色与橙色为互补色，这两种颜色混合可以形成深棕色。

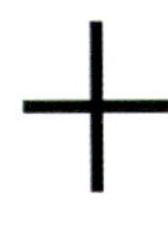

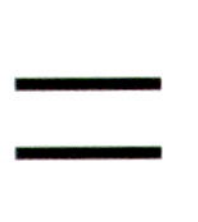

★黄色与紫色为互补色，这两种颜色混合可以形成浅棕色。

3. 三次色

上图中，凸出的颜色是三原色，平整的是二次色，如果将三原色与二次色混合，可得到凹进去的颜色——三次色。色轮中任何 90° 内的颜色都称为同色系，同色系搭配时较为自然。色轮中两个相对的颜色是互补色，如黄橙色与蓝紫色、红橙色与蓝绿色、红紫色与黄绿色。

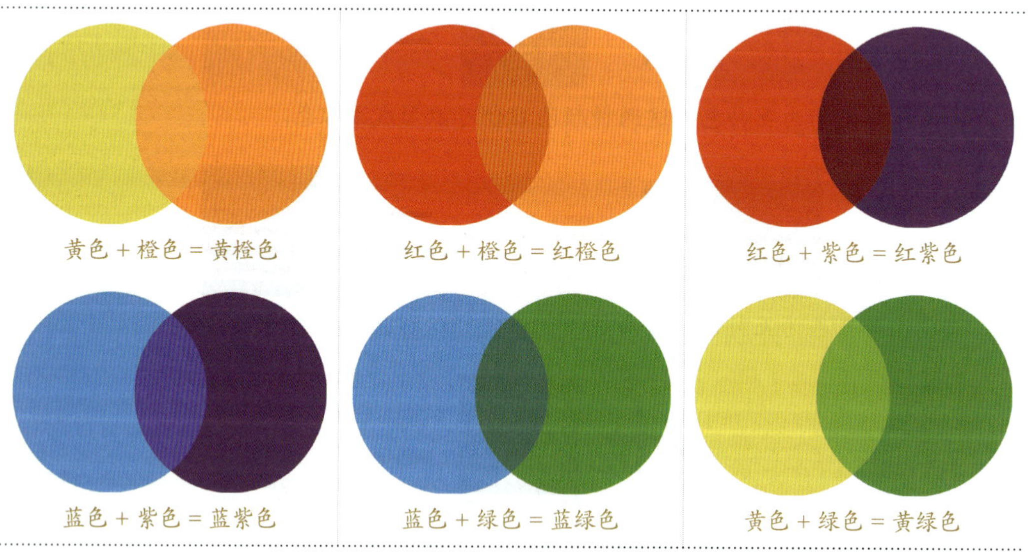

黄色 + 橙色 = 黄橙色

红色 + 橙色 = 红橙色

红色 + 紫色 = 红紫色

蓝色 + 紫色 = 蓝紫色

蓝色 + 绿色 = 蓝绿色

黄色 + 绿色 = 黄绿色

三、色彩的感觉

每种色彩给人的感觉不同，如果在不同色彩中加入少量其他色彩，会产生不一样的视觉感受。

红色色感温暖，给人热情、奔放、积极向上的印象，是有力量的色彩。红色视觉刺激强，容易引起人的注意，使人兴奋、激动、紧张、冲动，但容易造成视觉疲劳。

- 加入少量的黄，形成橙红色，给人热力强盛、躁动不安的感觉。
- 加入少量的蓝，形成紫红色，给人文雅、柔和的感觉。
- 加入少量的黑，形成深红色，给人沉稳、朴实的感觉。
- 加入少量的白，形成浅红色，给人温柔、含蓄、羞涩的感觉。

黄色是最容易变化的色彩，给人富有、光荣、喜悦、轻快的印象，也给人扩张和不安宁的印象。

- 加入少量的蓝，形成鲜嫩的绿色，给人趋于平和、潮润的感觉。
- 加入少量的红，形成橙色，给人有分寸、热情和温暖的感觉。
- 加入少量的黑，形成橄榄绿的复色，给人成熟、随和的感觉。
- 加入少量的白，形成柔和的浅黄色，给人含蓄、易于接近的感觉。

蓝色色感冷静，相对比较稳定，给人冷峻、沉着的印象，是让人心绪稳定的色彩。

- 加入少量的白，形成天蓝色，给人宁静致远的感觉。
- 分别加入少量的红、黄、黑、橙、白等色，均不会对蓝色造成较明显的影响。

橙色是介于红色和黄色之间的颜色，给人欢快、活泼的印象，是让人感觉富足、幸福的色彩，但容易造成视觉疲劳。

- 加入较多的黄，形成黄橙色，给人甜美、亮丽、芳香的感觉。
- 加入少量的白，形成浅橙色，给人焦躁、无力的感觉。
- 加入较多的黑，形成焦糖色，给人稳重、含蓄的感觉。

绿色是具有黄色和蓝色两种成分的颜色，黄色的温暖感与蓝色的寒冷感相融合，给人平和、安稳、恬静的印象，是让人感觉轻松舒爽、赏心悦目的色彩。

- 加入少量的黄，形成苹果绿，给人活泼、友善、青春的感觉。
- 加入少量的黑，形成墨绿色，给人庄重、老练、成熟的感觉。
- 加入少量的白，形成粉绿色，给人洁净、清爽、鲜嫩的感觉。

紫色的明度较低，给人华丽、性感、神秘的印象，是让人感觉孤傲、富足的色彩。

- 加入较多的红，形成紫红色，给人压抑、威胁的感觉。
- 加入少量的黑，形成暗紫色，给人沉闷、伤感、恐怖的感觉。
- 加入适量的白，形成粉紫色，给人优雅、娇气的感觉。

白色色感光明，具有扩张性，给人纯洁、神圣的印象，是让人感觉纯粹、洁净的色彩。

- 加入少量的红，形成粉红色，给人新鲜、梦幻的感觉。
- 加入少量的黄，形成乳黄色，给人稚嫩、柔和的感觉。
- 加入少量的蓝，形成粉蓝色，给人清新、空旷的感觉。
- 加入少量的紫，形成粉紫色，给人清冷、洁净的感觉。
- 加入少量的绿，形成浅绿色，给人青春、活力的感觉。
- 加入少量的黑，形成灰色，给人质朴、高雅的感觉。

四、色彩相互影响

1. 受周边明暗的影响

头发颜色的视觉感受会受到周边明暗的影响而产生一些变化。例如，下面两张图中间的色带，看起来是左浅右深，如果把上下两边的色带遮住，会发现中间色带的颜色是一致的。

2. 受周边色彩的影响

头发颜色的视觉感受会受到周边色彩的影响而产生一些变化。例如，下面两张图的中间色块是黄色，看起来是左图明亮、右图暗深，如果把周边的颜色遮住，会发现中间的黄色是相同的。

课堂提问

1. 简述橙色框外面的蓝色比红色框外面的蓝色看上去明度高的原因。

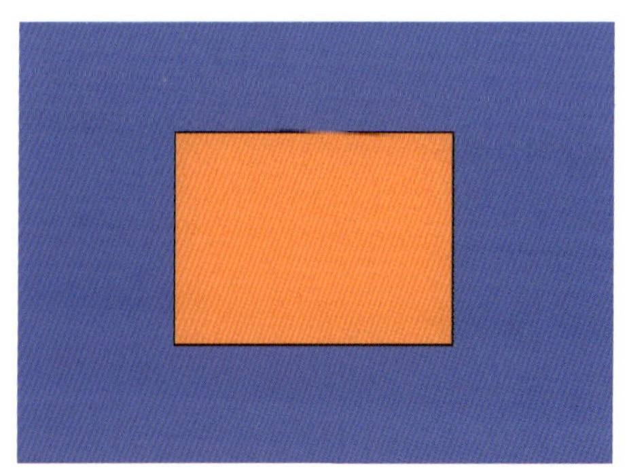

2. 简述用三原色调配三次色中的黄绿色的方法。
3. 可以用两个三次色直接调配出棕色吗？为什么？

课后练习

一、判断题（将判断结果填入括号中。正确的填“√”，错误的填“×”）

1. 红、橙、黄都属于暖色系。（　　）
2. 二次色是由一次色（原色）与三次色混合而成的。（　　）
3. 色彩颜色越浅，感觉越重。（　　）
4. 蓝色的低明度给人沉闷、神秘的感觉。（　　）
5. 黄色与紫色为互补色。（　　）

二、单项选择题（选择一个正确的答案，将相应的字母填入题内的括号中）

1.（　　）是造型的第一要素。

A. 剪发　　B. 吹风　　C. 烫发　　D. 发型的色彩

2. 在白色中加入少量的（　　），形成淡淡的粉红色，给人新鲜、梦幻的感觉。

A. 红色　　B. 黄色　　C. 紫色　　D. 蓝色

3.（　　）给人纯粹、洁净的感觉。

A. 橙色　　B. 白色　　C. 黄色　　D. 红色

4.（　　）有吸收光线的作用。

A. 暖色　　B. 冷色　　C. 紫色　　D. 橙色

5. 橙、绿、紫属于（　　）。

A. 一次色　　B. 二次色　　C. 三次色　　D. 四次色

参考答案

一、判断题

1. √　2. ×　3. ×　4. ×　5. √

二、单项选择题

1. D　2. A　3. B　4. B　5. B

第 2 节　色彩在染发中的运用

一、头发的颜色

1. 自然发色的设定

头发的颜色是由红、黄、蓝三原色组成的，肉眼看到的是颜色混合重叠后形成的黑棕色。一般将自然发色设定为 10 个色度。

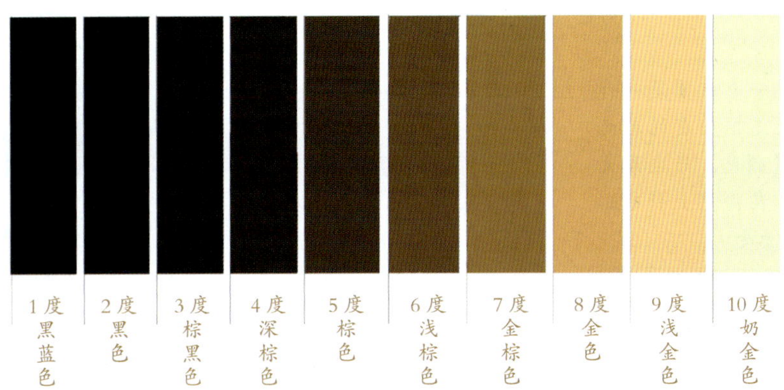

人的发色取决于人种，亚洲人的头发色度一般为 2~4 度，大部分是 3 度自然发色，深色头发所含的蓝色粒子较多。欧洲人的头发色度一般为 4~9 度，大部分是 4~6 度自然发色，棕色头发含蓝色粒子较少，浅棕色头发不含蓝色粒子，金色头发只含少量的红色粒子。

在头发由深到浅褪色的过程中，最先褪去的是蓝色粒子，其次是红色粒子，最后是黄色粒子。

2. 不同底色头发的色彩属性

（1）头发底色在 4~5 度时，最适合染紫色。因为 5 度底色的头发所含的蓝色粒子已经基本被清除，蓝色与红色混合形成紫色，所以超过 5 度的紫色都要加入加强色。

（2）头发底色在 6 度时，最适合染红色。6 度底色是含红色粒子最多的底色，染出的红色很正。红色低于 6 度会偏暗或者偏紫；红色高于 6 度会偏橙，想做红要加入加强色。

（3）头发底色在 7~8 度时，最适合染橙色。7~8 度底色的头发含红色和黄色粒子，发色偏橙色。

（4）头发底色在 9 度以上时，最适合染黄色和冷色。9 度以上底色的头发不含红色粒子，有少量的黄色粒子，染出的黄色纯正，也能够很好地呈现冷色系的色调。很淡的紫色可以对冲 10 度底色头发中残留的黄色，呈现白色的极端发色。

二、染发的设计原则

流行色在头发上的运用需要注意各种色调的搭配，做到时尚而不夸张，鲜艳而不媚俗。在现代染发设计中，按照重复、交替、对比、递进、和谐的设计原则进行选色、搭配、组合，起凸显发型、彰显个性的作用。

1. 重复 整个设计一直在重复一种颜色，也就是把头发的颜色染成同一种颜色，产生最大的光反射，在视觉上引起膨胀或收缩的感受。		
2. 交替 两种或两种以上颜色按序重复，产生跳跃的光反射，在视觉上产生跳跃感。运用不同色系交替的方法进行染色，可营造活泼的感觉。		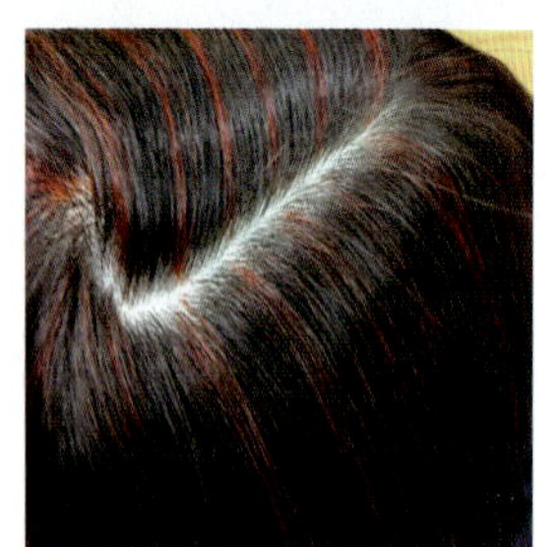
3. 对比 两种相差很大的颜色产生强烈的视觉反差，在视觉上突出重点。运用对比的冷暖色或明暗色进行染发，可产生强烈的视觉冲击。		

4. 递进

颜色由深到浅或由浅到深逐渐变化，在视觉上产生方向感，可分为发丝颜色的递进和头发整体区域颜色的递进。

5. 和谐

两种或两种以上相近颜色搭配，产生和谐的视觉感受。运用临近色系或相同色系进行染发或挑染，出现同色系但不同深浅的颜色。

三、发色的分析

1. 染发的类别

（1）单色染。单色染是指使用一种色彩进行染发。

1）颜色纯正，简单大气。对于较保守的顾客来说，单一颜色足以改变个人原本的气质，可以让人更加精神、时尚。

2）操作简单，色彩纯正，颜色的饱和度较高。

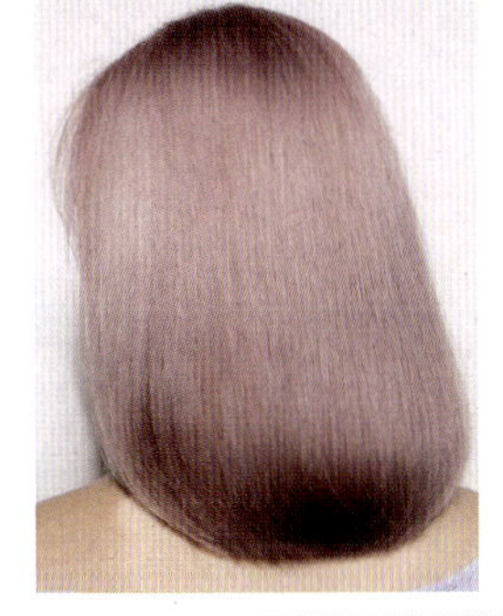

（2）多色染。多色染是将多种色彩进行科学搭配、组合，使整个染发设计更具个性化，其色彩丰富，层级及纹理感强，显得时尚、动感。

2. 不同发色的分析

自然界中每个季节的色彩都具有鲜明的特征，发型的色彩也可以体现季节性特点，如春季的亮色、艳色，夏季的冷色、浅色，秋季的浓色、柔色，冬季的深色、暖色。

在发型设计中，为了便于对不同发色进行分析，把头发的颜色分成深色、浅色、暖色、冷色、纯色、浊色、中性色这七大类别。

（1）深色头发：能够体现发型的厚重、沉稳、含蓄和优雅，有稳重感，能凸显脸型轮廓，视觉上有堆积量感的作用。

（2）浅色头发：有增加亮度、强化内型纹理、削减量感、体现纹理方向、柔化脸型轮廓的作用。

（3）暖色头发：给人饱满、温暖、充满活力的感觉，容易吸引人的视线，令人愉快。

（4）冷色头发：有冷漠、安静、忧郁、时尚的感觉，视觉上有削减量感的作用。

（5）纯色头发：色彩饱和度高，给人厚实、紧密的视觉感受，可用于局部染色；如用亮色进行全染，可体现活力、青春。

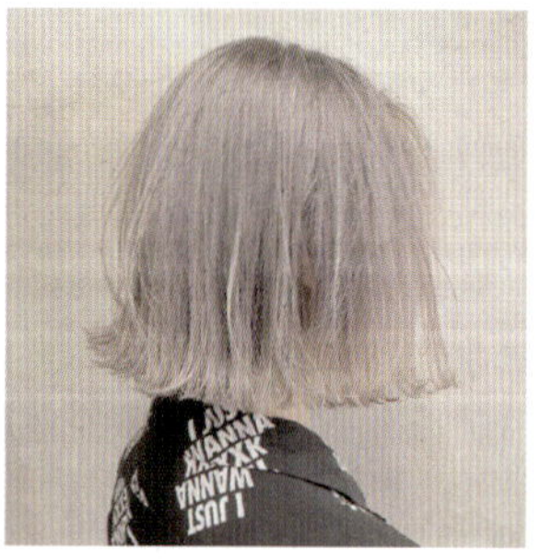

（6）浊色头发：色彩纯度和饱和度低，给人松散、凌乱的视觉感受，可局部或大面积运用。

（7）中性色头发：浓淡相宜的棕色是染发中最常用的中性色，呈现自然、不刻意的色彩感，适合自然、休闲的发型。棕色遇暖则冷，遇深则淡；遇冷则暖，遇淡则深。

四、色彩的运用范围

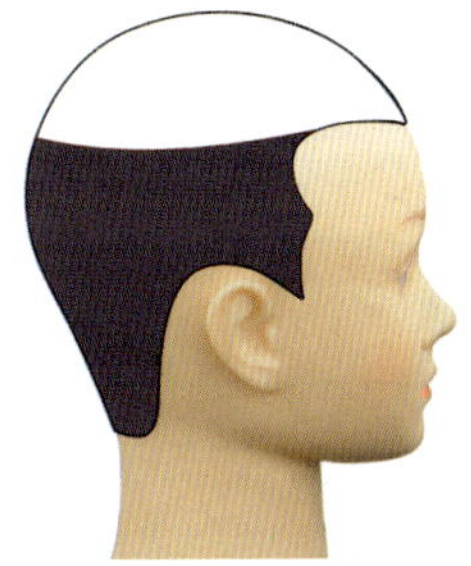

深色量感区

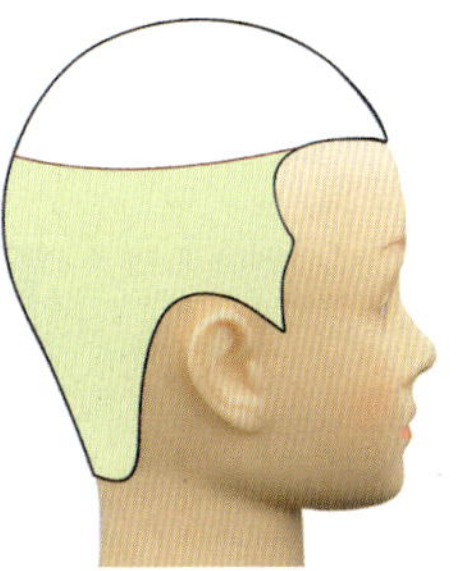

浅色量感区

1. 量感区

（1）深色量感区可以使发型的周边轮廓有收缩的视觉感受，多用于商业设计。

（2）浅色量感区可以使发型的周边轮廓有膨胀的视觉感受，多用于前卫设计。

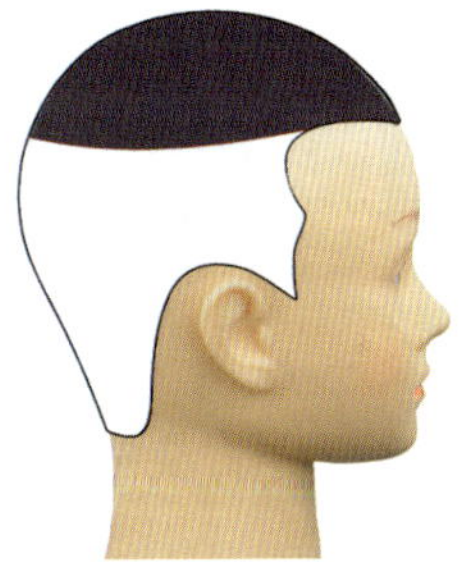

深色动感区

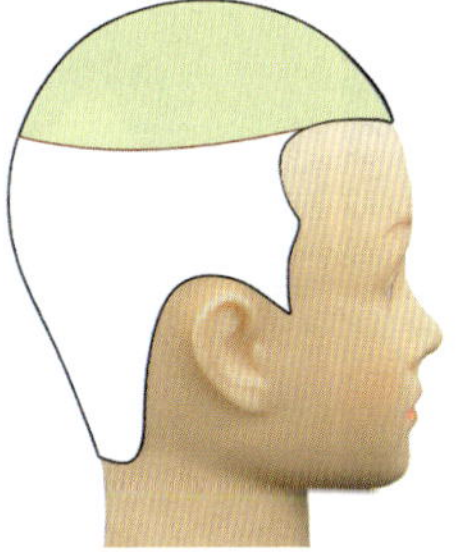

浅色动感区

2. 动感区

（1）深色动感区可以使发型的轮廓有下压的视觉感受，多用于商业设计。

（2）浅色动感区可以使发型的轮廓有上扬的视觉感受，多用于前卫设计。

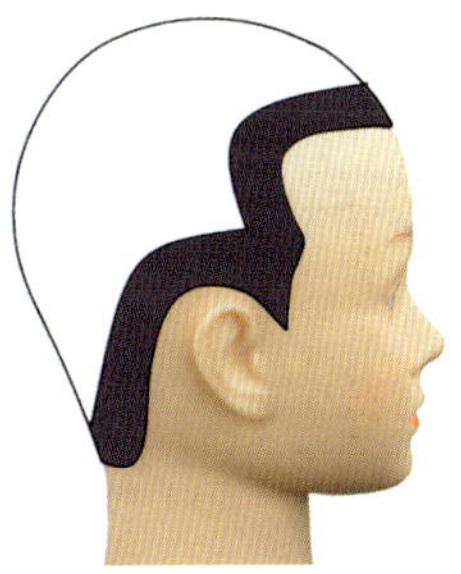

深色量感体现区

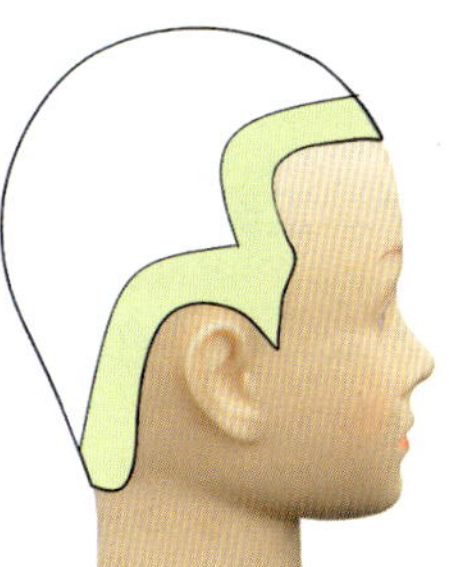

浅色量感体现区

3. 量感体现区

（1）深色量感体现区可以使发际的周边轮廓有整体收缩、强化外线和面部特征的视觉感受，多用于含蓄的商业设计。

（2）浅色量感体现区可以使发际的周边轮廓有整体膨胀、弱化外线和面部特征的视觉感受，多用于时尚的商业设计。

课堂提问

1. 简述下图色彩的排列原则。

2. 简述下图色彩的排列原则。

3. 简述下图色彩的排列原则。

4. 请在发型下方的括号中写出发型色彩设计采用的原则。

(　　　　　)　(　　　　　)　(　　　　　)　(　　　　　)

课后练习

一、判断题（将判断结果填入括号中。正确的填“√”，错误的填“×”）

1. 流行色彩在发型上的运用有两种方式，即单色染及多色染。（　　）
2. 深色在视觉上有帮助堆积量感的作用。（　　）
3. 浅色给人冷漠、安静、忧郁、酷的感觉。（　　）
4. 在动感区做深色可以使发型的轮廓有下压的视觉感受。（　　）
5. 在量感区做浅色可以使发型的周边轮廓有收缩的视觉感受。（　　）

二、单项选择题（选择一个正确的答案，将相应的字母填入题内的括号中）

1.（　　）是指在头发上使用多种色彩来改变头发的发色。

A. 多色染　　B. 单色染　　C. 补染　　D. 漂染

2. 视觉上有帮助削减量感作用的是（　　）。

A. 暖色　　B. 深色　　C. 浅色　　D. 冷色

3. 在（　　）区做深色可使发型的周边轮廓有收缩的视觉感受。

A. 动感　　B. 量感　　C. 侧部　　D. 后部

4.（　　）呈现自然、不刻意的色彩感，比较适合自然、休闲的发型。

A. 深色　　B. 冷色　　C. 浅色　　D. 中性色

5. 颜色由深到浅或由浅到深逐渐变化是（　　）原则。

A. 对比　　B. 递进　　C. 交替　　D. 和谐

参考答案

一、判断题

1. √　2. √　3. ×　4. √　5. ×

二、单项选择题

1. A　2. D　3. B　4. D　5. B

第3节　点线面在染发设计中的运用

现代的染发技巧已经不再是单纯染颜色，而是染发型，为发型进行染色设计后配以不同的目标色，达到发色更多、时尚感更强的效果。

挑染、片染、块染的染色取份，就是以点线面为设计元素进行设计划分的。

一、点在染发设计中的运用

● 以点取份的染发设计是挑染，挑染设计的重点在于点与点的排列形式和密度变化。

● 挑染有体现内型纹理、突出线条设计、产生视觉亮点的作用，增强立体感，使发型更加突出。

● 小束状的挑染适合头发表面暴露的部位，强化发型的线条方向。大束状的挑染适合头发内部发际线的部位，呈现隐约的时尚感。

挑染取份

挑染效果

强化线条方向

1. 挑染的间隔大小

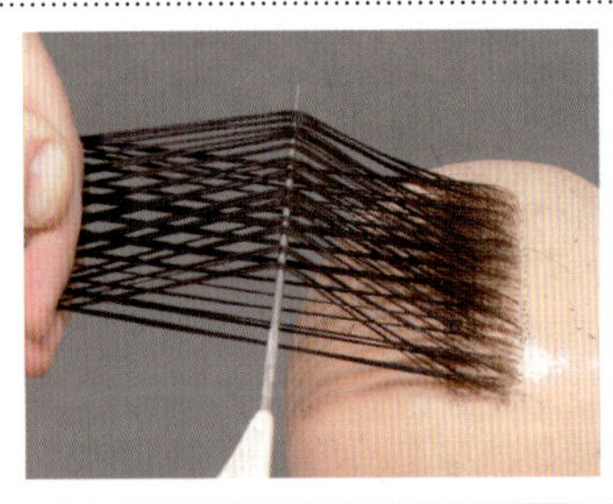

（1）小间隔挑染。小间隔挑染发束，染色后束状感不强，容易与底色相融合。

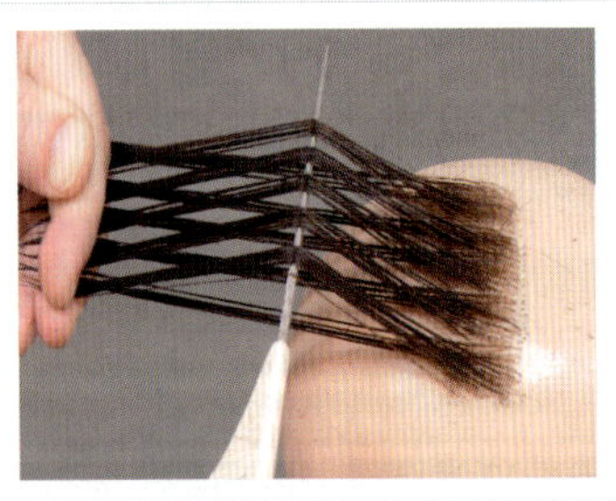

（2）中等间隔挑染。中等间隔挑染发束，染色后有较明显的束状感，与底色有所相融。

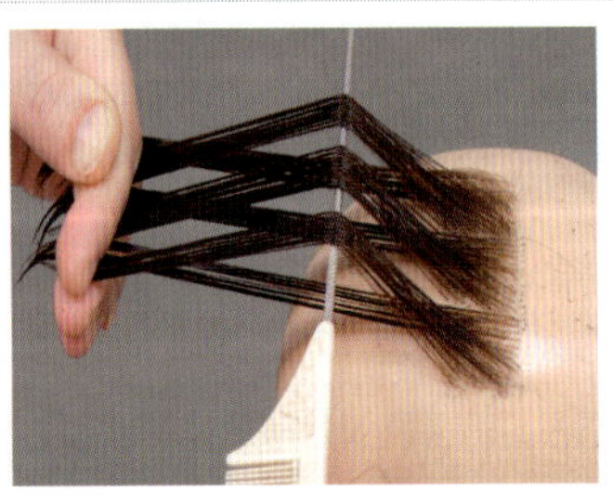

（3）大间隔挑染。大间隔挑染发束，染色后有强烈的束状感，与底色有明显的间隔。

2. 挑染不同颜色的作用

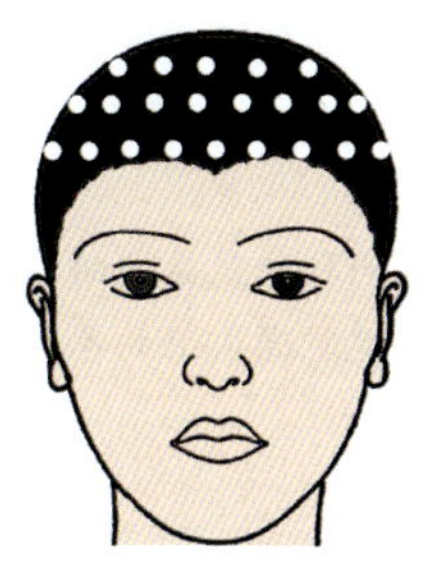

（1）在原发色是深色的头发上进行浅色挑染，挑染的色度相差3度以上，挑染的颜色以纯度高的蓝色、棕色、红色、紫色、浅浊色为主。

其作用是改变深色头发的沉闷感，加深纹理，提高头发的明度。

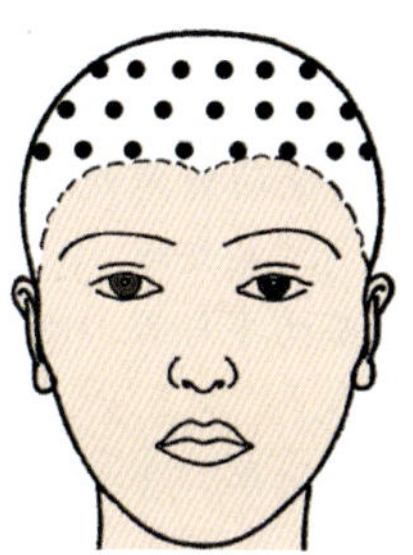

（2）在原发色是浅色的头发上进行深色挑染，挑染的色度相差3度以上，挑染的颜色以蓝黑色、深棕色、深红色、深紫色为主。

其作用是降低头发的明度，制造阴影，收缩浅色给发型带来的膨胀感。

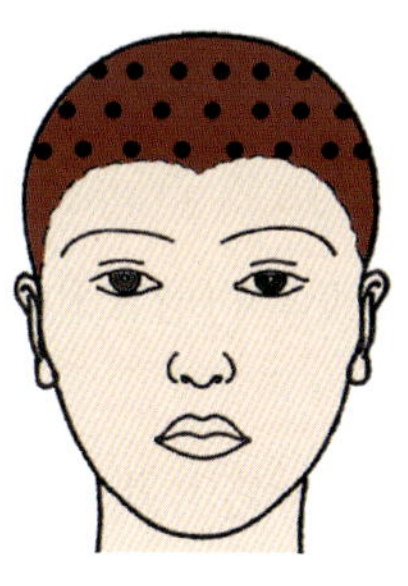

（3）用原发色的相邻色系或同色系颜色进行挑染，挑染的颜色选择范围较大，避免使用互补色进行搭配，可以选取跟底色相邻的两个色系进行搭配，也可以选取底色的同色系进行搭配。挑染的色度与底色的色度相差不能太大，以2度为宜。

其作用是柔和头发颜色的层次感和纹理感，制造不明显的阴影，给发型带来柔和的美感。

3. 点在染发设计中的商业运用

点在头发上不同位置以不同排列方式进行呈现，配合不同的设计原则和染色方法，以适应不同顾客的需求。色彩的选择可以是统一色，也可以是渐变的过渡色。

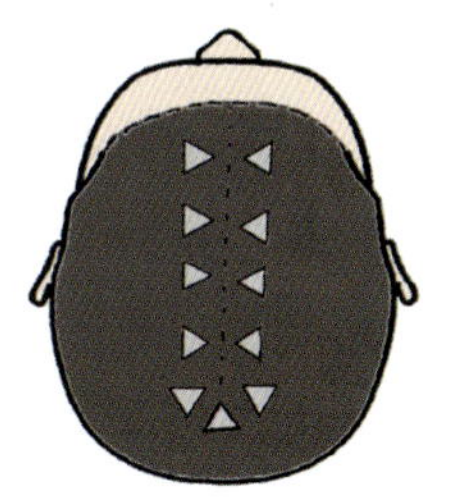

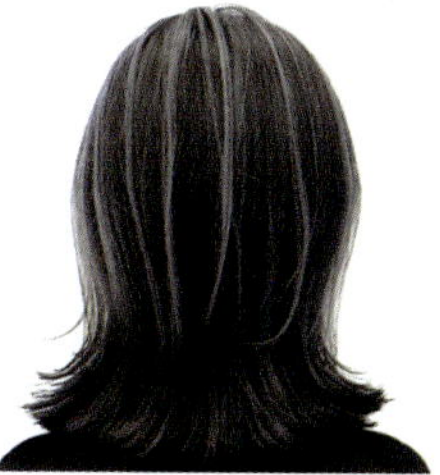

（1）瀑布染

1）适合低层次结构的发型。

2）在头顶区以三角形点状取份，大间隔挑出发束进行漂染处理。

3）色彩线条如同倾泻而下的瀑布。

4）按照自然流向取份是染色的重点。

5）呈现时尚的色彩设计。

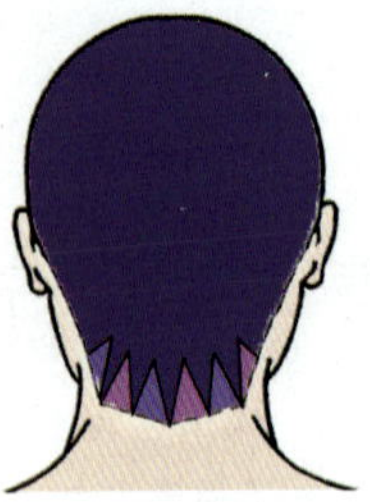

（2）后颈染

1）适合任何层次结构的发型。

2）后颈处以三角形点状取份，进行染色处理。

3）色彩取份是染色的重点。

4）呈现时尚前卫的色彩设计。

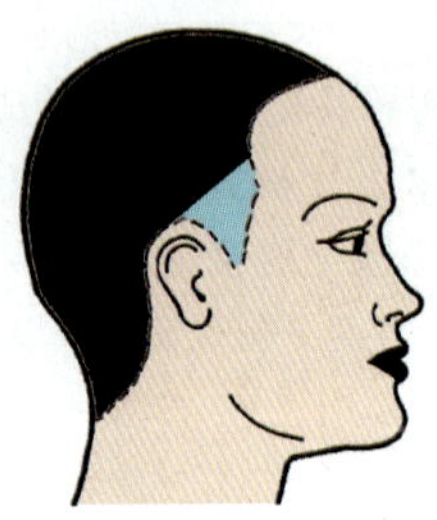

（3）挂耳染

1）适合中长发型。

2）在两侧的鬓角处以点取份，对一束头发进行漂染处理。

3）根据挂耳与否，决定色彩的隐藏或暴露。

4）呈现简单、含蓄但时尚感强烈的色彩设计。

二、线在染发设计中的运用

● 以线取份的染发设计是片染，片染设计的重点在于线条的形状和线条方向的安排。

● 片染有体现纹理的块面和线条的走向、调整发型轮廓、突出设计亮点的作用。

● 片染适用于整个发型范围，挑出的发片可以是直线，也可以是曲线。

1. 线的分类与作用

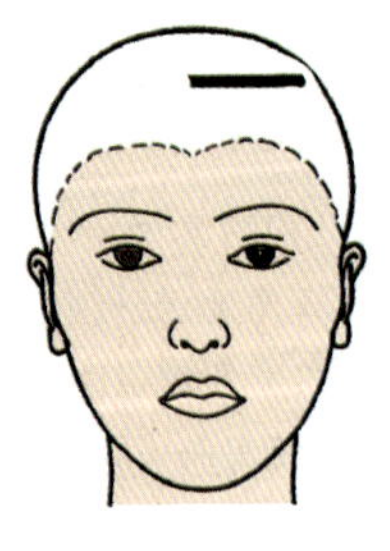

（1）水平线取份

1）可以用少量的头发伸展较大的色彩块面。

2）可以运用在头部的任何位置，越靠近头顶，取份越厚，色彩效果越明显。

3）可以是一片，也可以是许多片的组合。

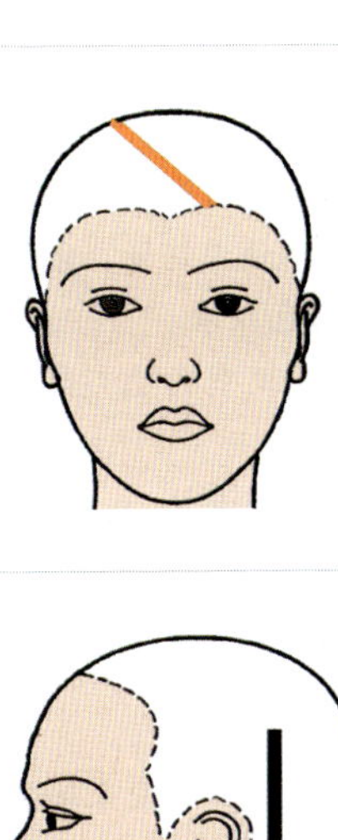

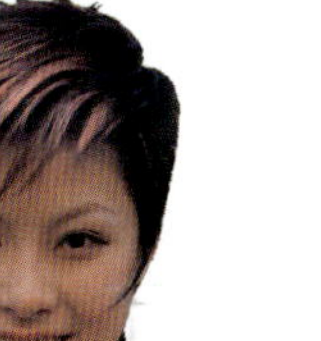

（2）斜线取份

1）可以制造倾斜的线条，强调色彩方向和纹理流向。

2）可以运用在头部的任何位置，取份越厚，色彩效果越明显。

3）可以是一片，也可以是许多片的组合。

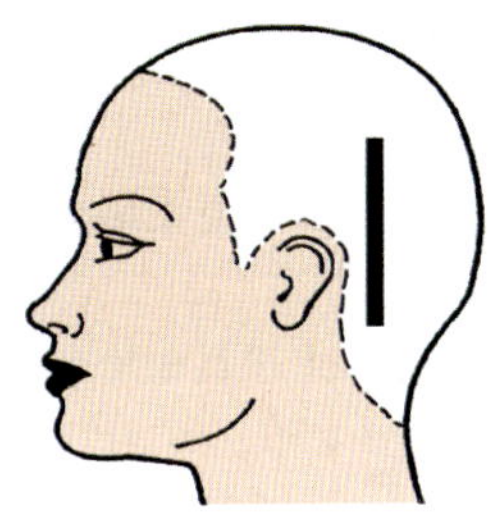
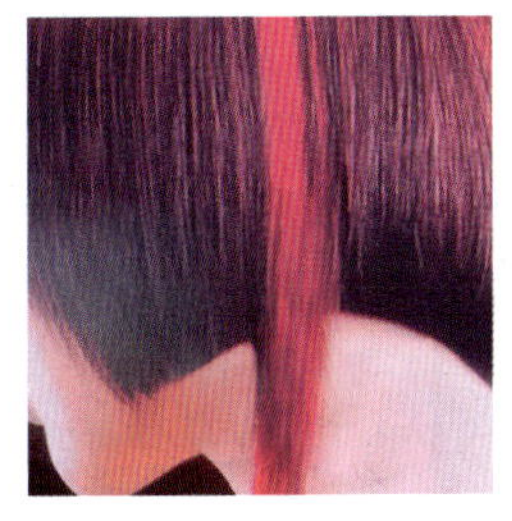

（3）垂直线取份

1）可以压缩色彩的块面，强调头发的下坠感，有延伸、拉长的效果。

2）可以运用在头部的任何位置，越靠近头顶，取份越长，色彩效果越明显。

3）可以是一片，也可以是许多片的组合。

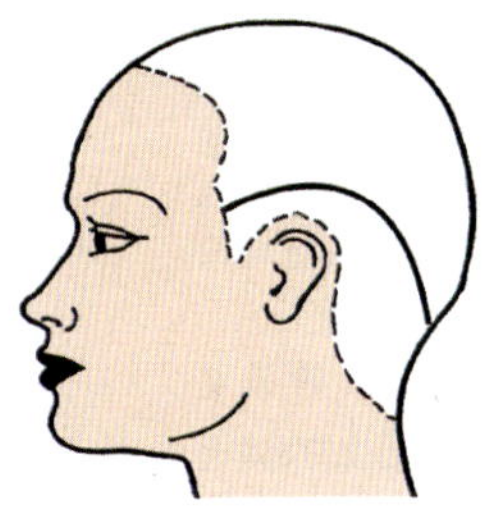

（4）凸线取份。凸线取份可以在头发上营造出自然流动的曲线效果，取份越厚，色彩效果越明显。

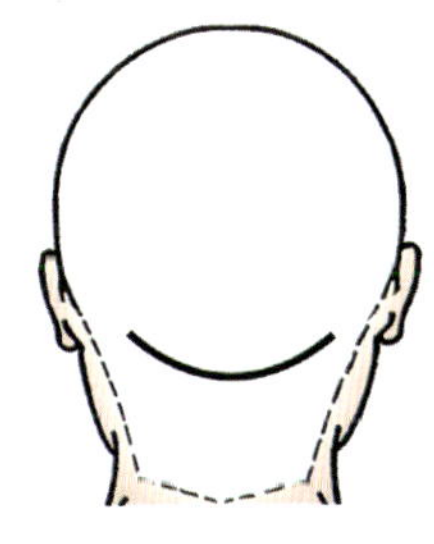
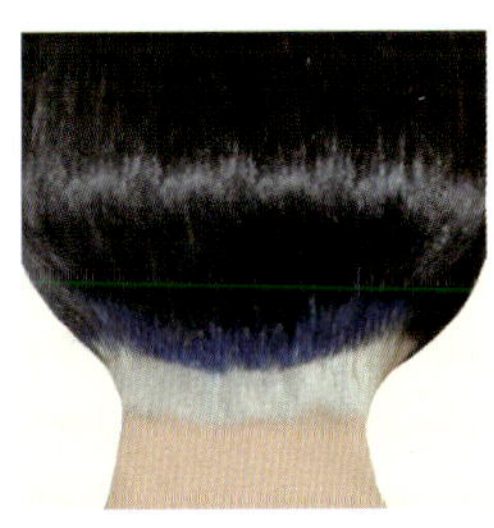

（5）凹线取份。凹线取份可以在头发上营造出自然下垂的曲线效果，取份越厚，色彩效果越明显。

了解各种线条的染色效果，就可以对各种线条进行嫁接和变化，并运用在染发取份形状的设计上，这些形状有C形、M形、O形、V形、W形、Z形、S形等。

2. 线在染发设计中的商业运用

线在头发上不同位置以不同排列方式进行呈现，配合不同的设计原则和染色方法，以线带面，表达发型的重点，体现发型的变化，以适应不同顾客的需求。

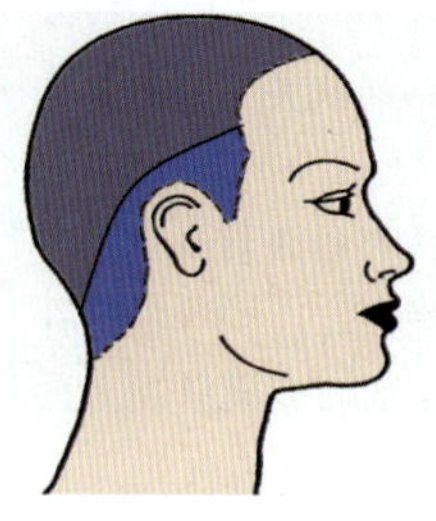

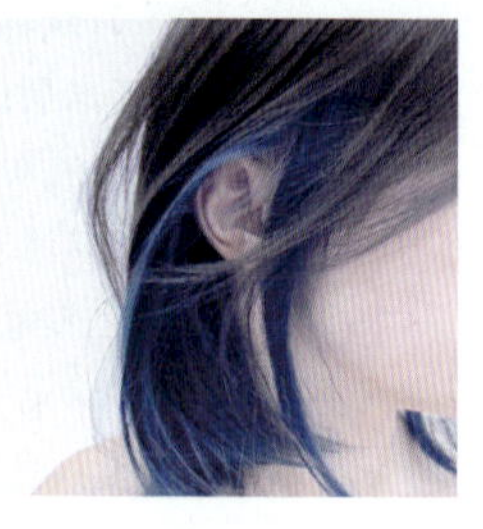

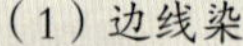

（1）边线染

1）适合任何层次和长度的头发。

2）侧区弧线取份，隐藏式片染，色彩若隐若现，呈现较含蓄的染色效果。

3）侧区梳理的发型决定鬓角色彩显现的程度。

4）呈现商业时尚的色彩设计。

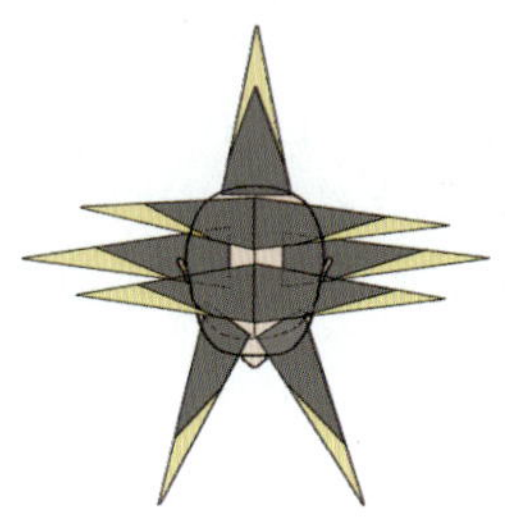

（2）画染

1）适合任何层次和长度的碎发。

2）画染是将大发束挑染和渐变染融合的染发技术。

3）在水平或倾斜的发片上用类似绘画的自由手法，涂抹出斜线形、V 形、W 形、M 形等形状的褪色区域。

4）微卷的头发更能体现发型线条的律动感，营造出层次感。

5）呈现商业时尚的色彩设计。

（3）像素染

1）适合任何层次和长度的头发。

2）水平取份，由下至上不提升分片，采用阶梯式段漂，然后染色。

3）需要梳理定型才能展现色彩隐藏式的夸张效果。

4）呈现商业前卫的色彩设计。

三、面在染发设计中的运用

● 以面取份的染发设计是块染，块染设计的重点在于块面形状和位置的确定。

● 块染有调整发型整体轮廓，修正脸型、头型，体现发型结构的特点。

● 块染可以对整个发型的发丝部位进行染色，也可以对某个区域进行块面划分后进行画染染色。

1. 面的分类与作用

块染是对几何形状的借取、嫁接和变化。

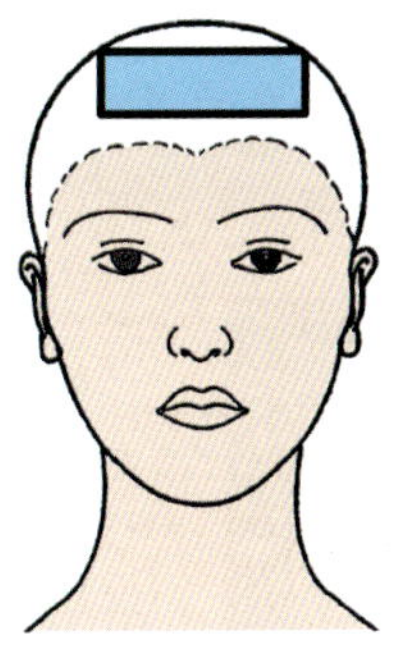

（1）方形分区

1）与水平线取份相比，发区增加了颜色的量感，向下产生停顿，有整体下坠的视觉感受。

2）适合任何层次的发型，头发的层次越高或分区越靠近头顶，分区形状的效果越明显。

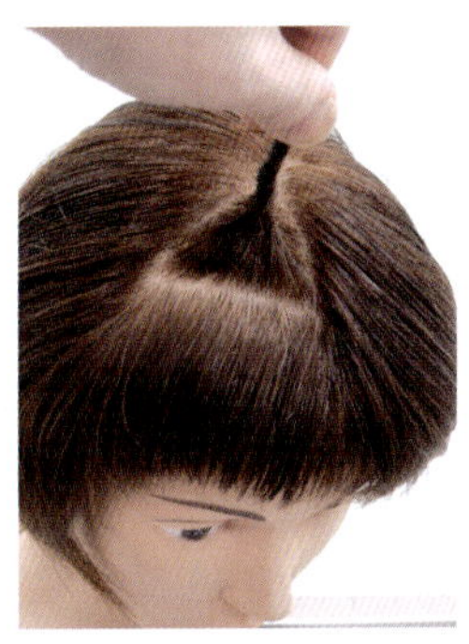

（2）正三角形分区

1）向下分散发流，拉宽底层轮廓。

2）适合任何层次的发型，头发的层次越高或分区越靠近头顶，分区形状的效果越明显。

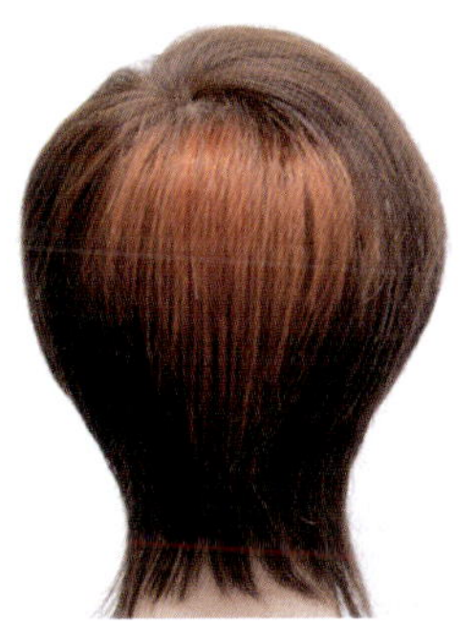

（3）倒三角形分区

1）向下集中发流，发尾的落点收缩集中。

2）适合层次较高的发型，头发的层次越高，分区形状的效果越明显。

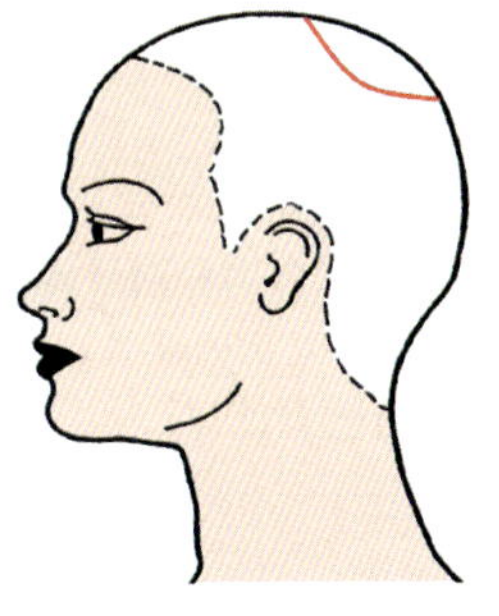

（4）圆形分区

1）多用于以膨胀点（发旋）为圆心的设计划分，发区直径根据实际情况确定。

2）根据发流方向分散，发尾的落点分散范围越大，头发越短，分区形状的效果越明显。

特别提示

染发时，取份的大小具有 1∶3 的扩散原理，因此一定要根据头发的流向来决定取份的大小。

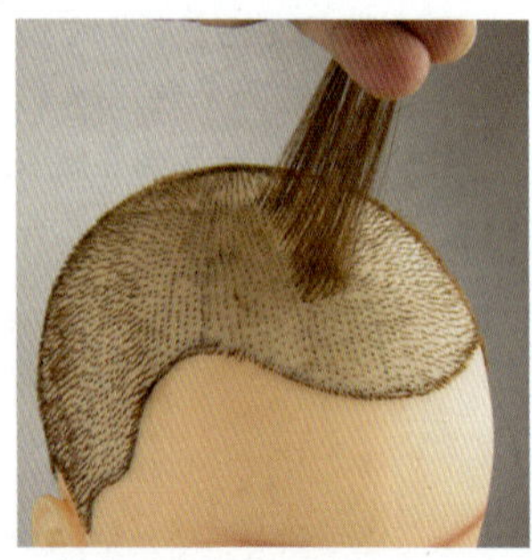
小分区

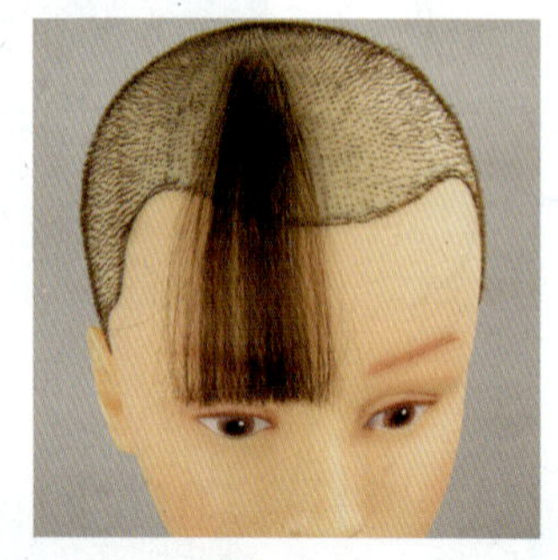
大扩散

2. 面在染发设计中的商业运用

（1）块面在头发不同部位的运用。把色彩运用于头发的不同部位，色彩完全暴露在外，呈现明显的时尚感。色彩之间的过渡是染色的重点，体现色彩的渐变美感。

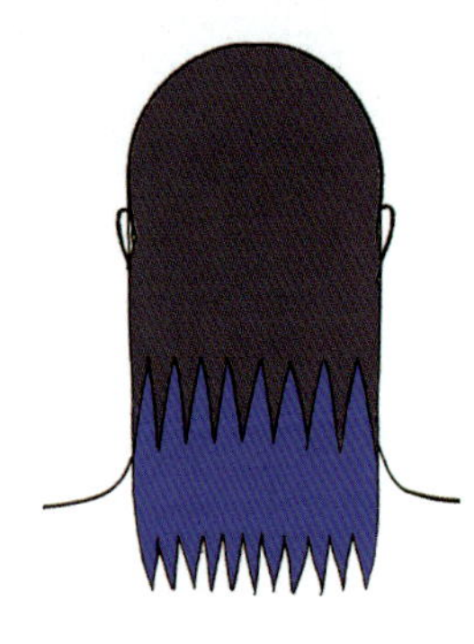

1）发尾裙摆染

①适合发长至锁骨的低层次发型。

②在发尾做一圈染色，搭配轻盈发尾，有很强的层次感。

③用色彩凸显发尾的动感。

④呈现商业时尚的色彩设计。

2）发中光照染

①适合低层次结构的发型。

②在头发中间做一段向上和向下渐变的色彩，呈现光线洒在头发上的效果。

③呈现商业时尚的色彩设计。

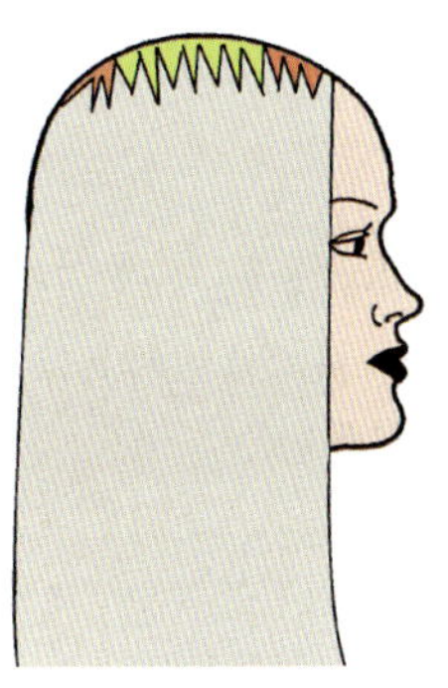

3）发根爆顶染

①适合任何层次结构的发型。

②只在头顶发根处进行漂染上色，呈现染色爆顶的效果。

③爆顶的色彩多为艳丽色，爆顶色与底色的过渡色是染色的重点。

④呈现商业前卫的色彩设计。

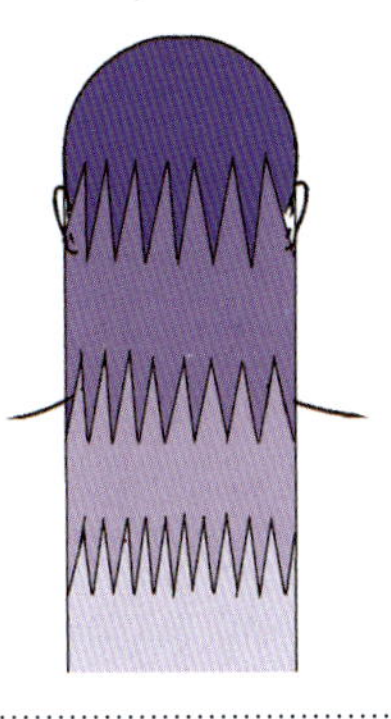

4）整体渐变染

①适合低层次碎尾长发。

②在头顶做发根向发尾的自然渐变染色，呈现用色彩带动头发流向的设计感。

③呈现商业时尚的色彩设计。

（2）块面在不同区域的运用

1）隐藏式块面划分。隐藏式块面划分呈现较为含蓄的染色效果，色彩若隐若现，打破发型的沉闷，呈现商业时尚的色彩设计。

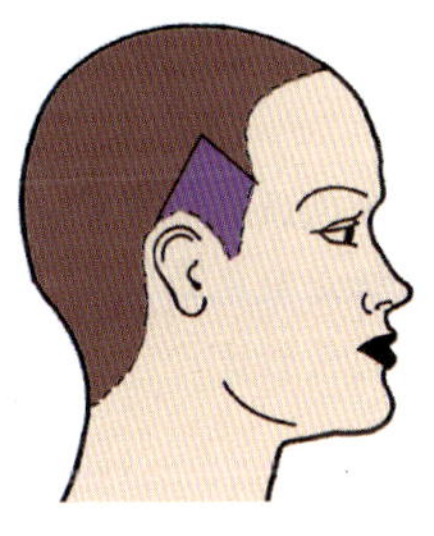

①菱形分区

a. 适合中短发发型。

b. 两侧鬓角区菱形取份，层次结构的高低决定色彩呈现的范围和程度。

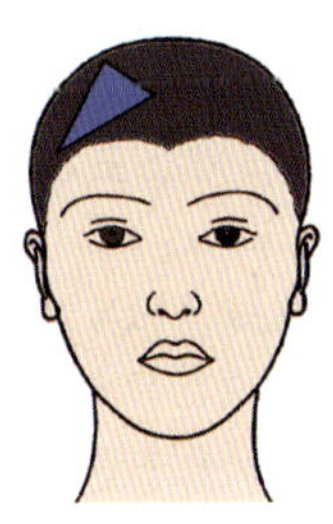

②三角形分区

a. 适合高层次结构的发型。

b. 刘海侧区三角形取份，层次结构的高低决定色彩呈现的范围和程度。

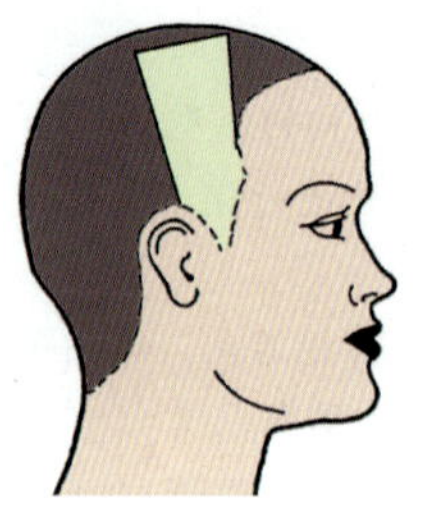

③梯形分区

a. 适合高层次结构的发型。

b. 侧区梯形取份，层次结构的高低决定色彩呈现的范围和程度。

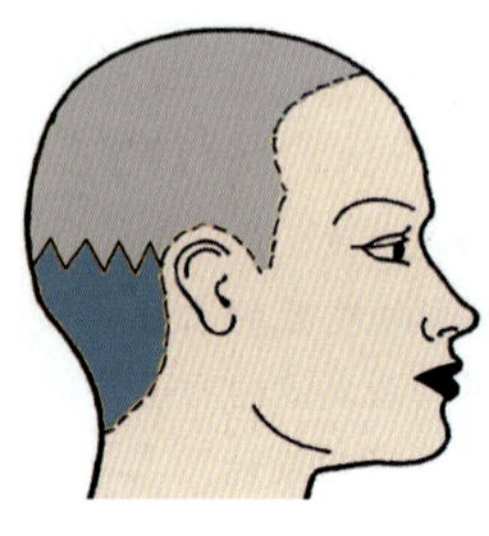

④后颈分区

a. 适合低层次结构的发型。

b. 采用水平齐耳线二分区，层次结构的高低决定色彩呈现的范围和程度。

2）暴露式块面划分。暴露式块面划分的色彩完全暴露在外，对比强烈的色彩呈现前卫的效果，和谐的色彩呈现隐约的时尚感。

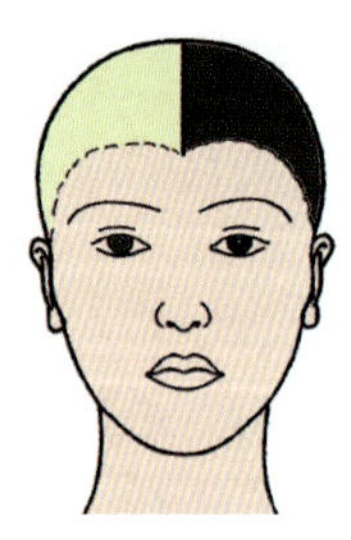

①左右分区——对半染

a. 适合任何层次结构的发型。

b. 采用左右的块面设计和左右对比的配色方案。

c. 用对比的色彩呈现强烈的反差。

d. 对比色彩的选择是染色的重点。

e. 呈现商业前卫的色彩设计。

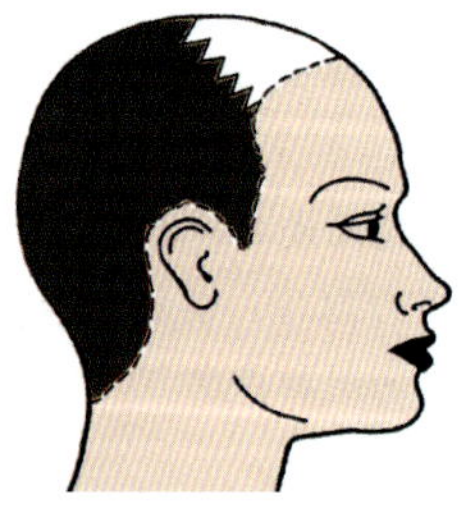

②斜向分区——奶奶染

a. 适合高层次结构的发型。

b. 采用前斜二分区，划分出单独的刘海。

c. 用对比的色彩呈现强烈的反差。

d. 对比色彩的选择是染色的重点。

e. 呈现商业时尚前卫的色彩设计。

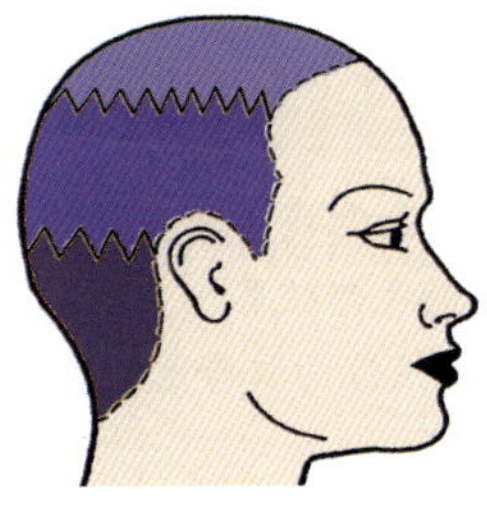

③水平分区——富士山染

a. 适合高层次结构的发型。

b. 采用水平三分区、区块过渡的配色方案，让头顶暴露的色彩呈现星空般的梦幻感。

c. 上浅下深体现色彩反向的渐变美感。

d. 染色技术的巧妙运用是染色的重点。

e. 呈现商业时尚、前卫的色彩设计。

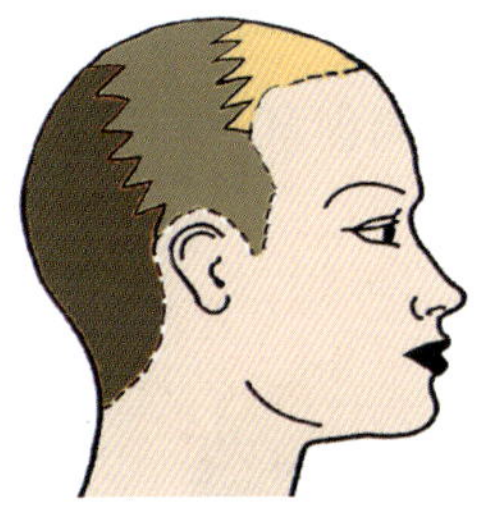

④垂直分区——迎风染

a. 适合高层次结构的发型。

b. 采用接近于垂直的三分区。

c. 轻柔的浅色刘海向深色的后发区渐变，呈现自然的美感。

d. 整体过渡是染色的重点。

e. 呈现商业时尚的色彩设计。

四、点线面在染发设计中的组合运用

1. 点线面商业的色彩运用

在商业染发设计中，将点线面的设计元素进行有机组合，不同的色彩搭配可以增加设计的变化。

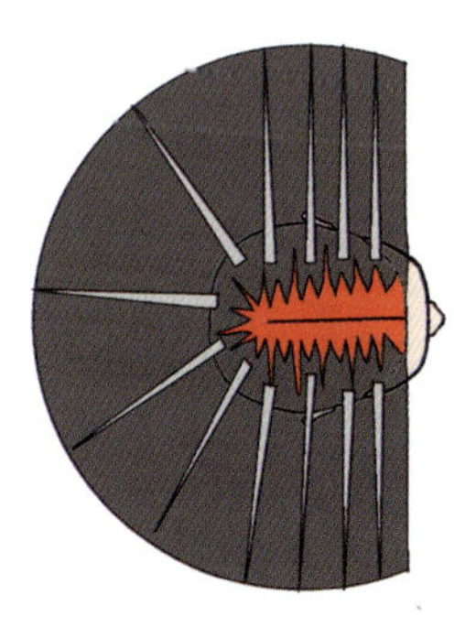

（1）爆顶染＋瀑布染组合

1）适合任何层次结构的发型。

2）在块面基础上添加以点带线的挑染技术。

3）用对比＋渐变的色彩体现反差的美感。

4）染色技术是染色的重点。

5）呈现商业前卫的色彩设计。

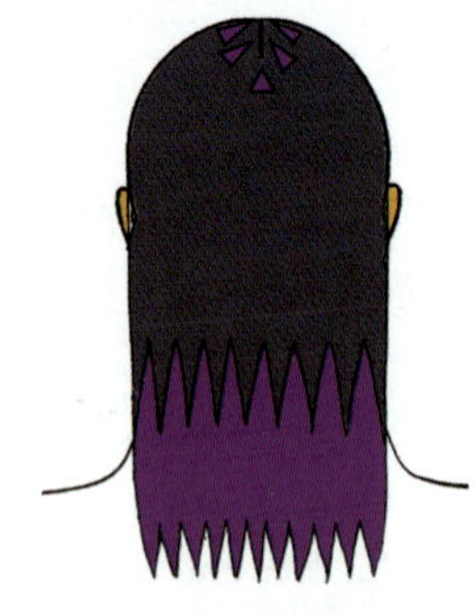

（2）瀑布染＋裙摆染组合

1）适合低层次结构的发型。

2）在头顶区以点取份，大间隔挑出发束进行漂染。

3）以点带线的色彩线条汇聚于发尾，展现流动和跳跃的色彩效果。

4）按照发丝自然流向取份是染色的重点。

5）呈现商业时尚的色彩设计。

2. 点线面创意的色彩运用

在创意发型的染发设计中，用点线面的色彩搭配来强化发型的创意，凸显发型的艺术美感，扩展设计的范围，产生丰富多样的设计变化。

用色彩来凸显发型特征和形态

用色彩来分割不同纹理的块面

用色彩来强化线条的流向

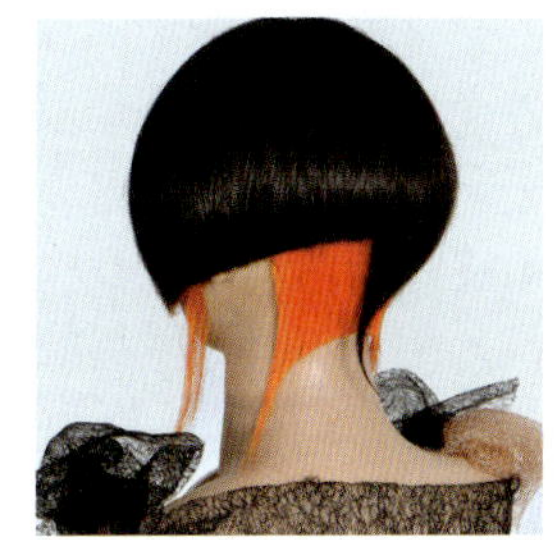

用色彩来凸显发型的块面结构

课堂提问

1. 简述点在染发设计中的运用。
2. 简述线在染发设计中的运用。
3. 简述面在染发设计中的运用。
4. 简述点线面创意的色彩运用。

课后练习

一、判断题（将判断结果填入括号中。正确的填“√”，错误的填“×”）

1. 以点取份的染发设计是挑染。（　　）
2. 以线取份的染发设计是块染。（　　）
3. 片染以斜线取份可以是一片，也可以是许多片的组合。（　　）
4. 挑染的间隔越大，染出的颜色有强烈的束状感，与底色无明显的间隔。（　　）
5. 正三角形分区的块染有向下分散发流、拉宽底层轮廓的视觉效果。（　　）

二、单项选择题（选择一个正确的答案，将相应的字母填入题内的括号中）

1. 在染发设计中，以点取份的是（　　）。

A. 挑染　　B. 片染　　C. 块染　　D. 段染

2. 在染发设计中，以线取份的是（　　）。

A. 挑染　　B. 块染　　C. 片染　　D. 段染

3. 可以营造自然下垂曲线效果的是片染中的（　　）取份。

A. 斜向后　　B. 凸线　　C. 凹线　　D. 垂直

4. 在染发设计中，以面取份的是（　　）。

A. 挑染　　B. 片染　　C. 块染　　D. 段染

5. 块染通常有方形分区、正三角形分区、（　　）分区和圆形分区。

A. 菱形　　B. 椭圆形　　C. 倒三角形　　D. 扁形

参考答案

一、判断题

1. √　　2. ×　　3. √　　4. ×　　5. √

二、单项选择题

1. A　　2. C　　3. C　　4. C　　5. C

第 4 节　染发设计的适应性

一、不同发型顾客的染发设计

1. 长、中长直发

为长、中长直发染色进行设计，要充分考虑发长及头发层次，一般侧重于突出层次感，可以采用全染、隐藏式区块染等，底色在 5~6 度，可以搭配艳丽色。

2. 长、中长卷发

为长、中长卷发染色进行设计，由于长、中长卷发在视觉上有放大头型的效果，且纹理和弹性较为明显，底色在 7~9 度，可以采用渐变染。

3. 短直发

短直发给人清爽、利落的感觉，为短直发染色进行设计时，以简单、干净的区块染为主。染发的设计重点是前发区的头顶、刘海和两侧部分，采用片染或块染；其他位置以全染进行搭配。整体颜色在 6~7 度，可选艳丽色作为重点突出部位的颜色。

4. 短卷发

短卷发有卷度小和卷度大两种情况。在卷度偏小的情况下，应以 5 度以下的颜色为其做全染，推荐使用冷色调，使发质看起来有光泽。在卷度较大的情况下，应配以 7 度左右的颜色，以全染或区域染的方式染发，可配以挑染和片染在头顶或刘海位置做少许点缀。

二、不同肤色顾客的染发设计

1. 肤色较白

肤色较为白皙的顾客，整个人会显得干净、清爽，但是过白的肤色会使人显得苍白，缺乏精气神，而且过白的肤色会和黑发形成强烈对比，形成不和谐的视觉感受。因此为肤色较白的顾客设计发色时，应该使发色与肤色的对比显得柔和，可以加入红色系或紫色系的颜色，发色以 5~6 度为宜。

2. 肤色较黑

肤色较深的顾客，通常给人充满活力、热情的感觉，但是较深的肤色会使人显得邋遢、深沉。因此为肤色较深的顾客设计发色时，可以选用 7 度左右的棕色或黄色。另外，橙色在显示发色通透度上有着不俗的效果，可以为深肤色顾客选用 7 度左右的橙色为底色，配以褪色后的棕或黄做挑染或片染点缀，会有提亮整体肤色的视觉效果。

3. 肤色偏红

肤色偏红分两种情况。一种是类似婴儿皮肤的粉红色，即“白里透红”，这种肤色可以配合任何发色，设计时结合顾客的气质、年龄、工作或学习的环境等综合考虑。另外一种是晦暗的偏红肤色，此类肤色的顾客本身皮肤比较粗糙，较适合暖色调，一般选用 5~7 度的色彩，如浅黄、深闷青、浅暖灰、中棕、米黄等较为明亮、干净的色彩，要避免紫色、黑色等色调较重的色彩。

4. 肤色偏黄

亚洲人是黄种人，所以肤色本身会偏黄，肤色过于偏黄会给人病态、憔悴的感觉，在发色设计时要以整体提亮为目的。发色选择 6~8 度，色调可以选择红色、橙红色、橙色，给发色带来良好的光泽感；不要选择黄色，以免给人干燥、枯涩的感觉。

三、不同颜色眼球顾客的染发设计

要根据顾客眼球的颜色选择临近色度的发色，也可以根据不同的发色选择佩戴不同颜色的美瞳。如果眼球的颜色与发色对比强烈，会失去整体的和谐感。

1. 黑褐色眼球

当眼球是黑褐色时，发色不能太浅，否则会让人感觉眼神太强悍而失去美感。发色可以选择深紫色、深棕色、蓝黑色等不超过6度的色彩。

2. 棕色眼球

当眼球是棕色时，有很强的欧美范和时尚感。发色的选择十分宽泛，深浅皆宜。

3. 浅色眼球

当眼球是浅色时，发色必须选择极浅的色系。发色如果选择太深的颜色，会显得不协调，让人感觉眼神涣散。

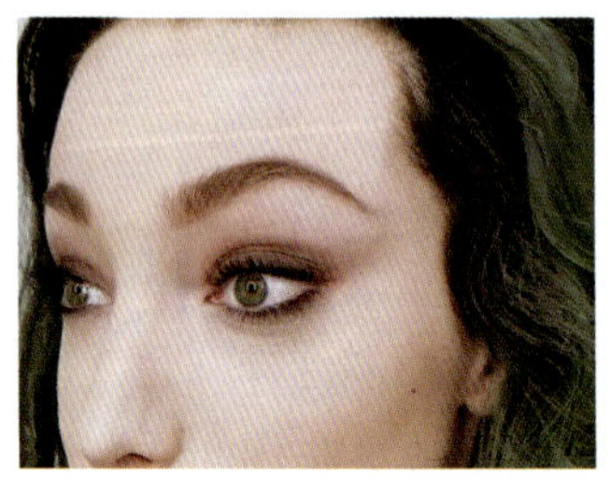

4. 蓝绿色的眼球

当眼球为蓝绿色时，除了不能选择绿色的对比色（红色系），其他发色都可以选用，一般选择绿色的临近色，如蓝色、蓝黑色、黄绿色等。

四、不同性格顾客的染发设计

1. 保守内向

性格保守内向的顾客一般较容易受外界环境影响，在意他人的看法，不善于表达自己的真实想法。遇到这种顾客，首先要与其进行良好的沟通，了解顾客的真实想法。

性格保守内向的顾客在发色选择上多数以冷色调的深色为主，可以为其选择6度以下的目标色，染发方式可采用全染或区域染。

2. 活泼开朗

性格活泼开朗的顾客乐于表达自己的想法，容易沟通，但是这类顾客的染发想法不一定适合其本身，美发师应与其充分沟通，可以多展示一些效果图给顾客参考，与顾客一起确定适合的发色。性格开朗的顾客通常喜欢明亮、跳跃的发色，可以选7度以上的目标色作为底色，配以鲜艳色做片染或挑染，以突出设计重点。

3. 古板固执

性格古板固执的顾客喜欢以自己的意见为主。在和此类顾客沟通时，除非顾客本人有染发的意愿，否则很难说服其进行染发。沟通是一个长期的过程，需要美发师长时间和顾客保持良好的关系，潜移默化地向顾客传达染发的优点，让顾客乐于接受发色的改变。为这类顾客设计发色时，应进行充分沟通，通常顾客心中有目标色，美发师可以给予适当的建议，但不要太过反对顾客本身的意见。这类顾客通常不喜欢太过艳丽的发色，以6~7级棕色、黑灰色为宜，也可以在做过颜色的头发上加5度深棕色做深色挑染。

4. 高调张扬

性格高调张扬的顾客思想比较开放，非常坚持自己的想法，能接受比较另类的发型和发色。美发师要提升自己的专业知识，了解最新的潮流动态，这样才可以和性格高调张扬的顾客做好沟通，有理有据地为顾客提供建议。需要注意的是，顾客本身的工作环境也是染发的重要依据之一，在为顾客确定发型和发色时，应该问清楚顾客的工作，避免产生投诉和返工。

特别提示

不同的顾客有各自不同的要求，越来越多的顾客追求个性化染发，美发师应注重积累经验、提升技能。目前，年龄对顾客发色选择的影响越来越小，在染发时，可作为参考。一般来说，年轻人可以加强色彩的光泽度和明亮感，为其增加一些潮流感；中年人可以选择一些稳重中又带点时尚感的颜色；老年人以自然色系为主，自然色系较容易遮盖白发。

课堂提问

1. 简述不同发型的染发设计要点。
2. 简述为肤色偏红的顾客进行染发时的要点。
3. 简述为浅色眼球的顾客进行染发时的要点。
4. 简述为性格古板固执的顾客进行染发时的要点。

课后练习

一、判断题（将判断结果填入括号中。正确的填“√”，错误的填“×”）

1. 为长直发染色时多采用全染、隐藏式区块染等技术。（ ）
2. 为卷度偏小的短卷发染色时，一般进行全染。（ ）
3. 为肤色较黑的顾客染发时，可选用 5 度左右的棕色或黄色。（ ）
4. 为肤色偏蜡黄的顾客染发时，要以整体提亮为目的。（ ）
5. 为性格保守内向的顾客染发时，以低度颜色为主。（ ）

二、单项选择题（选择一个正确的答案，将相应的字母填入题内的括号中）

1. 短发且卷度小的情况下，染色时应以（ ）度以下的颜色做全染。

A. 3　B. 4　C. 5　D. 6

2. 长卷发染色设计时，应选（ ）度的发色。

A. 4~5　B. 5~6　C. 6~7　D. 7~9

3. 性格开朗的顾客喜欢明亮、跳跃的发色，可以选（ ）度以上的目标色作为底色。

A. 4　B. 5　C. 6　D. 7

4. 偏红肤色适合暖色调，如浅黄色、（ ）。

A. 深闷青色　B. 紫色　C. 黑色　D. 蓝色

5. 浅色眼球的顾客适合（ ）色系的发色。

A. 极深　B. 极浅　C. 亮　D. 暗

参考答案

一、判断题

1. √　2. √　3. ×　4. √　5. √

二、单项选择题

1. C　2. D　3. D　4. A　5. B

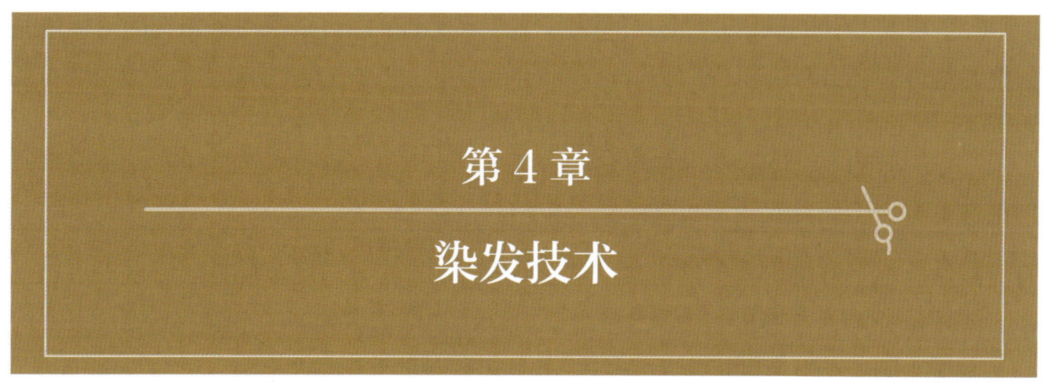

染发与烫发不同，烫发失败可以通过各种手段进行隐藏和修复，而染发失败是显而易见且不容易修复的，因此准确掌握染发技术，在实际工作中显得尤为重要。

第1节 染发系统理论

一、发质对染色的影响

1. 不同的发质对染色会产生不同的影响

中性	头发根部皮脂腺分泌的油脂和水分适中，上色容易。
油性	头发根部皮脂腺分泌的油脂和水分过多，上色较难。
干性	头发根部皮脂腺分泌的油脂和水分过少，比较容易上色。
受损	头发开叉、不柔顺、不服帖，呈多孔性，极易上色也极易掉色。
抗拒	头发粗硬，毛鳞片层数多，上色困难。

2. 不同粗细的头发对染色会产生不同的影响

（1）细发（直径 0.05 mm 或以下）。上色快，显色明显，通常选比目标色深一度或半度的染膏进行染色。

（2）正常发（直径 0.05~0.07 mm）。上色和显色都在正常范围，通常直接选用目标色染膏进行染色。

（3）粗发（0.08 mm 以上）。上色慢，显色不明显，白发染黑时通常选比目标色深一度的染膏，染浅色时选比目标色浅一度的染膏。

二、染发常用的名称解释

底色	头发自然色或染后头发色度的深浅，一般用 10 度划分来表述。
染色	改变头发颜色的过程。
褪色	将头发底色变浅，包括提浅发色和漂浅发色两种方法。
浊色	笼罩在一种灰色调中的浑浊色彩，如灰色、灰蓝色、灰紫色等。
极色	明度高、颜色纯正的色彩，如明亮的黄色、白色、粉紫色等。
染膏	通常指氧化类持久性染膏。
打蜡	通常指用非氧化类持久性染膏进行染色。
色度	染膏和头发底色的深浅程度。
色调	颜色在头发上的视觉感觉。
目标色	需要染出的颜色。
双氧乳	一种氧化剂，是染发中显色的催化剂。
漂色	用漂粉把头发褪浅，可以将头发的色度漂浅至 9 度以上。
提浅	用提浅膏把头发褪浅，最多只能将头发的色度提浅至 7 度。
基色	染膏中 1/00 到 8/00 没有添加色调的染膏都称为基色，是覆盖白发的必需用品，数字越小，颜色越深。
调色	将不同颜色的染膏按照不同比例混合，调配出新的色彩。
调彩	染膏里的加强色。
打底	浅色（8 度以上）头发染深，需要先给头发补充色素。
以色洗色	利用染膏加水产生乳化作用，将皮肤上残留的染膏洗去。
对冲	利用互补色的对冲原理，通过颜色的相互抵消来改变头发现有的色调。
爆顶	染发上色不均导致靠近发根的颜色浅于发干的颜色。
色素重叠	刚染不久的头发重新染其他颜色，两种色调相加会形成另外一种颜色。
洗色	将头发中染膏的色调褪除。
补色	对发根新生发进行染色或为褪色的头发添加色调。

三、加强色的作用

染膏里的加强色也称调彩，每个品牌的标号不同，主要有灰色、绿色、黄色、橙色、红色、紫色、蓝色等。

加强色染膏中不含阿摩尼亚，只含色料。染发时，当某种色调不够深时，加入与色调相同的加强色能使这种颜色的色调显得浓郁，或者用来中和其他色调使之变成棕色，不会染深或染浅头发的色度。每一种染发膏的色调都有属于自身色系的加强色。加强色的主要作用如下。

1. 调配目标色

红色染膏加入蓝色加强色，根据蓝色加强色的用量可以得到紫色、紫红色等，在实际操作中可根据颜色定律进行颜色的调配。

2. 色素打底

浅染深时，加在染膏中做色素打底。例如，7 度的黄色头发要做成 5 度的紫红色头发，可在 5/66 的染膏中加一些蓝色加强色，让蓝色中和黄色，使染出的紫色明显些。

3. 对冲抵消颜色

要将 7 度红色头发改成棕色，用 0/22 的染膏进行染发，可以得到棕色头发，因为红色 + 绿色 = 棕色。

4. 加强色调

白发要染彩时，需要在目标色 6 度的紫红色（6/66）中加入适量基色，但基色会把红色变暗。如果在目标色中加入适量的紫色加强色（0/66），可以加强目标色的紫红色色调。

5. 加强覆盖效果

白发染黑时，70% 的白发要染 3~4 度的颜色，可以在 3/0 或 4/0 基色中加一些

1∶1 的蓝色和红色加强色或者是紫色加强色，来加强覆盖效果，减缓头发褪色的速度。

特别提示

加强色用量不超过目标色的 1/3，加强色用量不计入双氧乳配比量。

四、头皮的温区

头皮不同区域的温度有所不同，漂染头发时显色的速度也会有所区别。因此发根上色时的顺序要按照低温区→中温区→高温区来进行。

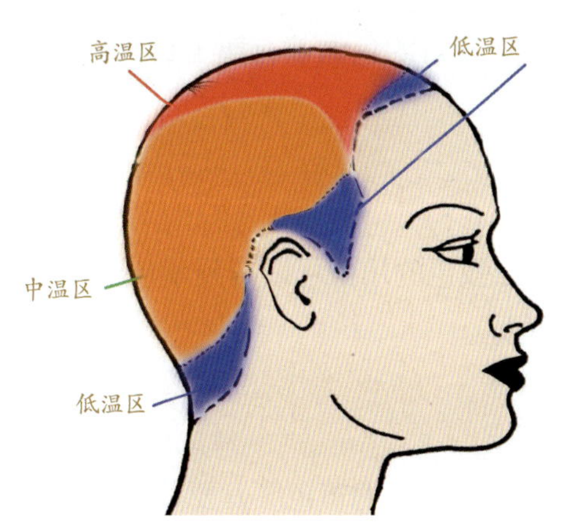

低温区：前额发际线 2~3 cm 的区域，后颈区，鬓角区。

高温区：头顶区，左右额角区。

中温区：除高温区和低温区以外的区域。

课堂提问

1. 白发要染 3 度黑时，可以在 3/0 基色染膏中加一些 1∶1 的蓝色和红色加强色或者是紫色加强色来帮助覆盖白发，减缓头发褪色的速度，为什么？

2. 简述不同粗细的头发对染色产生的影响。

课后练习

一、判断题（将判断结果填入括号中。正确的填“√”，错误的填“×”）

1. 洗色是将头发中的天然色素进行褪除。（　　）

2. 色调是指在不添加任何色素时头发的自然颜色。（　　）

3. 粗发上色慢，显色不明显。（　　）

4. 头皮的温区分为低温区和高温区。（　　）

二、单项选择题（选择一个正确的答案，将相应的字母填入题内的括号中）

1.（　　）是指颜色在头发上的视觉感觉。

A. 色调　　B. 色度　　C. 基色　　D. 补色

2. 头发根部皮脂分泌的油脂和水分适中，上色容易的是（　　）发质。

A. 油性　　B. 中性　　C. 粗硬　　D. 细软

3. 加强色用量不超过目标色的（　　）。

A. 1/2　　B. 1/3　　C. 1/4　　D. 1/5

4.（　　）是高温区。

A. 前额发际线 2~3 cm 的区域　　B. 后颈区

C. 头顶区　　D. 鬓角区

参考答案

一、判断题

1. ×　　2. ×　　3. √　　4. ×

二、单项选择题

1. A　　2. B　　3. B　　4. C

第2节　染发工具设备与产品

一、染发工具设备

染发常用的工具设备相对来说比较简单，除了准备烫发常用工具设备中的尖尾梳、分区夹、发片夹、一次性手套、红外线加热器、围布、围裙、纸巾等，一般还应准备以下工具设备。

1. 染碗、染刷

染碗用于调配染发产品。

染刷用于将染发剂均匀地涂抹到头发上。

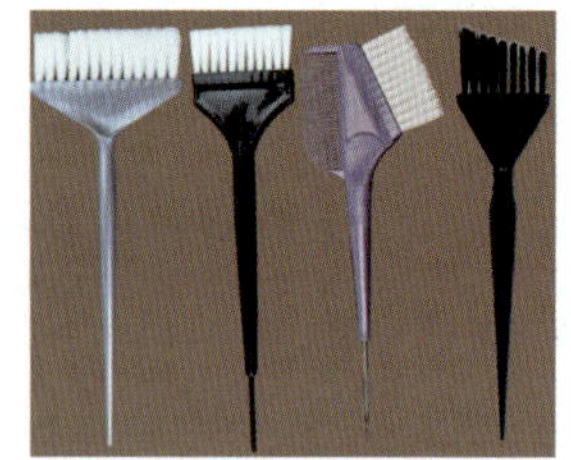

2. 耳套

耳套是染色时耳朵的隔离工具，避免染发剂粘上耳朵。

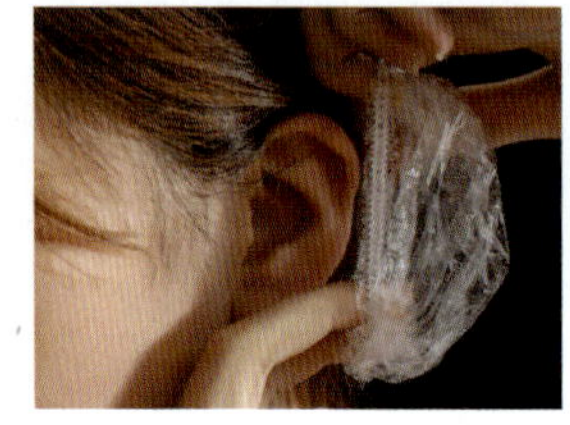

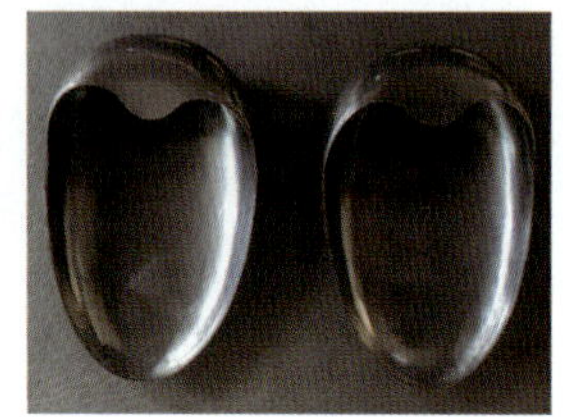

3. 染发披肩

染发披肩可以防止染发剂滴落时对围布、顾客衣物等造成污染和渗透。

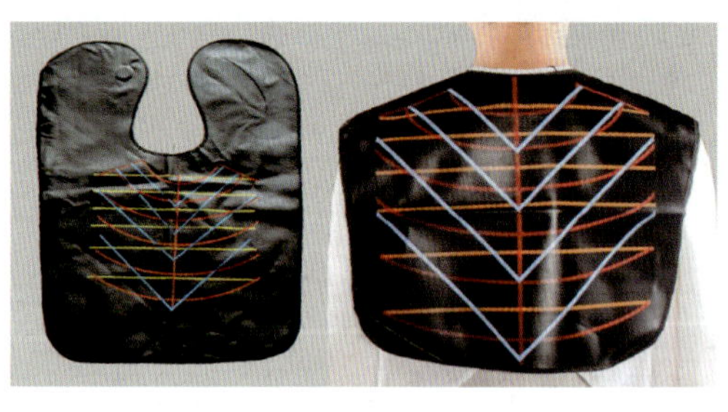

4. 锡纸

锡纸用于包裹染色的发片和发束，也可用于染发区域的隔离。

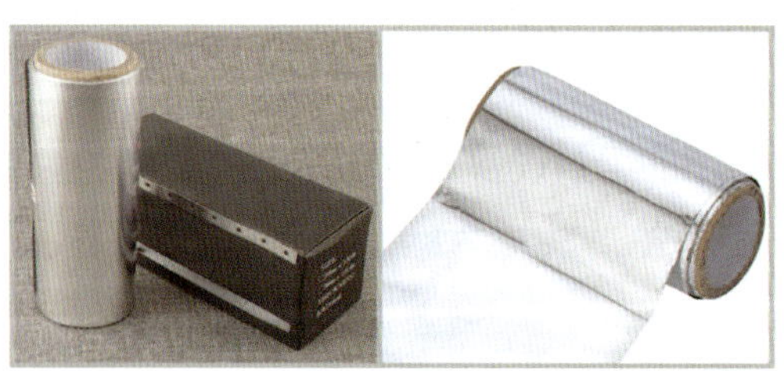

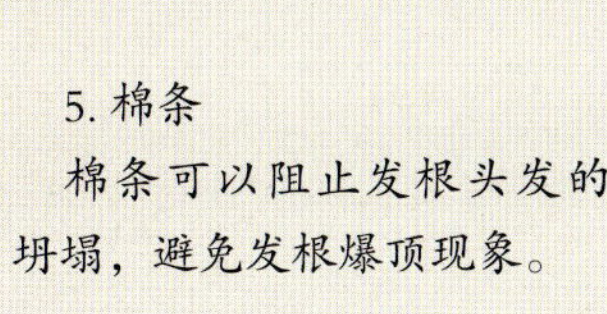

5. 棉条

棉条可以阻止发根头发的坍塌，避免发根爆顶现象。

二、染发产品

1. 双氧乳

双氧乳是一种氧化剂，是染发中显色的催化剂，染膏或漂粉必须与双氧乳一起使用才能发挥其对头发的显色作用。双氧乳浓度用 % 或 vol 来表示，常用的双氧乳按照浓度可分为 3%=10 vol、6%=20 vol、9%=30 vol、12%=40 vol。

（1）双氧乳的作用。要达到最佳的显色效果，双氧乳浓度的选择至关重要。3% 双氧乳和 6% 双氧乳具备染浅和染深的功能；9% 双氧乳和 12% 双氧乳只有染浅的功能。双氧乳的浓度越高，显色速度越快，染浅能力也越强。同一种双氧乳用于不同的发质，其染浅的能力也是不同的。

（2）双氧乳的调配。在实际染色工作中，双氧乳的浓度可以进行调配，在调配低浓度双氧乳时，常以洗发水作为稀释剂。一是洗发水的浓稠度与双氧乳相近；二是洗发水与双氧乳均为碱性物质，两者混合调配不会产生中和反应。

1% 双氧乳	6% 双氧乳和洗发水的比例是 1∶6。
2% 双氧乳	6% 双氧乳和洗发水的比例是 1∶2。
3% 双氧乳	6% 双氧乳和洗发水的比例是 1∶1。
4.5% 双氧乳	6% 双氧乳和 3% 双氧乳的比例是 1∶1。
7.5% 双氧乳	6% 双氧乳和 9% 双氧乳的比例是 1∶1。
9% 双氧乳	6% 双氧乳和 12% 双氧乳的比例是 1∶1。

2. 提浅膏

提浅膏是减少色素量的一种淡化剂，含阿摩尼亚较高，不含色素。与漂粉相比，提浅膏对头发的伤害较小。

（1）提浅膏的作用

1）有提升明度的作用，没有色相转换的作用。

2）改变头发的色度，以降低染膏的色素浓度。

3）提浅膏搭配双氧乳、染膏混合使用时，会冲淡色素，用量不能超过染膏用量的 1/2。

4）提浅膏搭配双氧乳使用时，具有提浅发色的作用，双氧乳浓度越高，头发底色越浅。

（2）提浅膏的标号。每个品牌的标号不一定完全一致，主要有 0/00、11/00、C13-CL 等。

（3）提浅膏的调配

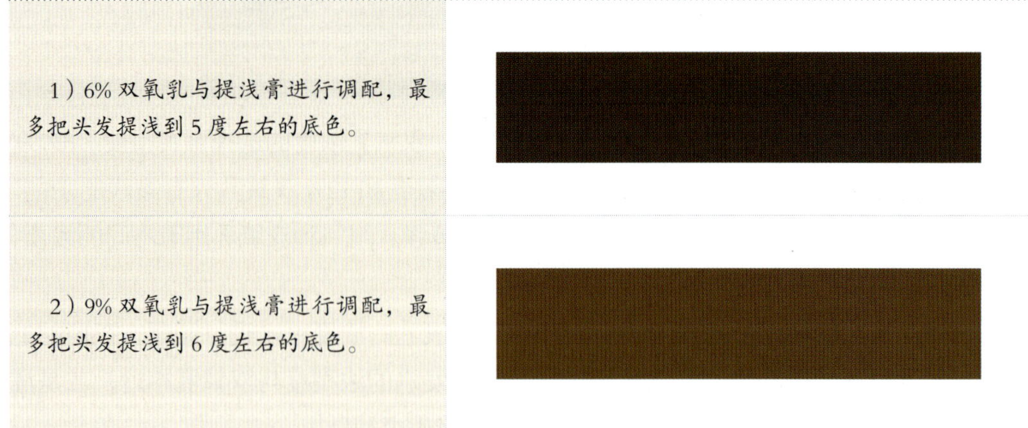

1）6% 双氧乳与提浅膏进行调配，最多把头发提浅到 5 度左右的底色。

2）9% 双氧乳与提浅膏进行调配，最多把头发提浅到 6 度左右的底色。

3）12%双氧乳与提浅膏进行调配，最多把头发提浅到7度左右的底色。

3. 漂粉

双氧乳与漂粉混合，有很强的褪色作用，可以漂浅头发的天然色度，可以将头发的底色漂浅到10度，通常使用6%双氧乳或9%双氧乳和漂粉调配，漂色时禁止直接使用12%双氧乳。

漂浅头发的能力和速度受双氧乳浓度、漂粉与双氧乳的调配比例、室温、发质等因素的影响。

（1）在调配比例、室温、发质相同的情况下，漂粉的漂浅能力和速度受双氧乳浓度的影响。

1）使用浓度较低的6%双氧乳，反应速度慢，漂浅能力弱。

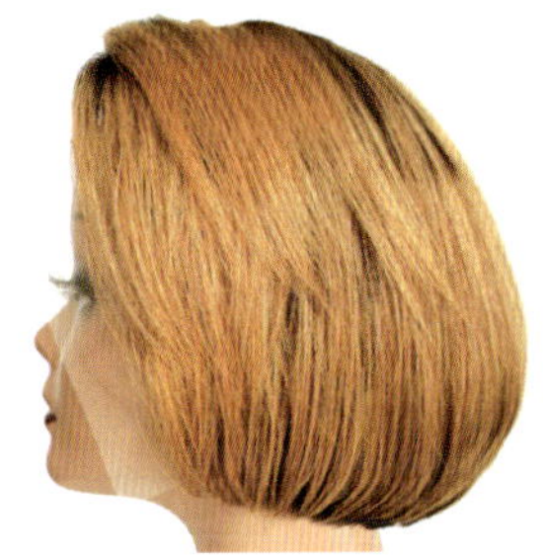

2）使用浓度较高的9%双氧乳，反应速度快，漂浅能力强。

（2）在双氧乳浓度、室温、发质相同的情况下，漂粉的漂浅能力和速度受漂粉与双氧乳调配比例的影响。

1）漂粉与双氧乳的调配比例为1∶1，漂浅能力强，反应速度快。

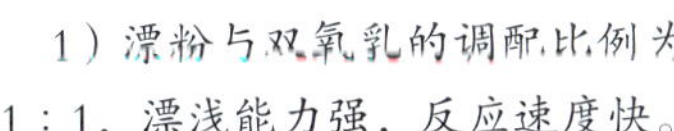

2）漂粉与双氧乳的调配比例为1∶3，漂浅能力弱，反应速度慢。

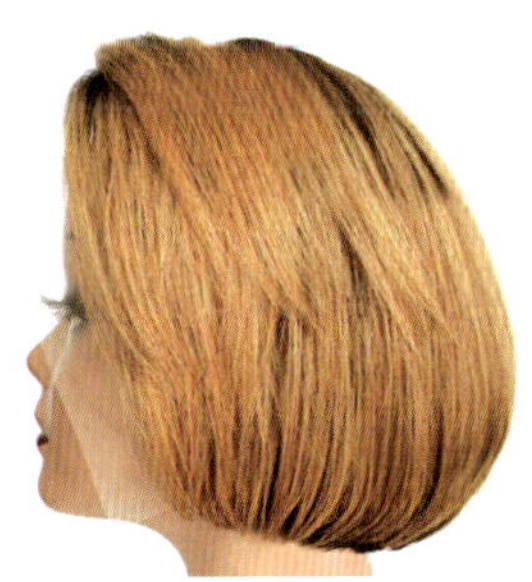

（3）在双氧乳浓度、调配比例、发质相同的情况下，漂粉的漂浅能力和速度受室温的影响。	1）室温高，漂浅能力强，反应速度快。 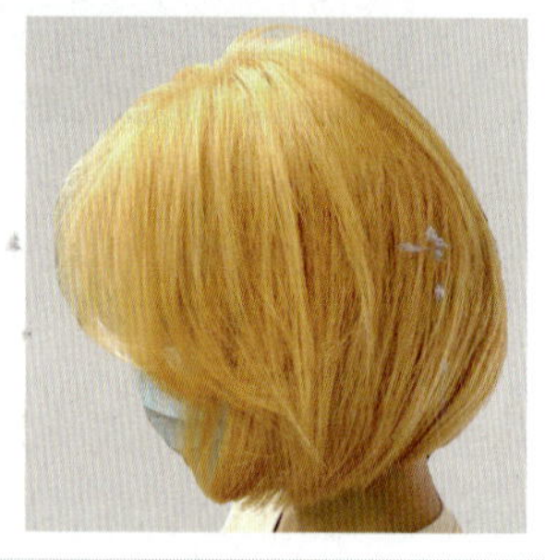	2）室温低，漂浅能力弱，反应速度慢。 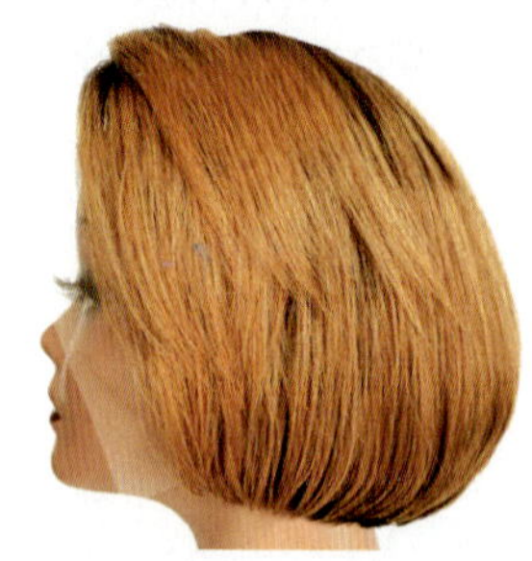
（4）在双氧乳浓度、调配比例、室温相同的情况下，漂粉的漂浅能力和速度受发质的影响。	1）抗拒或油性发质，漂浅能力弱，反应速度慢。 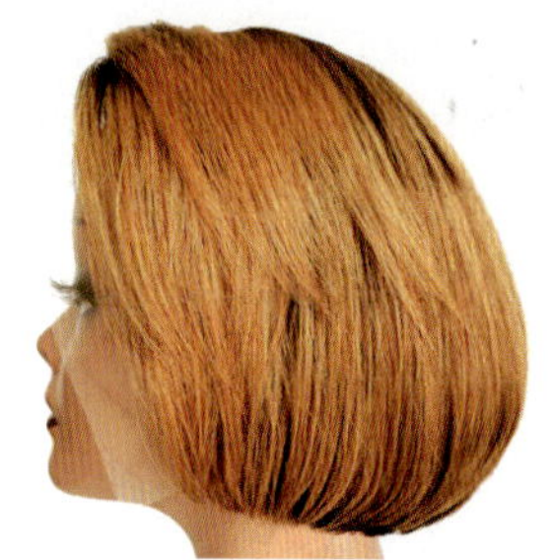	2）多孔或干性发质，漂浅能力强，反应速度快。 

4. 染膏

（1）染膏的分类

非氧化类染膏	临时性染膏	非氧化类临时性染膏主要有彩色喷胶、彩色发蜡、彩色啫喱等，其颗粒较大，不能通过表皮进入发干，只是在头发表面形成色素覆盖。临时性染膏与头发不产生化学反应，水洗即掉。
	半永久染膏	非氧化类半永久染膏主要有去黄洗发水、海灵草染色护发膏等，一般是植物性的天然色素，颜色多样，需要在褪浅的头发上上色才能体现色彩的艳丽，不需要加氧化剂就可直接上色，有较强的护发作用，水洗后颜色逐渐变淡直至褪色。
	持久性染膏	非氧化类持久性染膏颜色多样，不需要加氧化剂就可直接上色，但需要在褪浅的头发上上色才能体现色彩的纯正，颜色保持较为持久，水洗不易掉色，此类染膏占有一定的市场份额。
氧化类染膏	半永久染膏	氧化类半永久染膏其实就是色调补色的加强色染膏，不能染深或染浅头发，只是为发色添加色调和光泽，色彩多样，与染膏的色调一致，需要搭配 3% 左右的双氧乳进行上色，头发的色调容易氧化掉色，此类染膏市场运用并不广泛。
	持久性染膏	氧化类持久性染膏运用广泛，需要加入不同浓度的双氧乳才能上色，可以直接染深或染浅头发并添加色调，颜色多样但明度不高，有一定的护发作用，染后的头发底色不会改变，头发的色调容易氧化掉色。

（2）染膏的作用。这里所指的染膏是目前市场上最常用的氧化类持久性染膏，染膏 pH 值为碱性，上色时需要添加双氧乳，因此对头发有一定的损伤。染膏主要由阿摩尼亚、人工色素和人工蛋白质这三类化学成分组成。阿摩尼亚起打开头发毛鳞片、染浅头发色度的作用；人工色素起给头发添加色素、改变头发颜色的作用；人工蛋白质起给头发补充护发元素、增加头发亮度的作用。

染膏与双氧乳同用时，染膏中的阿摩尼亚成分打开头发的表皮层（毛鳞片），同时双氧乳将头发的天然色素漂浅，人工色素进入头发的皮质层，最后双氧乳将人工色素膨胀，使人工色素不易从头发中流失，达到上色、固色的目的。

特别提示

1. 细软发质烫发后染发，双氧乳度数应降低半度或一度。
2. 染膏与双氧乳混合后在头发上的停留时间不要超过 45 min。

（3）染膏的标号。染膏的标号代表可以染出的颜色，标号前面的数字表示染出的色度，后面的数字或者字母表示染出的色调。

1）染膏的色度。染膏的色度是指头发目标色的深浅度，是根据头发底色的 10 度来进行设定的，不同染膏品牌的色度代码是相同的。由深到浅用数字 1~10 来表示，1 度表示黑蓝色，2 度表示黑色，3 度表示棕黑色，4 度表示深棕色，5 度表示棕色，6 度表示浅棕色，7 度表示金棕色，8 度表示金色，9 度表示浅金色，10 度表示奶金色。数字越小，所含黑色素越高，颜色越深；数字越大，所含黑色素越少，颜色越浅。

2）染膏的色调。染膏的色调是指在头发自然颜色中添加所需的色素，决定一种颜色表现出来的具体色彩。不同厂商的色调代码是不同的，有的用字母表示，有的用数字表示。

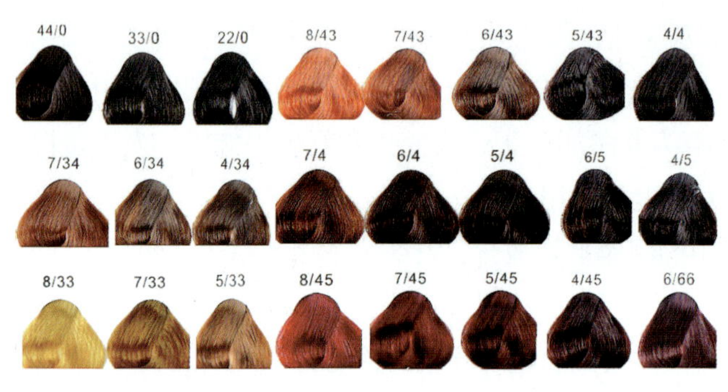

1- 灰色	2- 青绿色
3- 金黄色	4- 橙红色
5- 红色	6- 紫色
7- 棕色	8- 蓝色

N- 基色	B- 棕木色
G- 金黄色	R- 红色
V- 蓝色	K- 红褐色
A- 蓝褐色	RK- 艳红色
RB- 咖啡红色	KN- 浅红褐色
VR- 紫红色	KR- 红木色
BN- 浅棕色	GB- 金棕色
KG- 红棕色	NA- 冷褐色

以染膏 7/4 的颜色色码为例。7 代表色度，表示头发可以染出来的头发底色为金棕色；4 代表色调，表示在底色为 7 度金棕色的头发里，添加橙红色的色调。

以染膏 4/66 的颜色色码为例。4 代表色度，表示头发可以染出来的头发底色为深棕色；第一个 6 代表主色调，表示在底色为 4 度深棕色的头发里，添加紫色的主色调；第二个 6 代表副色调，表示在底色为 4 度深棕色的头发里，添加加强紫色的副色调。

以染膏 6GB 的颜色色码为例。6 代表色度，表示头发可以染出来的头发底色为浅棕色；G 代表主色调，表示在底色为 6 度浅棕色的头发里，添加金黄色的主色调；B 代表副色调，表示在底色为 6 度浅棕色的头发里，添加棕木色的副色调。

（4）染膏的调配

1）色调调配。染膏的色调可以是一种颜色，也可以是由主色调和副色调混合而成的颜色。例如，6/3 染膏 +6/4 染膏 = 接近于 6/34 颜色的染膏，用量比例 2∶1。

2）基色调配。例如，6/00 基色染膏 +4/00 基色染膏 =5/00 基色染膏，用量比例 1∶1。

3）亮色调配。艳丽的色彩必须染在浅色（9 度）的发色上才能显现出来。

绿色	9/3+0/28+6% 双氧乳，比例为 3：1：4。
蓝绿色	0/28+6% 双氧乳，比例为 1：1 时调配出的颜色较深。
	0/28+0/88+0/00+6% 双氧乳，比例为 10：1：9：20 时调配出的颜色较浅。
蓝色	0/00 +0/88+6% 双氧乳，比例＞3：1：4。
红色	0/45+0/66+0/00+12% 双氧乳，比例＞10：1：9：20。
紫色	配方一：0/00 +3/66+0/88+6% 双氧乳，比例＞10：8 ：2 ：10。
	配方二：0/00 +0/66+0/88+6% 双氧乳，比例＞10：7 ：3 ：20。
浅蓝紫色	0/00 +0/88+0/66（3/66）+6% 双氧乳，比例为 4：1：1：6。
蓝紫色	配方一：0/00 +0/88+0/66（3/66）+6% 双氧乳，比例为 2：1：1：4。
	配方二：0/65+0/28+6% 双氧乳，比例＜5：1：6。
粉色	0/65+0/00+6% 双氧乳，比例为 1：1：1。
灰色	0/00+22/0+6% 双氧乳，比例为 25 ：1：26。
粉紫色	0/65+0/28（0/88）+6% 双氧乳，比例＞7 ：1：8。

相关链接

非氧化类染膏

非氧化类染膏由人工色素、渗透剂和护理剂组成。不能改变头发的色度，只能添加色调，pH 值小于 7，为酸性，对头发有保护作用。染色时不需要添加双氧乳。头发底色越浅，染出的色彩越纯正。染膏的色彩呈现是直观的，可以按照颜色定律进行调配。

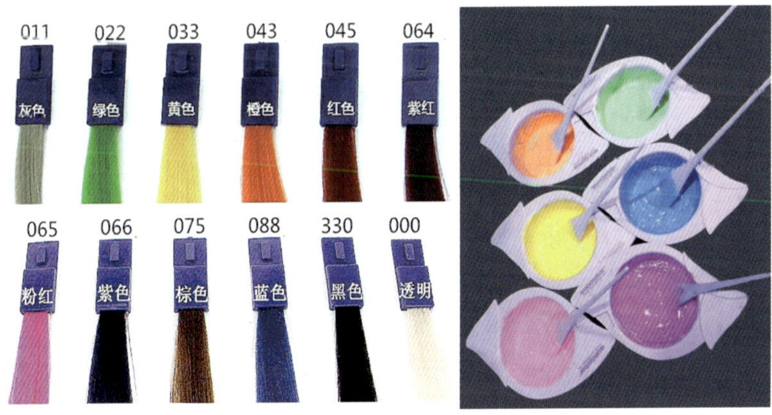

常用的非氧化类染膏色板　　非氧化类染膏

课堂提问

1. 用 2 份 7/4 染膏和 1 份 5/3 染膏可以混合成接近什么标号的染膏?

2. 简述选用洗发水作为双氧乳浓度调配稀释剂的原因。可以用护发素作为稀释剂吗?为什么?

3. 请在图片下方的括号中，标出正确的底色标号。

(　　)度底色　　(　　)度底色　　(　　)度底色　　(　　)度底色

课后练习

一、判断题(将判断结果填入括号中。正确的填“√”，错误的填“×”)

1. 锡纸用于包裹染色的发片和发束，也可用于染发区域的隔离。　(　　)

2. 染膏中阿摩尼亚成分的作用是收紧毛鳞片，保护头发健康。　(　　)

3. 染膏主要分为氧化类染膏、非氧化类染膏及临时性类染膏。　(　　)

4. 提浅膏有提升明度的作用，没有色相转换的作用。　(　　)

二、单项选择题(选择一个正确的答案，将相应的字母填入题内的括号中)

1. 9% 双氧乳由 6% 双氧乳和 12% 双氧乳按(　　)比例调配而得。

A. 1 ∶ 1　　B. 1 ∶ 2　　C. 1 ∶ 3　　D. 1 ∶ 4

2. 染膏与双氧乳混合后的反应时间在(　　)min 左右。

A. 30　　B. 45　　C. 60　　D. 90

3. 漂色时，禁止直接使用(　　)双氧乳。

A. 3%　　B. 6%　　C. 9%　　D. 12%

4. 目前市场上最常用的染膏是(　　)。

A. 非氧化类临时性染膏　　B. 非氧化类持久性染膏

C. 氧化类半永久染膏　　D. 氧化类持久性染膏

参考答案

一、判断题

1. √　　2. ×　　3. ×　　4. √

二、单项选择题

1. A　　2. B　　3. D　　4. D

第3节　染发技术分类

一、染膏分片涂抹技术

【准备用品】教习头模、尖尾梳、分区夹、染膏（在练习时，通常用护发素替代）、双氧乳、染碗、染刷、围布、手套、棉条、隔离霜等。

【技术要点】染膏分片涂抹技术训练采用的是十字分区，这是全头漂色和全头染发最常用的分区。先染后发区，再染两侧发区。每片发片的厚度为1~2 cm。从下至上在离发根2 cm处开始涂抹染膏。涂抹时，用左手手掌在发根处托住发片，使发片与头皮基本成90°。染膏涂抹要充足、均匀。

【操作步骤】

1. 进行十字分区。

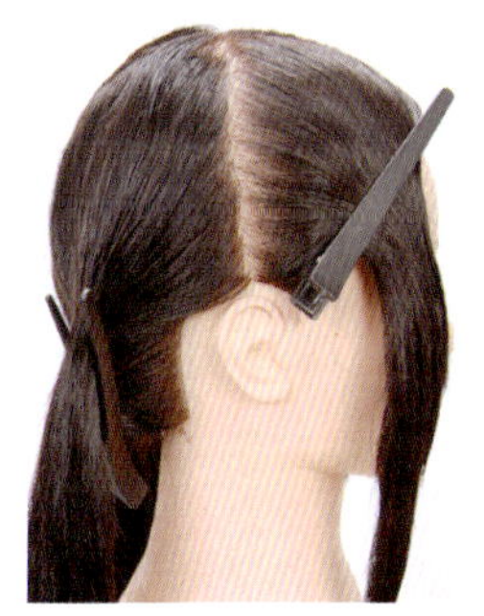
分区侧视图

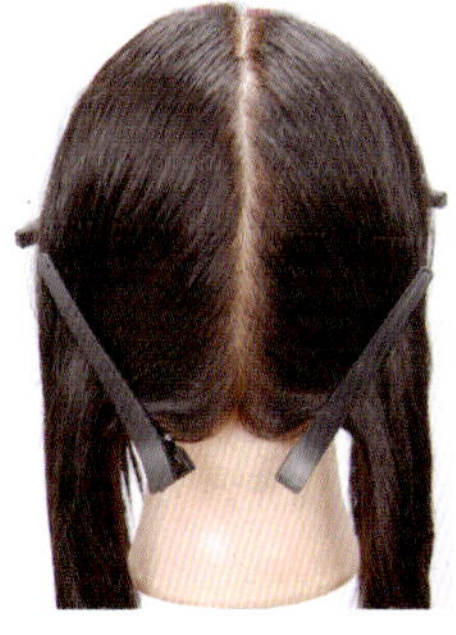
分区后视图

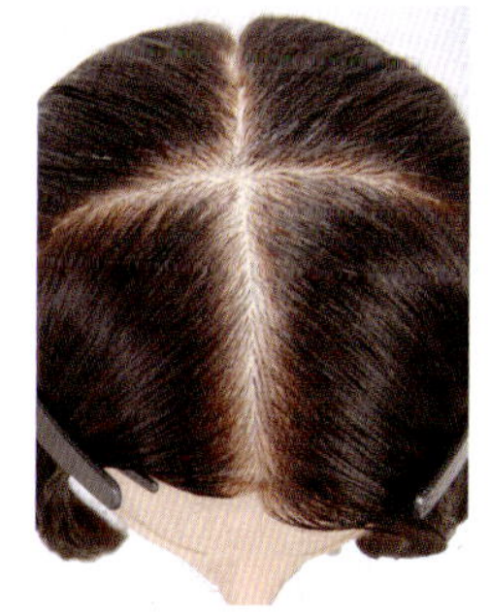
分区俯视图

2. 目标色染膏 +9% 双氧乳调配，距离发根 2 cm 涂抹全头，停留 30 min。

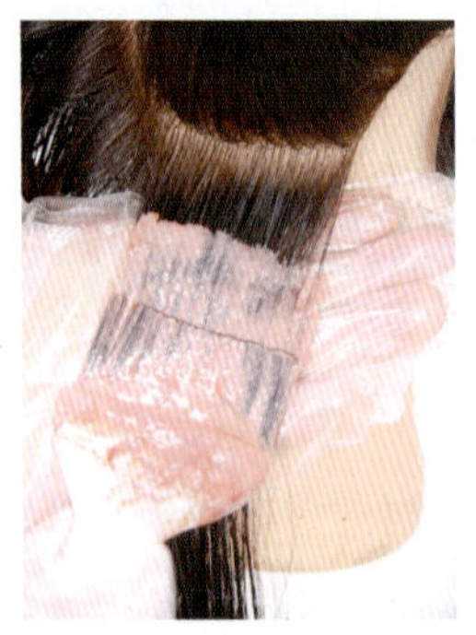
❶ 从底层开始，距离发根 2 cm 涂抹

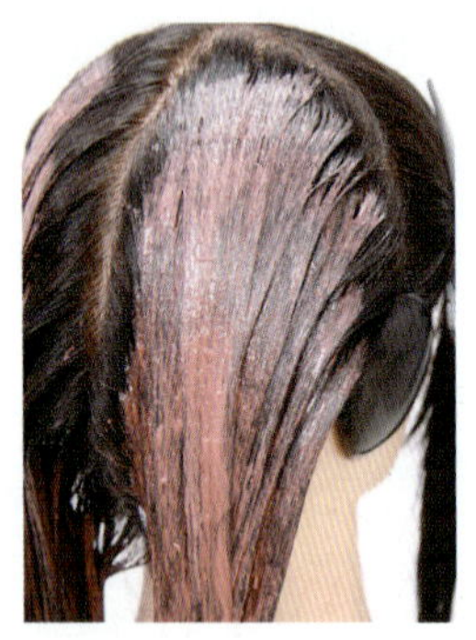
❷ 向上完成发根涂抹

❸ 完成全头涂抹，停留 30 min

3. 目标色染膏 +6% 双氧乳调配后涂抹发根，停留 15 min，冲水。

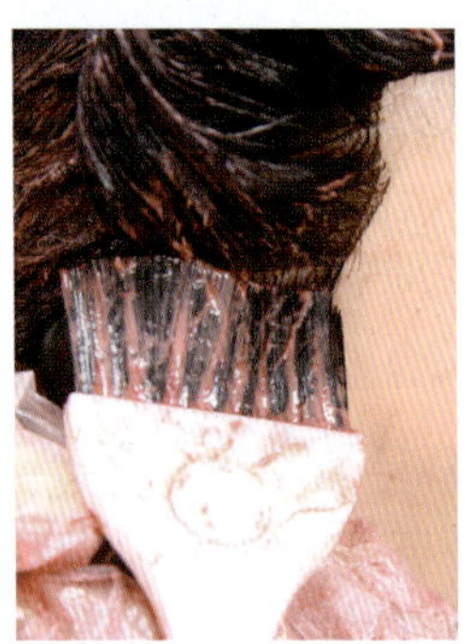
❶ 从底层开始涂抹发根

❷ 用棉条隔离，避免发根堆积染膏

❸ 依次向上分片涂抹发根

❹ 用棉条隔离发根

❺ 停留 15 min

❻ 冲洗干净，吹干

扫码观看

二、水平片染锡纸包裹技术

【准备用品】教习头模、尖尾梳、分区夹、染膏、染碗、染刷、围布、锡纸、隔离

霜等。

【技术要点】片染是取若干薄薄的发片，放在锡纸上，先涂抹发干，再涂抹发根，最后涂抹发尾，再用锡纸将头发完全包裹后统一加热，充分发挥染色和漂浅功能。

【操作步骤】

❶ 水平取份挑出发片

❷ 均匀涂抹染膏

❸ 向上对折锡纸

❹ 左右环包锡纸

❺ 完成锡纸包裹

扫码观看

特别提示

斜向取份片染与垂直取份片染类似，挑出来的发片汇聚发尾按捏后，涂抹染膏或漂粉。

三、挑染锡纸包裹技术

【准备用品】教习头模、尖尾梳、分区夹、染膏、染碗、染刷、围布、肩托、棉条、隔离霜等。

【技术要点】以交织的手法挑出发束，并涂抹染膏，用锡纸进行包裹隔离，每层发片之间要留 1.5~2 cm 的间隔。

【操作步骤】

1. 水平挑染技术

❶ 水平取份，大间隔挑出发束

❷ 均匀涂抹染膏

❸ 向上对折锡纸

❹ 左右环包锡纸

完成效果

扫码观看

2. 垂直挑染技术

❶ 水平取份，小间隔挑出发束

❷ 把发束拧转汇聚成三角形

❸ 将三角形发束按捏在锡纸上

❹ 均匀涂抹染膏

❺ 环包锡纸

扫码观看

特别提示

斜向取份挑染与垂直取份挑染类似，挑出来的发束拧转成三角形按捏后，涂抹染膏或漂粉。

四、锁锡纸技术

无论是挑染还是片染，在使用漂粉显色时，为了避免漂粉膨胀溢出造成发根爆顶的现象，可以采用锁锡纸技术。

【准备用品】 教习头模、尖尾梳、分区夹、染膏、染碗、染刷、围布、肩托、棉条、隔离霜等。

【操作步骤】

❶ 水平挑出需要染色的发束

❷ 沿发根垫锡纸，按照发中→发尾→发根的顺序涂抹染膏

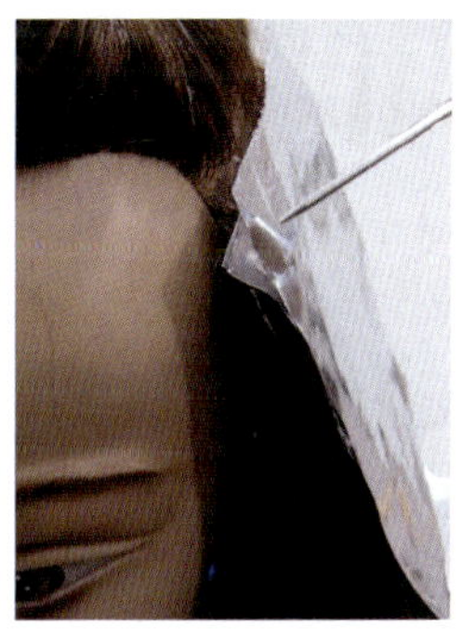
❸ 将锡纸对折向上，并超出取份线 1 cm 以上

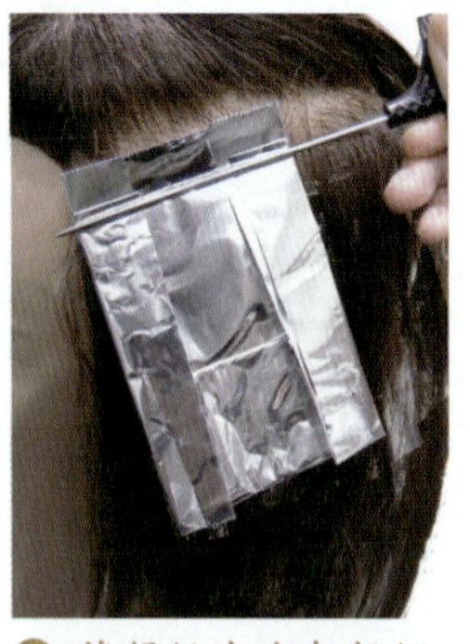
④ 将锡纸左右包折好，用尖尾梳柄压在取份线处

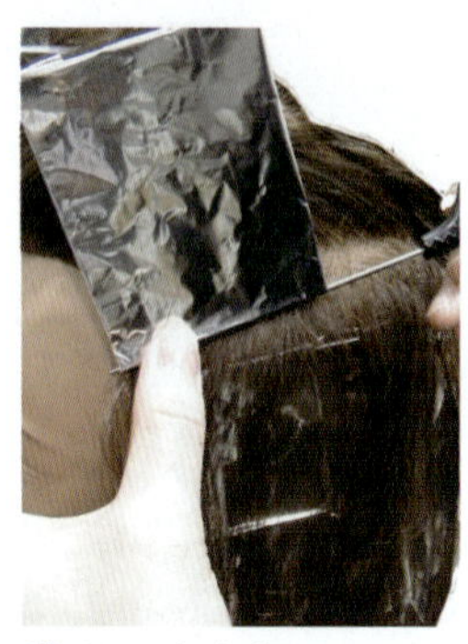
⑤ 锡纸向上折

⑥ 放下锡纸，发根向上推起

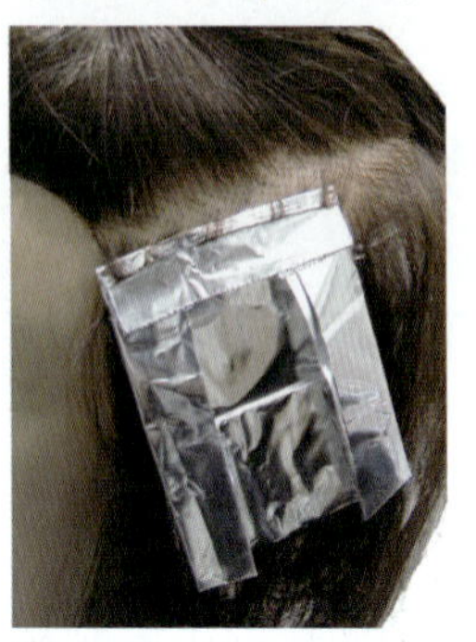
⑦ 向下回压

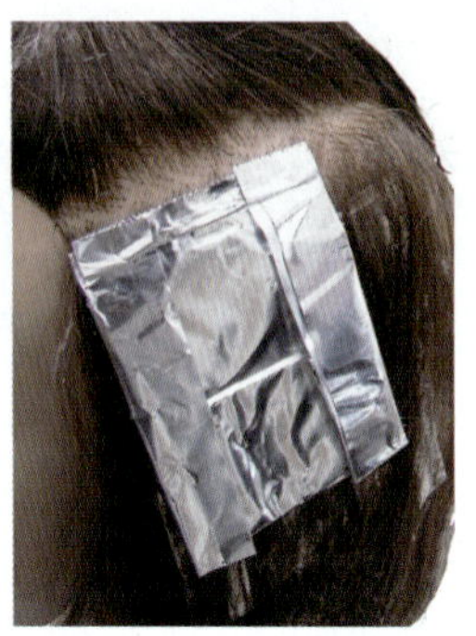
⑧ 用靠近发根处多出的锡纸向上包住暴露的发根

扫码观看

五、束感纹理片染技术

利用交替的设计在头缝处进行片染操作，每片头发相隔 2~3 cm，可以达到挑染的视觉效果，轻微的头缝位置改变不会影响挑染的视觉效果。

【准备用品】教习头模、尖尾梳、分区夹、染膏、染碗、染刷、围布、锡纸、隔离霜等。

【操作步骤】

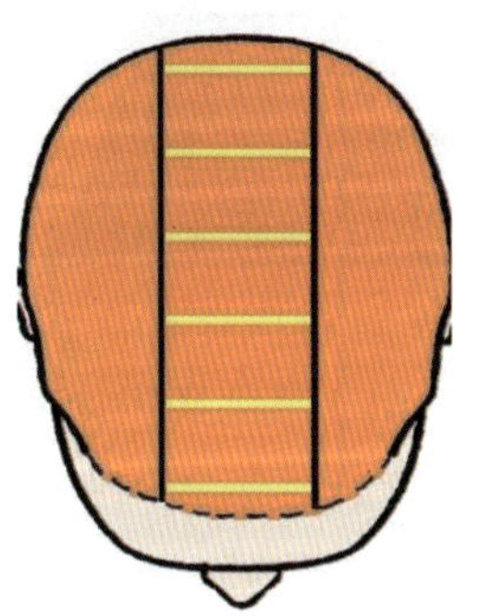
① 取头顶部宽度 6 cm 的区域为片染区

② 取 2 mm 厚的发片

③ 在离发根 2~3 cm 处涂抹染膏

❹ 包裹锡纸

❺ 每相隔 2~3 cm 取发片，进行片染操作

完成效果

扫码观看

六、卷杠隔离染技术

传统的挑染或片染是把需要染色的头发一片一片包裹起来，这样染出来的颜色不够均匀，而卷杠隔离染技术是用发杠把不需要染色的头发先卷起来，并用锡纸包裹住，再对已挑出的发片或发束一起上色，这样可以得到均匀的染色效果，适合 6 cm 以上长度的头发，只适用于单独的束染或片染，不适合混染。

【准备用品】教习头模、尖尾梳、分区夹、染膏、双氧乳、染碗、染刷、围布、锡纸、隔离霜等。

【技术要点】可以用缠绕或平绕的方法进行卷杠，发尾卷曲在发杠中。

【操作步骤】

❶ 卷杠隔离

❷ 均匀涂抹染膏

扫码观看

七、发束扎染技术

发束扎染技术适用于发尾的染色，是将头发分块进行发束扎结，特意不染发根，对留出的发尾进行漂色或染色处理，可以快速完成染发流程。

【准备用品】教习头模、尖尾梳、分区夹、染膏、双氧乳、染碗、染刷、橡皮筋、围布、锡纸、隔离霜等。

【技术要点】

1. 头发扎束的区域不宜过大。

2. 头发扎束的位置要顺应头发的自然流向。

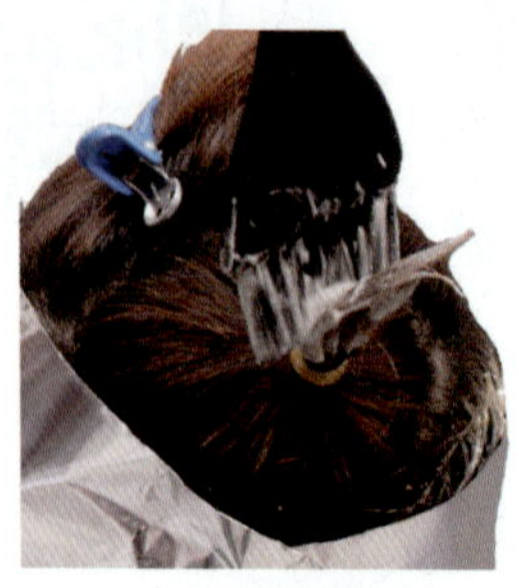
扎束上色示意

扎染发型效果

扫码观看

八、发束夹染技术

发束夹染技术适用于较厚的发片染色，将发片的根部用分区夹上下对夹，不染发根，对留出的发尾进行漂色或染色处理，可以快速完成染发流程。

【准备用品】教习头模、尖尾梳、分区夹、染膏、双氧乳、染碗、染刷、围布、隔离霜等。

【技术要点】

1. 选用夹合力较强的分区夹。

2. 头发夹束的区域不宜过大。

3. 夹束的头发发根要立起，这样可以得到自然散落的色彩效果。

4. 头发夹束的位置要顺应头发的自然流向。

【操作步骤】

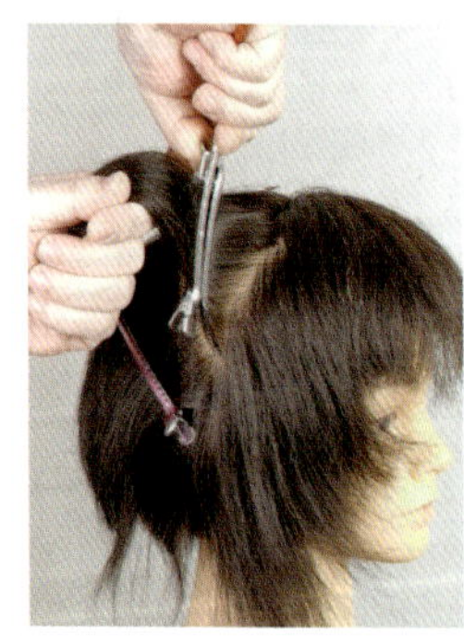
❶ 用分区夹上下对夹，固定三角形发区根部

❷ 均匀涂抹染膏

完成效果

扫码观看

九、过渡色染色技术

1. 发片单向渐变染色技术

发片单向渐变染色技术是指发根到发尾颜色由深到浅或者由浅到深逐渐变化的染色技术。

【准备用品】教习头模、尖尾梳、分区夹、染膏、双氧乳、染碗、染刷、围布、锡纸、隔离霜等。

【技术要点】染膏涂抹上色时的手法非常重要，是色彩能够自然过渡的关键。两种色彩交融时不能有段染痕迹。

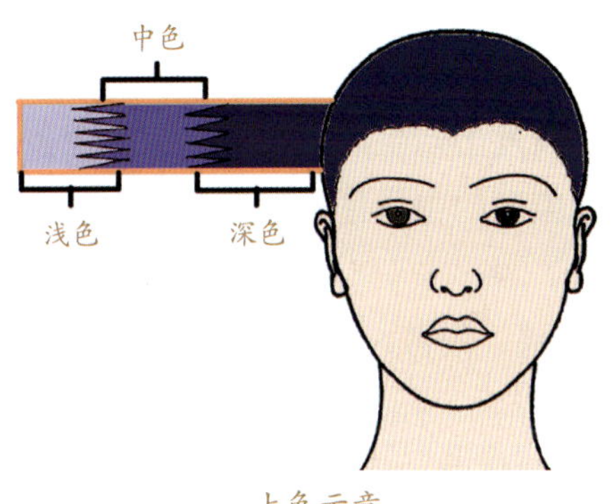

上色示意

染色效果

(1) 不同色系单向过渡

1) 将头发漂浅至9度，分成若干薄片。

2) 按照色轮的变化选择色彩，先在头发的中部涂抹中度色半永久染膏。

3) 在发根涂抹深色染膏。

4) 在发尾涂抹浅色染膏。

染色效果

扫码观看

（2）同色系单向过渡

1）将头发漂浅至9度，分成若干薄片。

2）按照色轮的变化选择色彩，先在头发的中部涂抹中度色半永久染膏。

3）在发根涂抹同色系的深色染膏。

4）在发尾涂抹同色系的浅色染膏。

染色效果

扫码观看

2. 发片双向渐变染色技术

双向渐变色也叫光照色，如同光照在头发上产生的高光效果，适合较低层次结构的发型。发片双向渐变染色技术是指头发染色的中段色彩向发根和发尾逐渐变化的染色技术。

【准备用品】教习头模、尖尾梳、分区夹、染膏、双氧乳、染碗、染刷、围布、锡纸、隔离霜等。

【技术要点】染膏涂抹上色时的手法非常重要，是色彩能够自然过渡的关键。两种色彩交融时不能有段染痕迹。

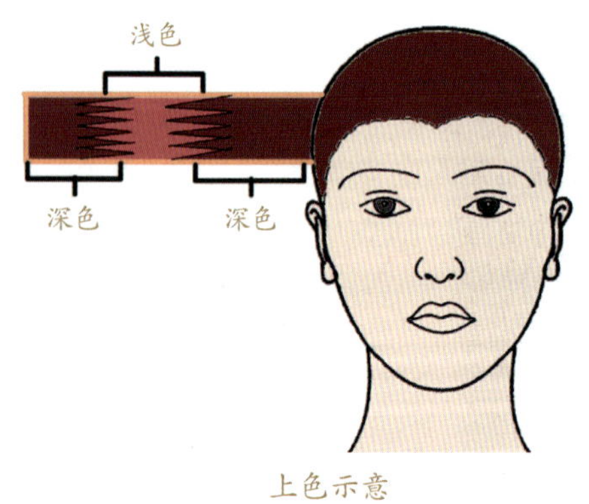

上色示意

染色效果

扫码观看

特别提示

双向渐变染色技术也可以采用中间深色、两边浅色的设计方法。

3. 画染渐变色涂抹技术

【准备用品】教习头模、尖尾梳、分区夹、漂粉、双氧乳、染碗、染刷、围布、锡纸、隔离霜等。

【技术要点】

染发时，发片的两侧或单侧用类似于绘画的方式进行斜线式涂抹，呈现隐约交错的纹理线条和发色隐性过渡的效果，突出发型的层次感和时尚感。

扫码观看

方法一

运用倒梳技术将短发推至发根，留下的长发进行画漂操作，褪色完成后，未染的碎发回归发片，会产生无痕渐变的效果。

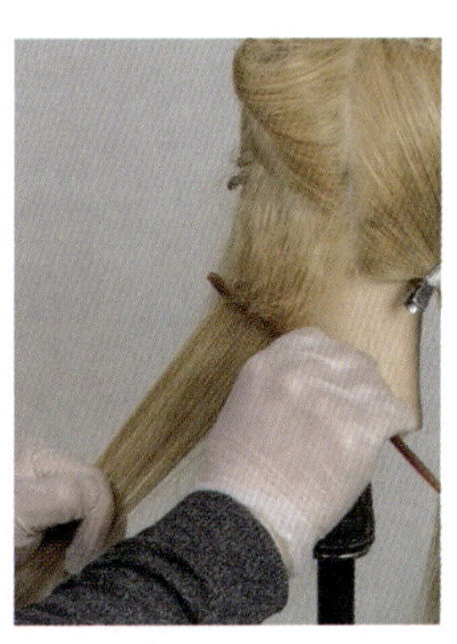

方法二

运用吹风技术使发片中间的碎发下落，对留下的长发进行画漂操作，褪色完成后，未染的碎发回归发片，会产生无痕渐变的效果。

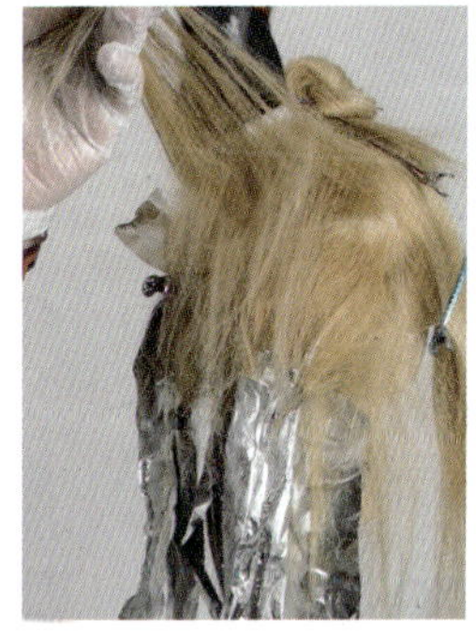

采用纵向涂抹技术，在发片上运用斜线、V线、W线涂抹方式。

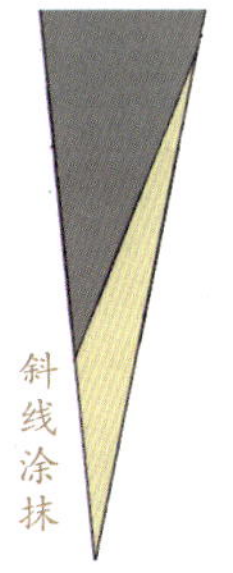

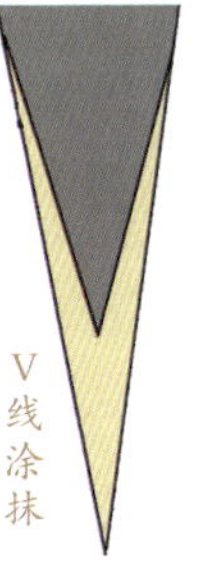

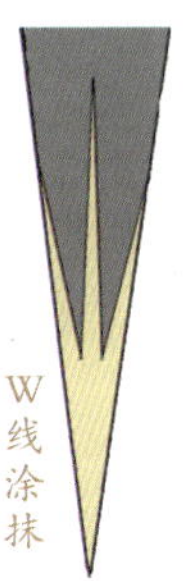

4. 沐浴染技术

沐浴染的特点是只能染深，不能染浅，不能覆盖白发，多用于浅色头发的色调重现或色调对冲。

【准备用品】教习头模、尖尾梳、分区夹、染膏、双氧乳、洗发水、染碗、染刷、围布、隔离霜等。

【技术要点】

（1）沐浴染的染膏需要进行配比，染膏、水、洗发水、双氧乳的比例为 1∶2∶4∶2。

（2）染色在洗头床上进行操作，先将头发淋湿，再将配好的染膏以洗发的方法进行上色。

扫码观看

【操作步骤】

❶ 做 9 度底色

❷ 沐浴染发

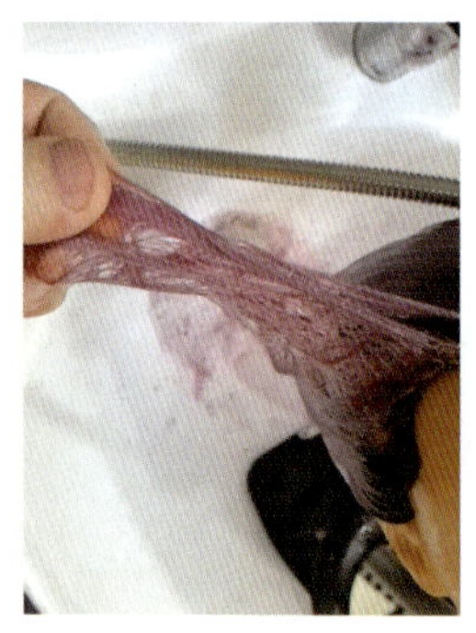

❸ 检查颜色

完成效果

5. 段染技术

在头发上进行明显的区分两种颜色的染色方法就是段染，段染可以运用于局部的小块面，也可以运用于整体的大块面。

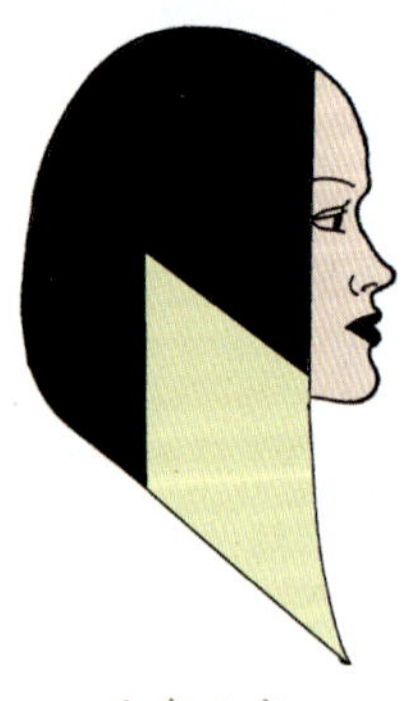

上色示意

段染效果

扫码观看

课堂提问

1. 简述染膏分片涂抹技术的要点。
2. 简述挑染锡纸包裹技术的种类。
3. 简述卷杠隔离染技术的要点。

课后练习

一、判断题（将判断结果填入括号中。正确的填“√”，错误的填“×”）

1. 染膏分片涂抹时，发片与头皮基本成 90°。（　　）
2. 发片漂色时，为了避免漂粉膨胀溢出，要用衬纸包住。（　　）
3. 扎束染不适合从发根染到发尾。（　　）
4. 沐浴染的特点是只能染深，不能染浅，可以覆盖白发。（　　）
5. 双向渐变染色技术可以采用中间深色、两边浅色的设计方法。（　　）

二、单项选择题（选择一个正确的答案，将相应的字母填入题内的括号中）

1. 在头发上进行明显的区分两种颜色的染色方法是（　　）。

A. 挑染　　B. 片染　　C. 段染　　D. 夹束染

2. 束染或片染时，为了得到均匀的染色效果，常采用（　　）染色技巧。

A. 束感纹理　　B. 发束扎结　　C. 多面幻彩　　D. 卷杠隔离

3. 束感纹理染发时，要距离发根（　　）cm 进行染色，这样才显得自然。

A. 1~2　　B. 2~3　　C. 4~5　　D. 5~6

4.（　　）技术适用于发尾的染色。

A. 束感纹理片染　　B. 发束扎染　　C. 多面幻彩　　D. 卷杠隔离染

参考答案

一、判断题

1. √　2. ×　3. √　4. ×　5. √

二、单项选择题

1. C　2. D　3. B　4. B

第 4 节　染发技术运用

正式染发前，必须了解染发的整个工作流程，一般可参考以下流程。

<table>
<tr><td>沟通咨询</td><td colspan="2">了解顾客的需求以及可接受的色度、色调等。</td></tr>
<tr><td rowspan="5">头发诊断</td><td rowspan="3">问</td><td>有无过敏史。</td></tr>
<tr><td>是否有皮肤、头皮问题，是否存在异常掉发现象等。</td></tr>
<tr><td>有无身体不适、特殊情况（如怀孕）等。</td></tr>
<tr><td>看</td><td>详细检查头发粗细、发量、长度、白发分布情况、头发受损情况等。若头皮或脸部有伤口或湿疹、掉发严重，要避免使用染发剂。</td></tr>
<tr><td>触</td><td>用手直接触摸头发，检查其弹性、损伤程度等，据此做综合判断，选择合适的染发剂用量、操作技巧、停留时间等。</td></tr>
<tr><td>过敏测试</td><td colspan="2">第一次染发的顾客必须先进行过敏测试。可蘸少许染发剂，涂抹在顾客手腕内侧或耳后肌肤较细嫩的地方 24 h 以上，如皮肤变红或发痒，则不能染发。</td></tr>
<tr><td>调配产品</td><td colspan="2">选色准确，依据头发长度与发量合理调配染发剂。</td></tr>
<tr><td>做好防护</td><td colspan="2">要做好顾客和操作者的防护措施，避免染发剂污染皮肤和衣物。</td></tr>
<tr><td>染发操作</td><td colspan="2">染发前不需要洗发，因为头皮上的油脂是天然的保护层，可以避免或减轻染发剂在接触头皮时产生的刺痒感和不适感。
选择适合的操作方法，做到不滴不漏。染发剂的涂抹要均匀够量，涂抹不均匀或用量过少时，容易产生斑驳感。发根上色时，应按照低温区→中温区→高温区的顺序进行，以达到发根上色的统一。</td></tr>
<tr><td>停留观察</td><td colspan="2">在染发剂停留过程中，随时观察头发颜色的变化。</td></tr>
<tr><td>洗发护色</td><td colspan="2">洗净头发，注重染后护理，稳定色素的持久度。</td></tr>
</table>

一、基础染色技术运用

1. 黑发染彩

（1）直接染彩

【造型要求】原发色是 3 度，目标色是 5/4。

【准备用品】教习头模、尖尾梳、分区夹、5/4 染膏、6% 双氧乳、9% 双氧乳、染碗、染刷、围布、手套、隔离霜、棉条等。

【操作步骤】

1）对头发进行十字分区，每个区分水平发片。

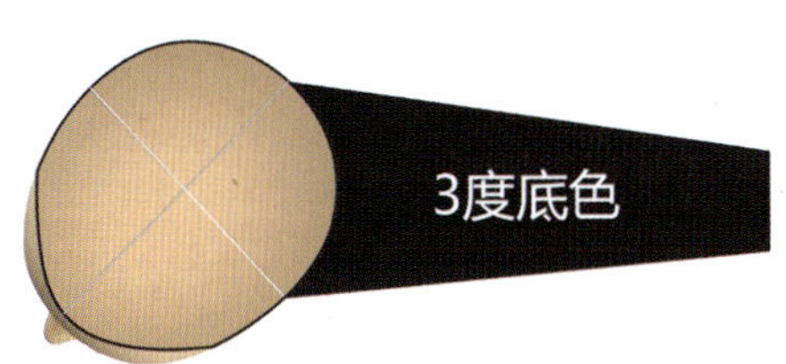

2）发中至发尾上色，用 5/4 染膏 + 9% 双氧乳调配，距离发根 2 cm 均匀涂抹，停留 20~30 min。

3）发根上色，用 5/4 染膏 +6% 双氧乳调配，按温区高低涂抹发根，停留 10~20 min。

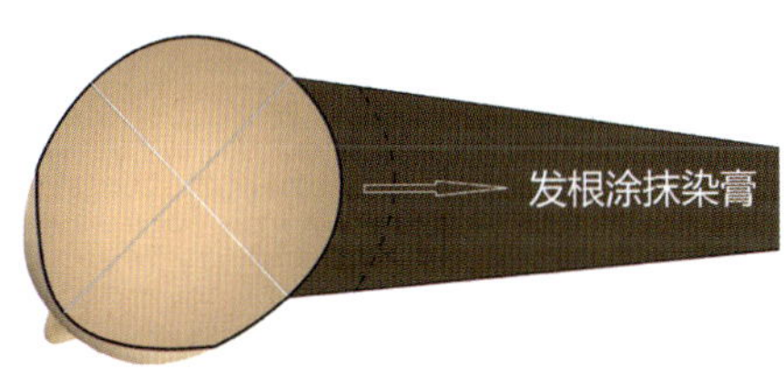

特别提示

超短发可直接一次性全头涂抹，停留 30 min。

（2）先褪色后染彩

【造型要求】天然发色是 3 度，目标色是 9/3。

【准备用品】尖尾梳、分区夹、0/00 染膏、9/3 染膏、6% 双氧乳、9% 双氧乳、染碗、染刷、围布、手套、隔离霜、棉条等。

【操作步骤】

1）对头发进行十字分区，每个区分水平发片。

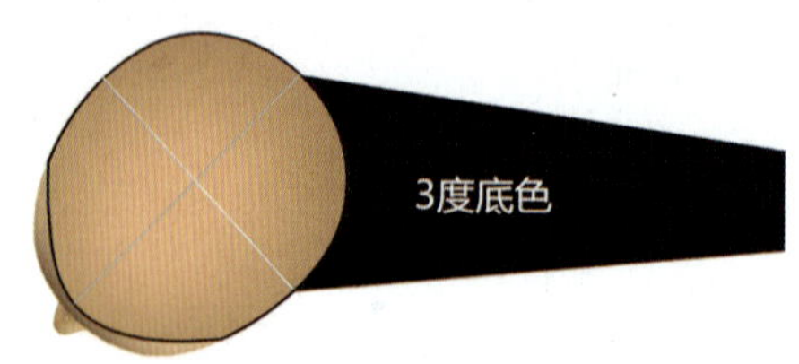

2）提浅发中至发尾底色，用 9% 双氧乳 +0/00 染膏调配，距离发根 2 cm 均匀涂抹，停留 20~30 min。

3）提浅发根底色，用 6% 双氧乳 + 0/00 染膏调配，按温区高低涂抹发根，停留 10~20 min，将头发全部提浅至 6 度底色。

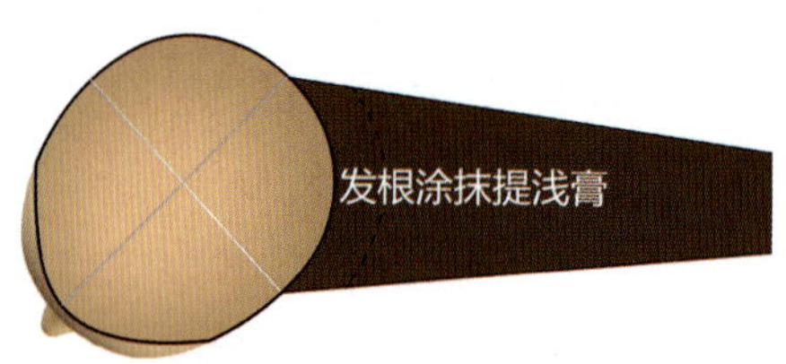

4）发中至发尾上色，用 9/3 染膏 + 9% 双氧乳调配，距离发根 2 cm 涂抹全头，停留 15~25 min。

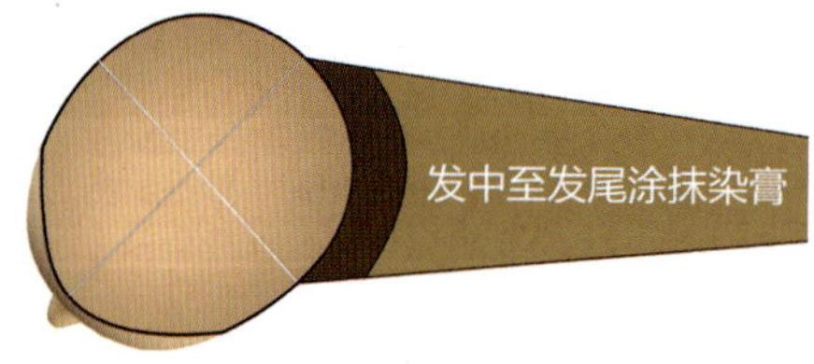

5）发根上色，用 9/3 染膏 +6% 双氧乳调配，按温区高低涂抹发根，停留 10~15 min。

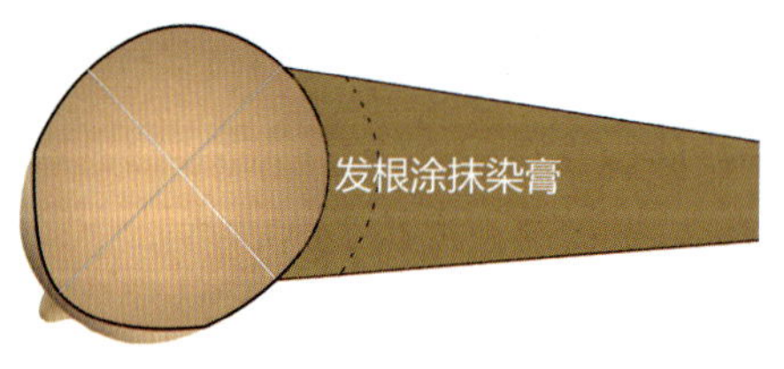

特别提示

超短发可在褪色后直接全头涂抹，停留 20~30 min。

2. 补染

染过的头发经过一段时间后，新生的头发会影响整个发型色彩的统一性，需要对新生发进行补染。

（1）同色补染

【造型要求】新生发长度在 1 cm 左右时，需要进行补染。

【准备用品】尖尾梳、分区夹、目标色染膏、6% 双氧乳、染碗、染刷、围布、手套、隔离霜、棉条等。

【操作步骤】

进行十字分区，每个区分水平发片。用 6% 双氧乳 + 目标色染膏调配后涂抹发根，停留 15 min。

❶ 先从底层开始涂抹发根

❷ 依次向上涂抹发根，高温区发根不染

❸ 涂抹两侧发根

❹ 涂抹高温区发根

（2）相差 3 度的补染

【造型要求】顾客半年前染过的头发是 7 度，新生发底色是 3 度，长度 12 cm 左右，目标色是 5/5。

【准备用品】尖尾梳、分区夹、5/5 染膏、6% 双氧乳、9% 双氧乳、染碗、染刷、围布、手套、隔离霜、棉条等。

【操作步骤】

1）进行十字分区，每个区分水平发片。

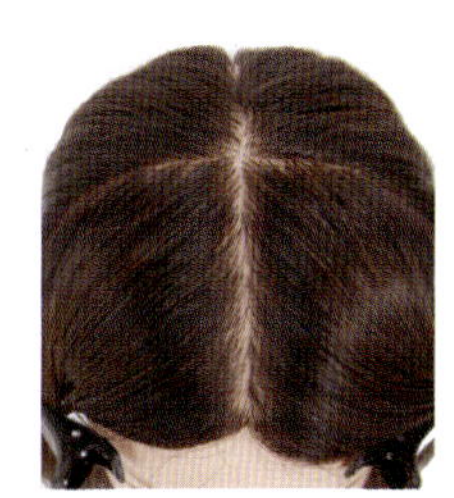

步骤	图示	照片
2）用 5/5 染膏 +9% 双氧乳调配，距离发根 2 cm 涂抹新生发，停留 20 min。	 发中涂抹目标色	
3）用 5/5 染膏 +6% 双氧乳调配，按温区高低涂抹发根，停留 10~20 min。	 发根涂抹目标色	
4）将剩余的 5/5 染膏 + 15 mL 水调配后涂抹发尾，停留 10~15 min 后冲水。	 发尾涂抹目标色	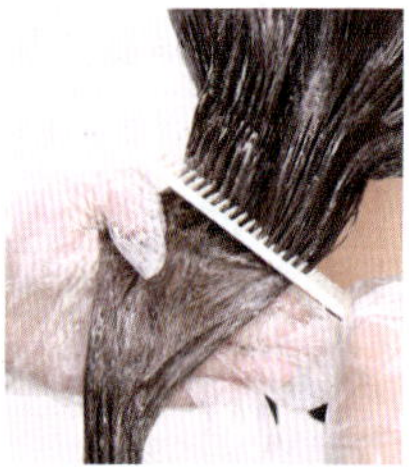

（3）相差 5 度的补染

【造型要求】头发底色是 8 度，新生发底色是 3 度，长度 2 cm，目标色是 5/6。

【染色分析】头发底色与新生发相差 5 度以上，需要对浅色头发进行色彩打底，然后再进行染色。

【准备用品】尖尾梳、分区夹、5/0 染膏、5/6 染膏、6% 双氧乳、染碗、染刷、围布、手套、隔离霜、棉条等。

【操作步骤】

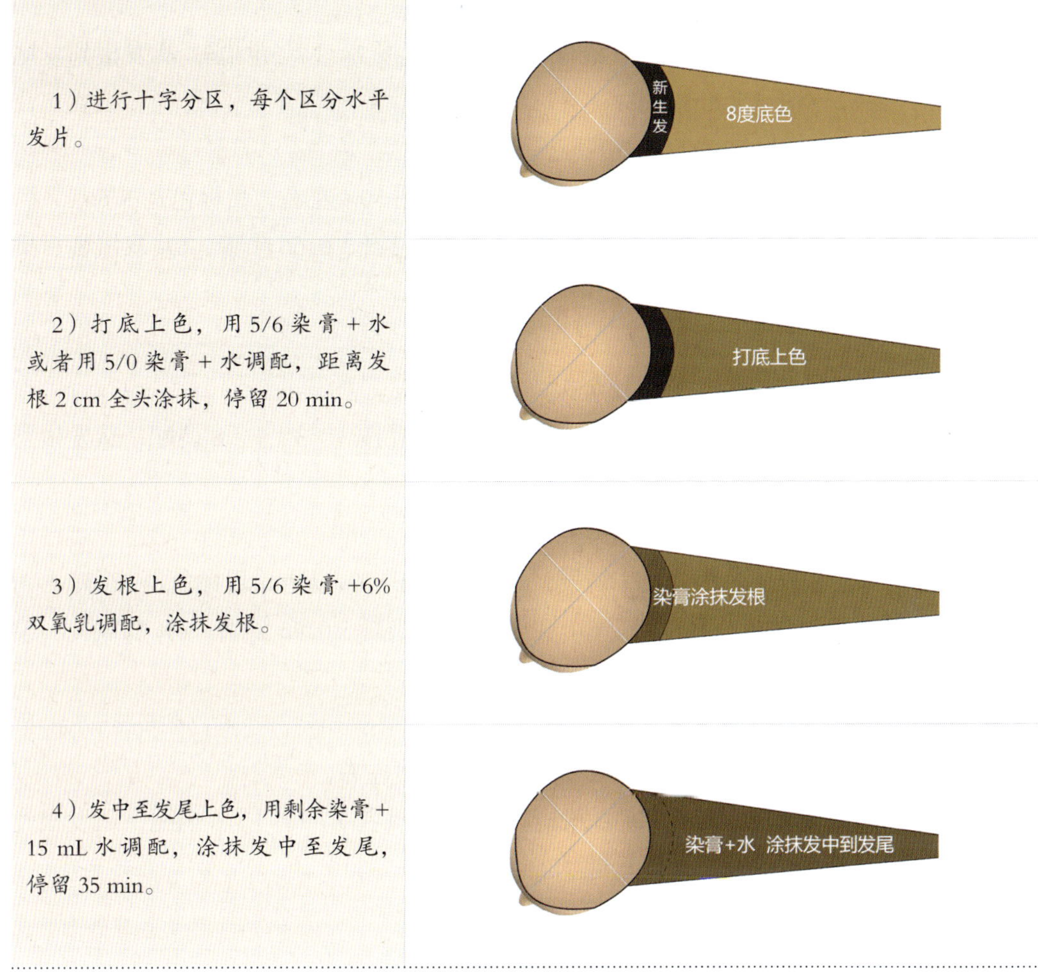

1）进行十字分区，每个区分水平发片。

2）打底上色，用5/6染膏+水或者用5/0染膏+水调配，距离发根2 cm全头涂抹，停留20 min。

3）发根上色，用5/6染膏+6%双氧乳调配，涂抹发根。

4）发中至发尾上色，用剩余染膏+15 mL水调配，涂抹发中至发尾，停留35 min。

3. 白发染彩

亚洲人的头发大多为3度色，白发染彩时，6%双氧乳对白发的覆盖效果较好。目标色选用与黑发度数相差2度（5度以下）的染膏，并添加适量的同度基色，基色的用量取决于白发的量，但基色的用量不能超过目标色的用量。白发数量在10%左右，不用添加基色；白发数量在30%左右，用2/3支目标色+1/3支同度基色调配；白发数量在50%以上，用1/2支目标色+1/2支同度基色+加强色调配。

白发没有色素，染膏的用量和停留的时间要充足，保证有足够的色素粒子充分氧化、渗透、饱和，这样的颜色才会牢固。

（1）白发染彩一

【造型要求】头发底色为3度，短发，白发数量在30%左右，目标色是4/44。

【准备用品】尖尾梳、分区夹、4/0 染膏、4/44 染膏、6% 双氧乳、染碗、染刷、围布、手套、隔离霜、棉条等。

【操作步骤】用 4/44 染膏 +4/0 染膏 +6% 双氧乳按 2：1：3 调配，从发根到发尾一次性涂抹全头，停留 35 min，冲水。

（2）白发染彩二

【造型要求】头发底色为 3 度，长发，白发数量在 50% 左右，目标色是 5/66。

【准备用品】尖尾梳、分区夹、5/0 染膏、5/66 染膏、0/66 染膏、6% 双氧乳、染碗、染刷、围布、手套、隔离霜、棉条等。

【操作步骤】

1）用 5/66 染膏加水调配，涂抹全头，加热 15 min。

2）用 5/66 染膏 +5/0 染膏 +0/66 染膏 +6% 双氧乳按 3：3：1：6 调配，从发根到发尾一次性涂抹全头，停留 30 min，冲水。

（3）白发染彩三

【造型要求】头发底色为 3 度，短发，白发数量在 50% 以上，目标色是 6/43。

【准备用品】尖尾梳、分区夹、6/0 染膏、6/43 染膏、0/43 染膏、6% 双氧乳、染碗、染刷、围布、手套、隔离霜、棉条等。

【操作步骤】

1）用提浅膏 +9% 双氧乳调配，将头发提浅至 6 度左右。

2）用 6/43 染膏 +6/0 染膏 +0/43 染膏按 +6% 双氧乳 3：3：1：6 调配，从发根到发尾一次性涂抹全头，停留 35min，冲水。

二、褪色与漂染技术运用

在漂浅的头发上进行染色，可以增加染色的创意效果。

头发褪色后，根据提浅后头发的底色，选用氧化类持久性染膏进行染色，可以得到各种明度和色调的时髦色彩。选用非氧化类持久性染膏进行染色，可以得到各种纯正绚丽的色彩。

要注意的是，漂浅后的头发中残留的黄色有时会影响目标色的呈现。

1. 褪色技术运用

（1）全头漂色技术

【造型要求】头发底色是 3 度，长度 6 cm，目标色是底色 9 度。

【准备用品】教习头模、尖尾梳、分区夹、漂粉、6% 双氧乳、9% 双氧乳、染碗、染刷、围布、手套、隔离霜、棉条等。

【操作步骤】

1）用9%双氧乳+漂粉按2∶3调配，除发根外的发片全头涂抹，停留40 min左右，需要时可再重复一次。

2）用6%双氧乳+漂粉按2∶3调配，发片全头涂抹，停留40 min左右，需要时可再重复一次。

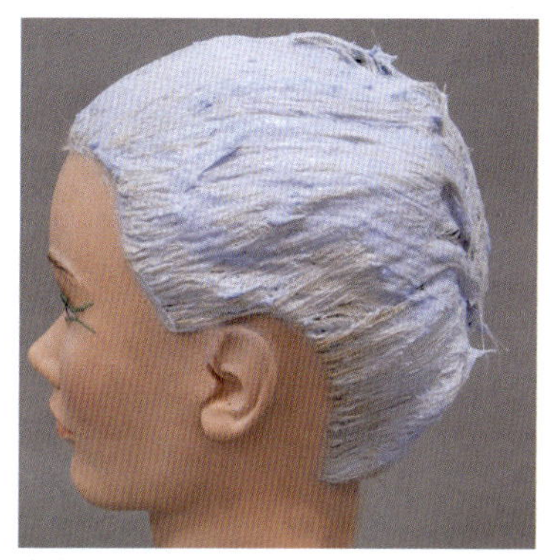

全头漂色

完成效果

（2）渐变褪色技术

【造型要求】头发底色是3度，长度40 cm，目标色是5度到8度的渐变底色。

【染色分析】先对头发底色进行漂色渐变处理，然后添加统一的色调，形成时髦渐变发色。

【准备用品】教习头模、尖尾梳、分区夹、提浅膏、漂粉、6%双氧乳、9%双氧乳、护发素、染碗、染刷、围布、手套、隔离霜、棉条等。

【操作步骤】

1）进行十字分区，水平取份，正常提升，均匀倒梳，用9%双氧乳+漂粉调配，分片涂抹靠近发尾1/3处的头发，用锡纸包裹，加热20 min左右。

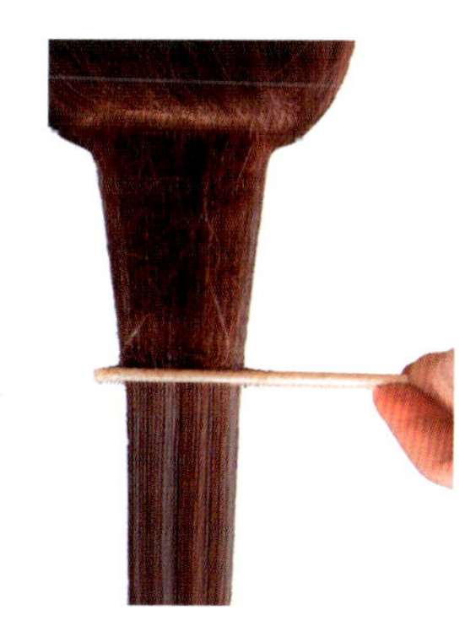

2）分片刮去漂粉，用6%双氧乳+漂粉调配，分片涂抹靠近发尾2/3处的头发，用锡纸包裹，加热20 min左右。		
3）分片刮去漂粉，用6%双氧乳+漂粉调配，分片涂抹距离发根3 cm处的头发，用锡纸包裹，加热20 min左右。		
4）用提浅膏+6%双氧乳调配，涂抹所有发根，停留20 min，冲水后上护发素梳通头发，彻底清洗头发。	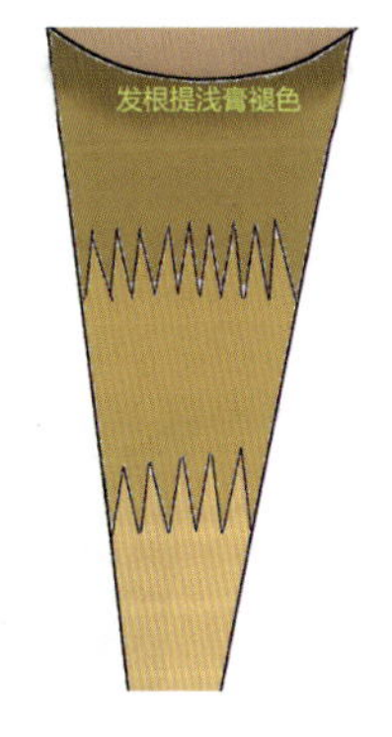	

2. 漂染技术运用

同一种染膏在不同的头发底色上呈现的色彩不同。头发漂染后，头发底色越浅，染后色彩呈现的明度越高；头发底色越深，染后色彩呈现的明度越低。

（1）全头非氧化类染膏漂染技术运用

【造型要求】原发色为天然5度的棕色，目标色是湖蓝色。

【染色分析】教习头模本身的发色级别够高，颜色不够浅，需要将头发褪浅；头发褪浅到9度时，头发本身已经不含红色和蓝色粒子；根据三原色原理，蓝色加入绿色会出现湖蓝色。

【准备用品】短发教习头模、尖尾梳、分区夹、漂粉、双氧乳、蓝色和绿色半永久染膏、染碗、染刷、围布、手套、隔离霜、棉条等。

【操作步骤】

1）采用全头漂色技术，经过两次以上漂色，将头发底色褪浅至9度。

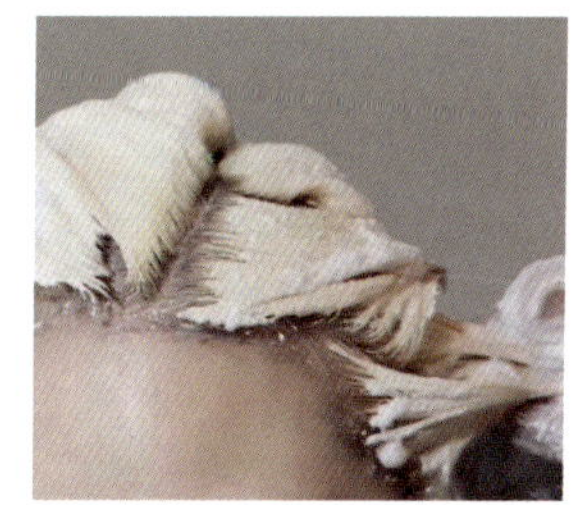

2）蓝色和绿色半永久染膏以2∶1调配，刷在白纸上看颜色的效果。如果颜色偏深，可以少量多次添加透明色半永久染膏（也可以用白色护发素代替），直到达到所需颜色。

3）按照全头染的方法对头发进行十字分区，发片涂抹上色，停留30 min，冲水洗净，吹干。

特别提示

由于头发经过多次褪色，头发的鳞状表层大量脱落，保留颜色的能力大幅降低，要跟顾客事先做好沟通，告知顾客约每两周进行补色和锁色护理。

（2）全头氧化类染膏漂染技术运用

【造型要求】原发色是漂后6度底色，目标色是金橙色。

【染色分析】头发漂浅后，头发里面的黄色粒子与添加的红色染膏混合后，就会得到橙色。红色色素的浓度越高，显现的橙色越偏向红橙色，橙色的纯正度取决于底色的深浅。底色越浅，橙色明度越高；底色越深，橙色明度越低。

【准备用品】短发教习头模、尖尾梳、分区夹、漂粉、3%双氧乳、6%双氧乳、9%双氧乳、8/45染膏、染碗、染刷、围布、手套、隔离霜、棉条。

【操作步骤】

1）采用全头漂色技术，经过两次以上漂色，将头发底色褪浅至9度。	
2）选择8/45染膏+3%双氧乳调配目标色染膏。	
3）按照全头染分片涂抹的方式上色。	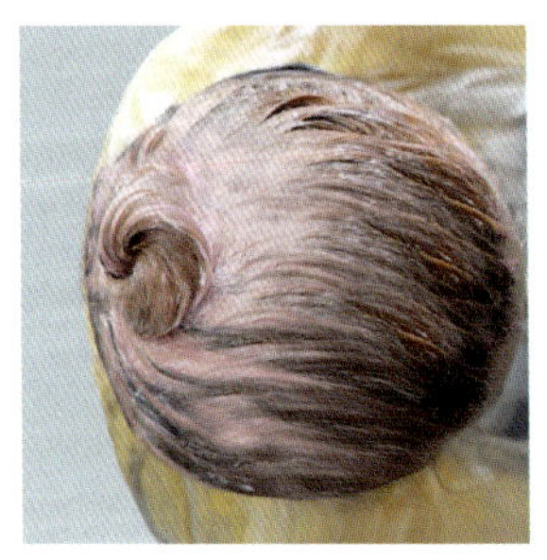

4）包保鲜膜，利用头皮温度自加热，必要时可使用外部辅助加热设备，直到颜色达到所需效果。

5）冲水洗净，吹干。

特别提示

需要告知顾客漂染后减少洗发次数，并按时进行补色和锁色护理。

（3）挂耳染漂染技术运用

【造型要求】原发色是4度底色，目标色是宝蓝色。

【准备用品】短发教习头模、尖尾梳、分区夹、漂粉、9%双氧乳、0/66染膏、0/88染膏、染碗、染刷、围布、手套、隔离霜、保鲜膜等。

【操作步骤】

1）头发分区如图，两侧对称。

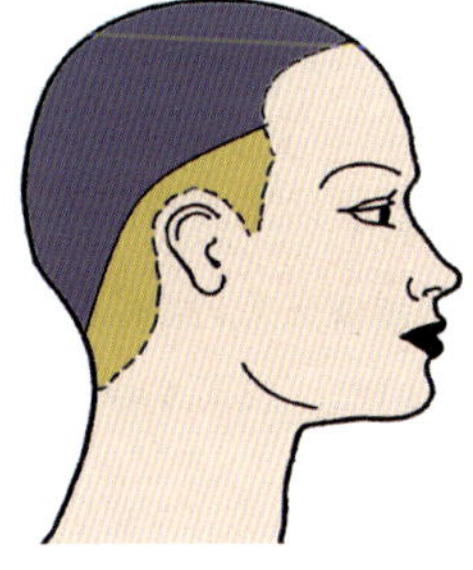

2）用漂粉 +9% 双氧乳按 1：2 调配，采用夹束法，距离发根 3 cm 均匀涂抹，停留 30 min，可一次性褪色至 8 度以上。

3）用 0/66 染膏 +0/88 染膏调配，均匀涂抹上色，加热停留 20 min。

4）冲水洗净，吹干。

（4）像素染漂染技术运用

【造型要求】原发色是 4 度底色，目标色是金橙色。

【准备用品】短发教习头模、尖尾梳、分区夹、漂粉、9% 双氧乳、蜡染染膏、染碗、染刷、围布、手套、隔离霜、保鲜膜等。

扫码观看

【操作步骤】

1）水平取份 1 cm 厚的发片，用漂粉 +9% 双氧乳按 1：2 调配，距离发根 3 cm 做段漂，用锡纸贴合。

2）在锡纸上涂抹少许漂粉，再次水平取份 1 cm 厚的发片。

3）不提升角度，用漂粉 +9% 双氧乳按 1：2 调配，距离发根 3 cm 做段染，用锡纸贴合并依次向上涂抹。

4）漂色完成后，根据设计上色，最终完成金橙色像素染。

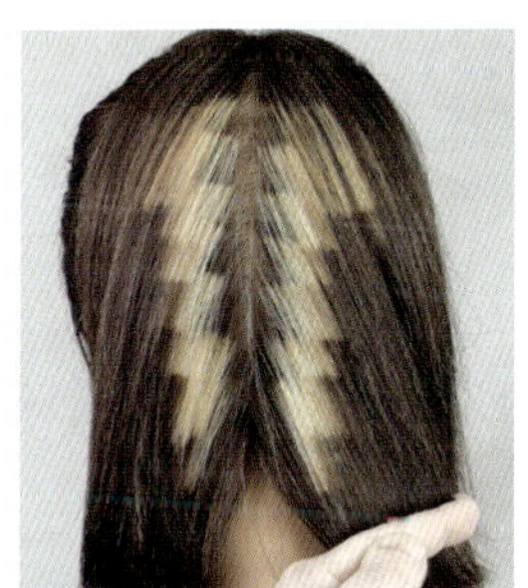

漂色完成效果

染色完成效果

三、改色技术运用

1. 改色技术运用一

【造型要求】原发色是染过一个月的 7/45，目标色是 6/5。

【染色分析】原发色为 7 度的红色，需要做 6 度的棕色。在三原色色环中，红色和绿色是对冲的互补色，两色相加会得到棕色。

【准备用品】教习头模、尖尾梳、分区夹、6% 双氧乳、0/22 染膏、漂粉、染碗、染刷、围布、手套、隔离霜等。

【操作步骤】用 0/22 染膏 + 漂粉 +6% 双氧乳按 5：3：10 调配，以一次性全染的方式涂抹，等颜色达到所需效果后冲水。

特别提示

如果原发发质健康，需要显色快，可以选用 9% 双氧乳进行调配。

2. 改色技术运用二

【造型要求】底色是染了一个月的 8/5，目标色是 8/43。

【染色分析】新选的目标色和现有色度一样，但色调不一样，需要进行洗色。

【准备用品】尖尾梳、分区夹、漂粉、6% 双氧乳、12% 双氧乳、8/43 染膏、洗发水、染碗、染刷、围布、手套、隔离霜等。

【操作步骤】

1）调配洗色剂，用漂粉 +12% 双氧乳 + 水 + 洗发水按 1：1：2：2 调配。

2）将洗色剂快速以洗发的方式在头发上打出泡沫，停留 20~30 min，洗净，吹干，可以在不漂浅头发色度的同时带走原有的色调。

3）用 6% 双氧乳 +8/43 染膏调配，按正常染发步骤完成改色。

相关链接

染发褪色的原因与应对措施

1. 染发褪色的原因

（1）上色时间不足，人工色素未能充分氧化。

（2）受损发质属多孔性，人工色素不能长期依附在多孔性发质中。

（3）浅色头发染深时，没有进行“打底色”。

（4）选择的双氧乳浓度不准确。

（5）在白发染彩时，没有将基色加在目标色中。

（6）染后频繁洗发。

（7）用热力过强的吹风机吹头发。

（8）加强色添加过多。

（9）将漂粉和染膏调配在一起使用。

2. 染发褪色的应对措施

（1）上色时间必须充足。

（2）浅色头发染深时，必须先上底色再进行染色。

（3）白发染彩时，必须加适量基色。

（4）染发后的日常洗护，应选用锁色洗发水。

课堂提问

1. 染过 6/22 的头发要改成黄色，应该如何调配染膏？
2. 简述改色技术运用。

课后练习

一、判断题（将判断结果填入括号中。正确的填“√”，错误的填“×”）

1. 6% 双氧乳对白发的覆盖效果极佳。（　　）
2. 白发染彩时，染膏的用量和停留的时间要充足。（　　）
3. 染膏充分氧化，色素才牢固。（　　）
4. 同一种染膏在不同头发底色上呈现的色彩相同。（　　）
5. 漂浅后的头发里面残留的黄色，不会影响目标色的呈现。（　　）

二、单项选择题（选择一个正确的答案，将相应的字母填入题内的括号中）

1. 发根上色时，应按照（　　）的顺序进行。

A. 高温区→中温区→低温区　　B. 低温区→中温区→高温区

C. 中温区→低温区→高温区　　D. 中温区→高温区→低温区

2. 目标色是 7/43，现有发色是 7/3，头发需要先进行（　　）。

A. 洗色　　B. 漂色　　C. 染色　　D. 褪色

3. 漂浅后的头发中残留的黄色有时会影响（　　）的呈现。

A. 底色　　B. 目标色　　C. 基色　　D. 加强色

4. 白发数量在（　　）左右，染发时不用添加基色。

A. 10%　　B. 30%　　C. 50%　　D. 70%

5. 染发剂过敏测试时，染发剂停留在皮肤上的时间应在（　　）h 以上。

A. 3　　B. 6　　C. 12　　D. 24

参考答案

一、判断题

1. √　2. √　3. √　4. ×　5. ×

二、单项选择题

1. B　2. A　3. B　4. A　5. D

第3篇

发型设计

引导语

发型设计是一个复杂的过程，需要设计者对发型的结构布局、块面形状、纹理线条、发丝流向等特点有深刻的了解。

第 5 章 型的设计

外型包括外型线条（简称外线）形状和外轮廓形状。外线形状是指头发自然下落时，头发靠近皮肤的线条形状，包括刘海、鬓角、后颈部的外线形状；外轮廓形状是指发型外部轮廓的形状，可以通过修剪和造型进行变化。

内型是通过层次修剪、纹理调节等各种造型手段，改变发型的质感和流向，并可以调整发型外部轮廓的内部形状。

层次的结构在决定整体框架的同时，也决定了外型和内型的基础框架。纹理的调节是对外型和内型基础框架的细化调整，甚至可以改变外型和内型的形状。发型的外线形状、内型变化是发型变化的基础。

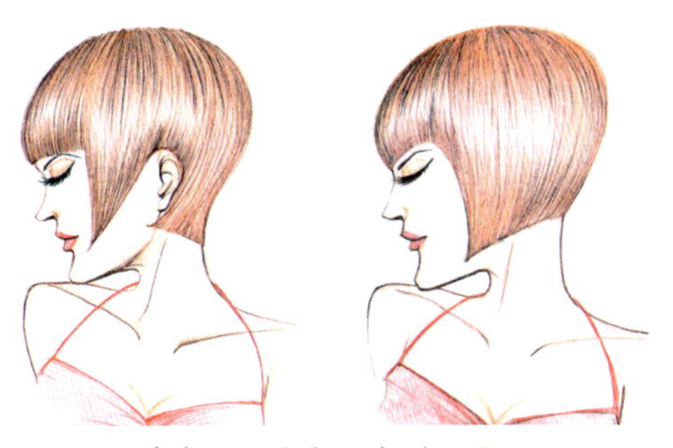

外线形状改变而内型不变

1. 外线形状改变而内型不变的发型

变化明显，发型的外线变化直接影响发型的形状变化，会产生比较强烈的视觉改变。

外线形状不变而内型改变

2. 外线形状不变而内型改变的发型

变化柔和、不明显，发型的内型纹理变化只是影响头发的厚薄、流向的改变，并不会过多影响发型形状，产生比较含蓄的视觉改变。

第 1 节　外线的设计

一、外线的基础知识

1. 外线的特点

（1）外线是由发际周边自然下落的头发组成的。

（2）外线一旦修剪成形，它的可变性很小。

（3）头发越短，外线的可变性越小。

（4）头发越长，外线的可变性越大。

（5）发型外线的形状变化比厚薄变化更直观和明显。

2. 外线的构成

外线的构成有两种，一是单独存在的，二是由内型线条延伸的。

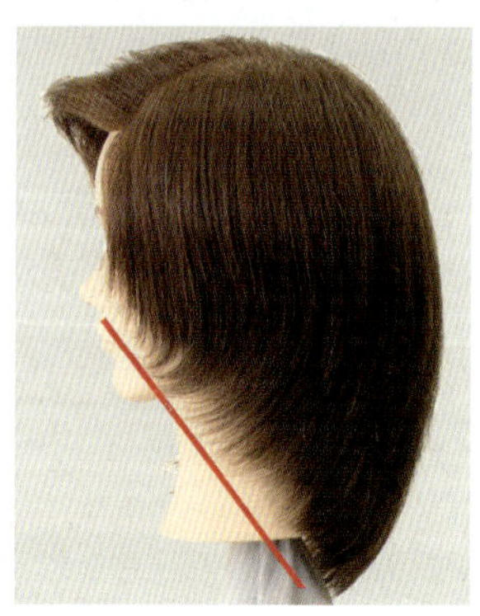
单独存在

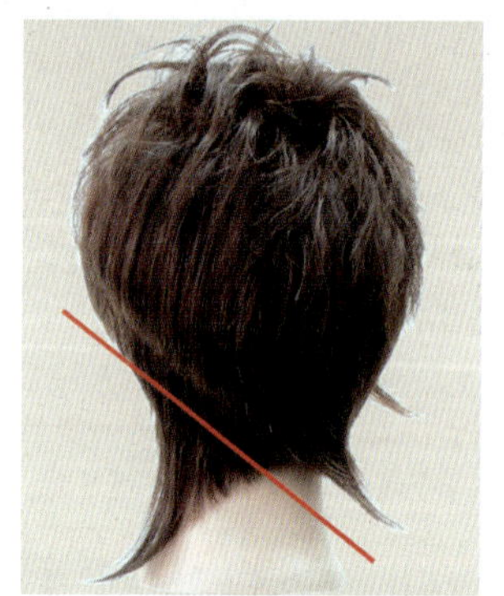
由内型线条延伸

3. 外线的作用

（1）量感分配。外线有集中、分散量感的作用。

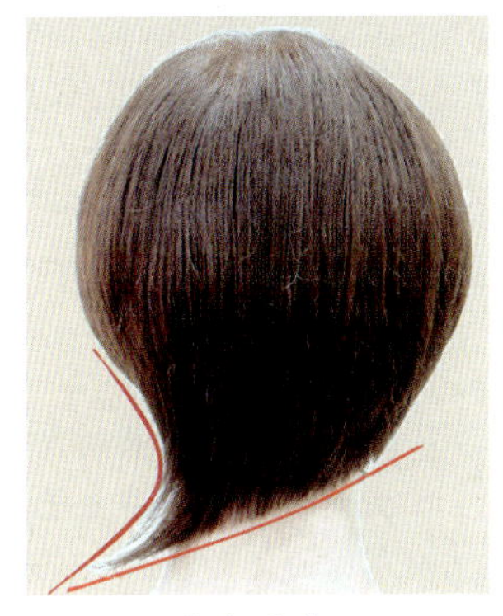
集中量感

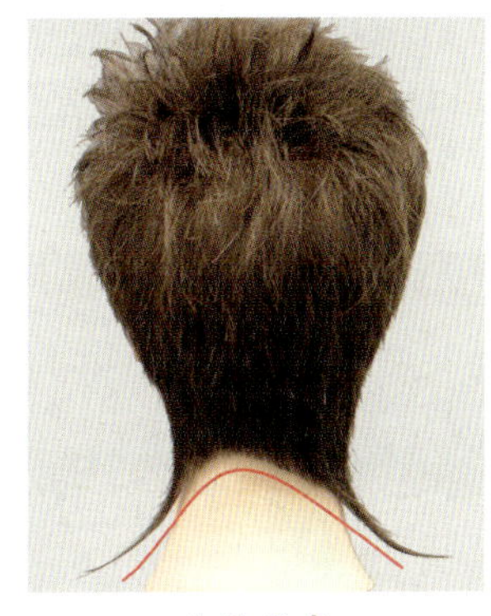
分散量感

（2）表现不同的动态方向。发型的鬓角因线条的形状不同呈现不一样的动态方向。

向前的动态方向

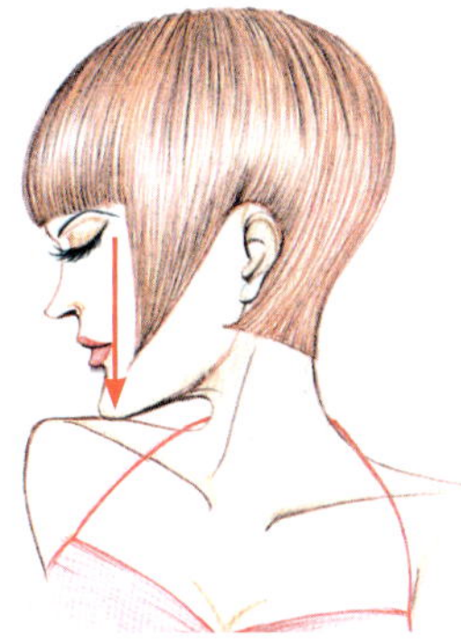
向下的动态方向

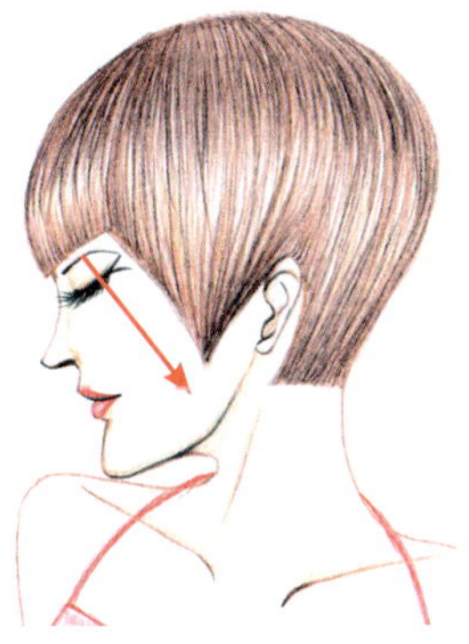
向后的动态方向

（3）改变发型。外线可以改变发型，从而改变 个人的整体形象。

不同外线的刘海，展示不一样的个人形象

二、外线的形成和线条

外线的形状受层次修剪、纹理调节等影响，决定了发型的厚薄、方向和量感。

1. 外线的形成

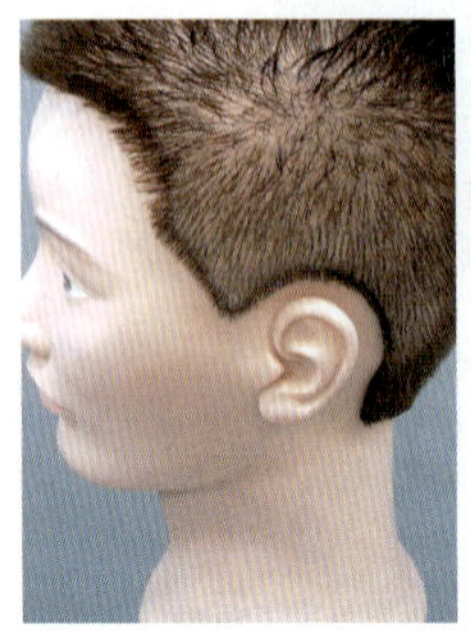
前侧发际线

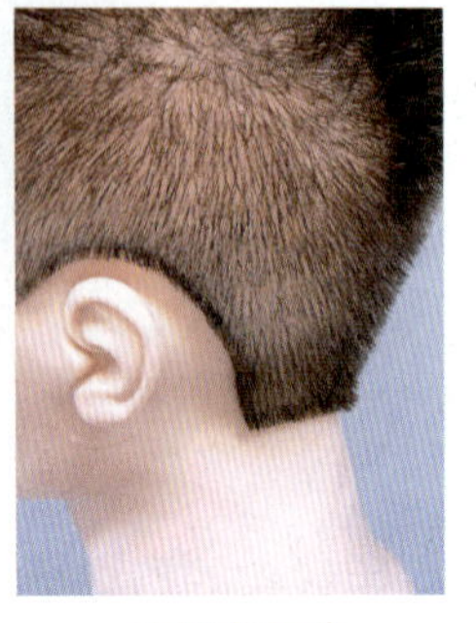
后侧发际线

（1）由自然生长的发际线决定。发际线的形状是自然生长的，每个人都有不同的发际线形状，是不可改变的。对于超短发来说，发际线就是外线。

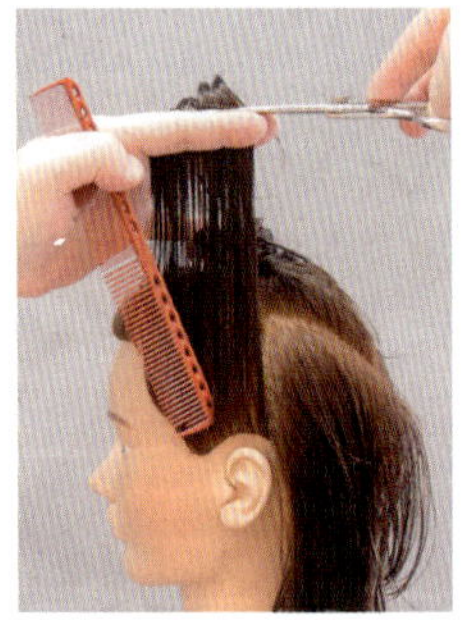
进行层次修剪

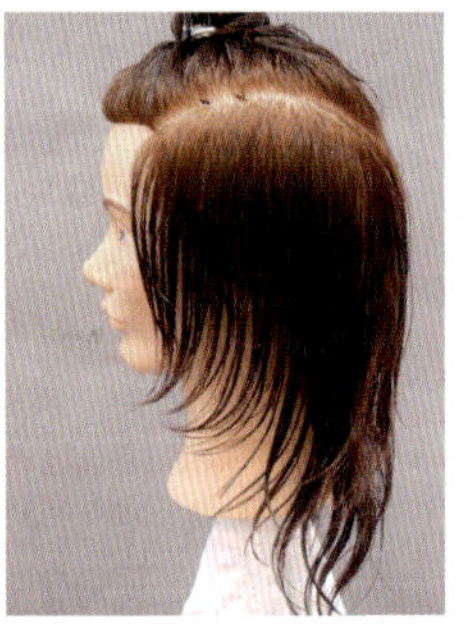
自然下落形成的外线

（2）由层次的结构决定。修剪后头发自然下落形成的底线线条就是发型的外线，外线的形状与层次的结构有着极大的关系。

直接对刘海进行修剪

直接对鬓角进行修剪

（3）由直接的线条修剪决定。直接对刘海或鬓角进行修剪，会形成新的外线，呈现新的发型。

2. 外线的线条

虚线——通过高层次的修剪或大量去除发量而形成，虚线在视觉上可以使外线虚而无形，在消除外型量感的同时，有着缩短发长的视觉感受，可以柔和脸部轮廓。

实线——通过低层次的修剪或直接的硬线切取而形成，在增加外型量感的同时，有着增加发长的视觉感受，可以强调脸部轮廓。

无论虚线和实线，都可分为水平线、垂直线、后斜线、前斜线、凸线、凹线。这六种线条的运用可以表现不同的效果，增加发型的变化。

水平线——可以运用在任何部位，有增加宽度的视觉感受，使窄脸显得宽一些，也会产生量感下压的视觉感受。

垂直线——在耳前或耳后单独出现下沉的垂直线，有着拉长脸型或颈长、使宽脸显窄的视觉感受。

后斜线——有向前向上冲、量感却向后集中的视觉感受，整体显得平衡。

前斜线——有向后向上收、量感却向前向下分散的视觉平衡感，适合脸型较长、较大者，斜线前线（靠近脸部）的长度应超过下巴。

凸线——可以运用在任何部位，有分散中间量感、拉长脸型长度的视觉感受，适合脸型或颈部较短者。

凹线——可以运用在任何部位，有向中间集中量感、下坠的视觉感受，适合脸型或颈部较长者。

 相关链接

视觉错位

1. 线条的视觉错位

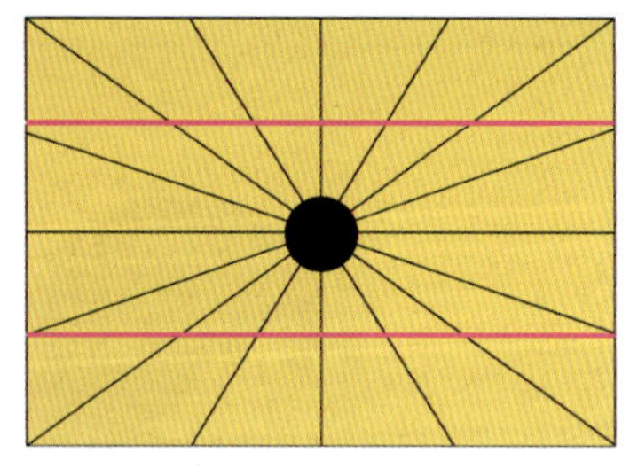

上图中的两条红色直线，在中间圆形和发散直线的影响下，看起来像两条弧线。

在实际造型操作中，也会运用这一原理。

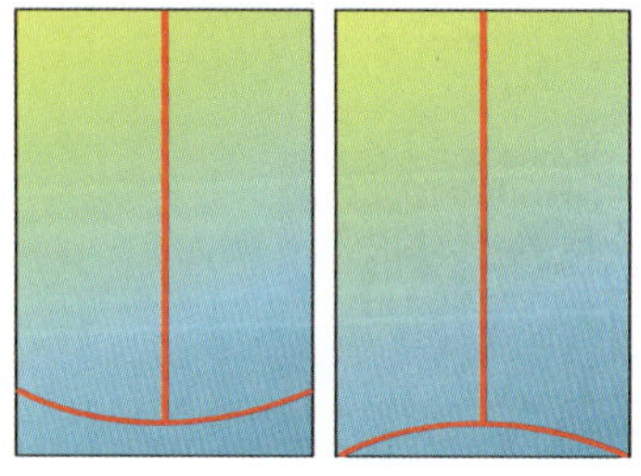

上图中的两条红色竖线是等长的，但在下方两条弧线的影响下，出现了长短不同的视觉效果。凹线有缩短的视觉感受，而凸线有拉长的视觉感受。

2. 视觉错位的纠正方法

（1）线条长短变化——放量处理。在修剪发型时，要考虑干发与湿发的不同弹性。从视觉上感受，虚化的外线会比实际的长度短，这就需要在修剪时，综合外线位置、头发弹性及虚化程度来决定头发长度的放量程度。

（2）线条曲直变化——矫枉过正。在修剪时要求剪一条水平的直线，在实际的操

作中，需要修剪出一定的外凸或内凹弧度。

（3）线条虚实变化——虚实结合。发型虚化的外线，要做形状的修饰，以达到虚而有形；发型厚实的外线，要做虚化的修饰，以达到实中有虚。

三、五区九线的设计

在DX系统理论中，提出“五区九线”的设计，这是全新的设计理念和思维方式。

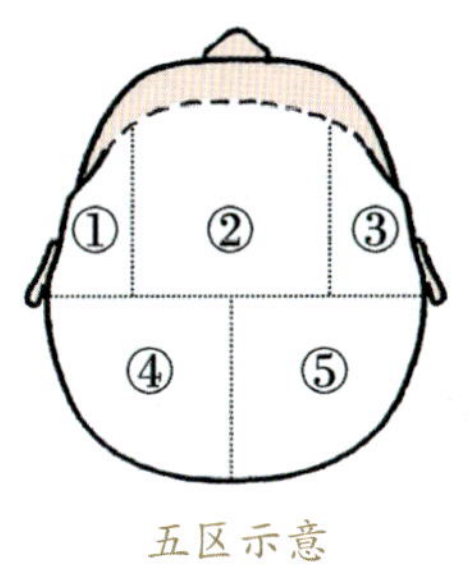

五区示意

五区是固定的设计划分，分成五区的目的是为了更明确对九线的划分。五区包含：①前左侧区；②头顶区；③前右侧区；④后左侧区；⑤后右侧区。

在这五个区中，除了②区只有一条刘海的外线，其他四个区都有两条外线，这样就形成了九线。

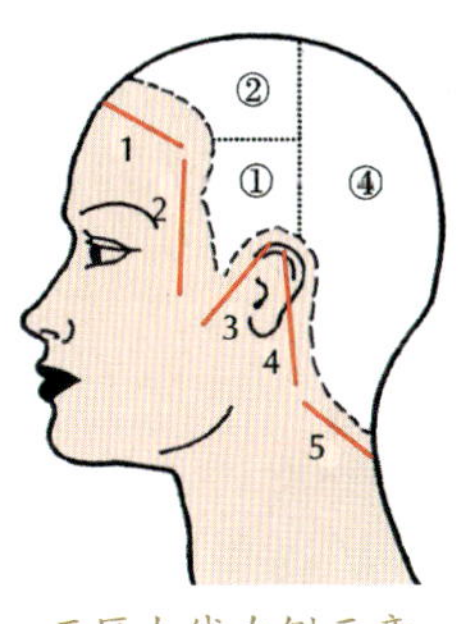

五区九线左侧示意

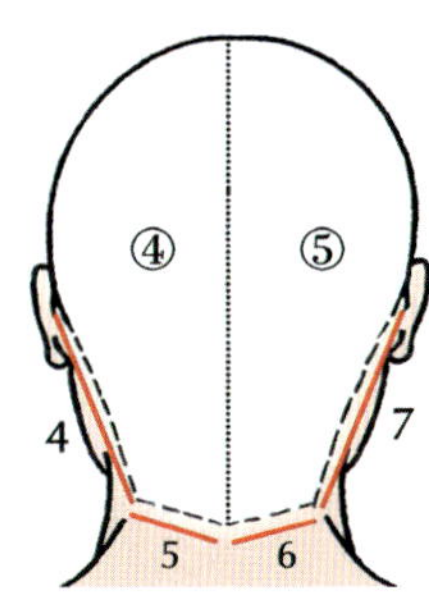

五区九线后部示意

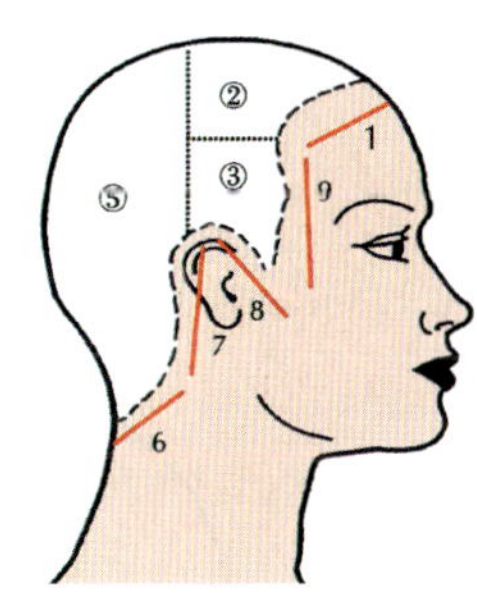

五区九线右侧示意

外线的变化从整体上来说是线条的虚实、曲直以及所处位置的变化。从设计的角度来说，九线设计可以是单线设计，也可以是连线设计。

1. 单线设计

单独线条的设计变化是九线最基础的变化，可以通过改变线条的虚实、曲直来改变外线的形状。例如，刘海的形状可以修剪成九种形状的线条，再加上实线和虚线的变化，可以形成18种变化。

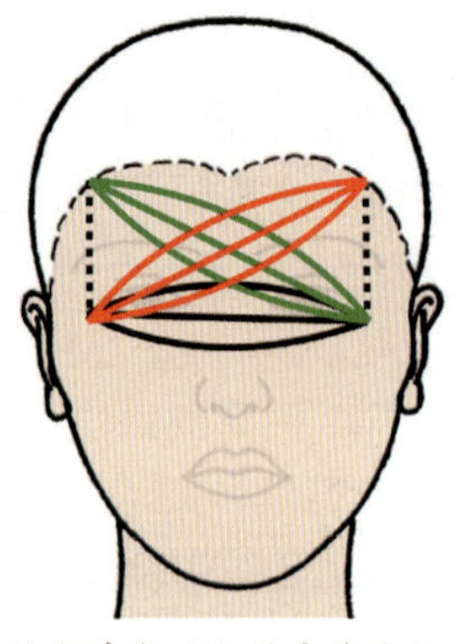
刘海单线的九种实线变化

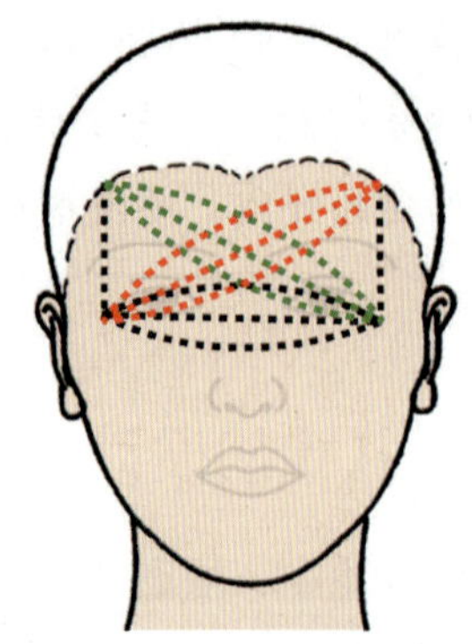
刘海单线的九种虚线变化

（1）刘海是水平单虚线的设计。

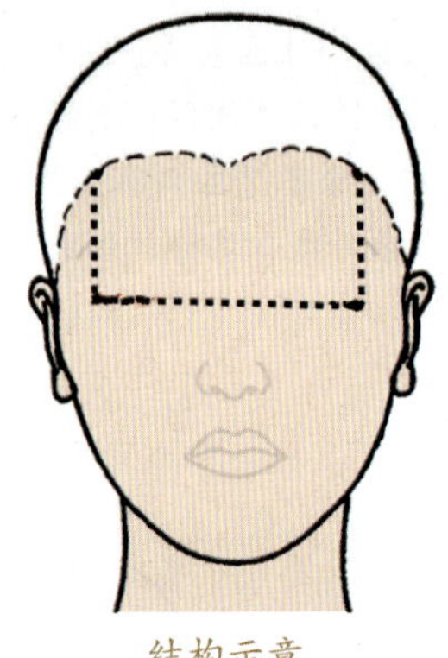
结构示意

实际效果

（2）刘海是向右凸实线的设计。

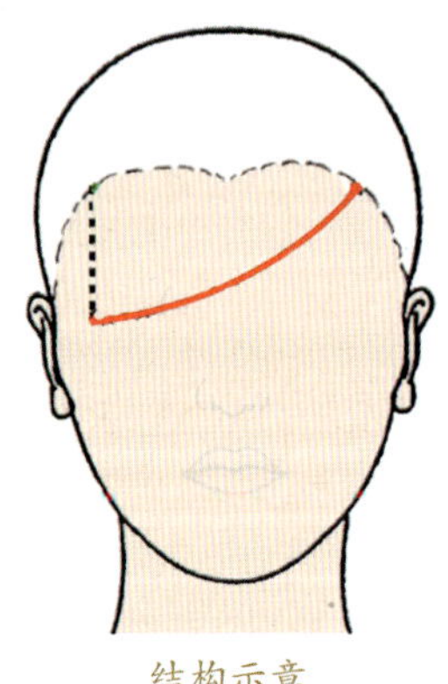
结构示意

实际效果

（3）后颈线条是 4、5、6、7 这四条单实线的设计。

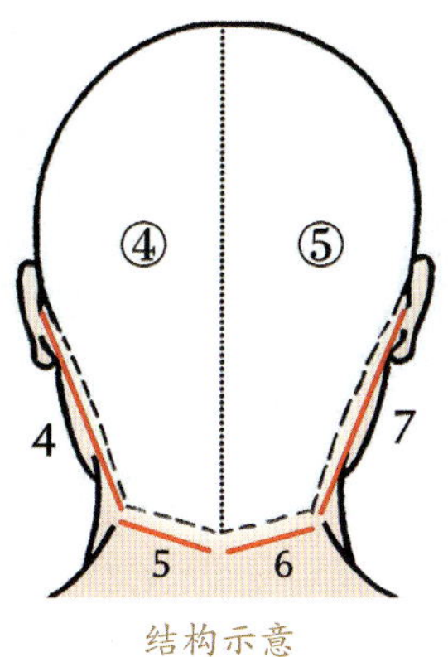

结构示意

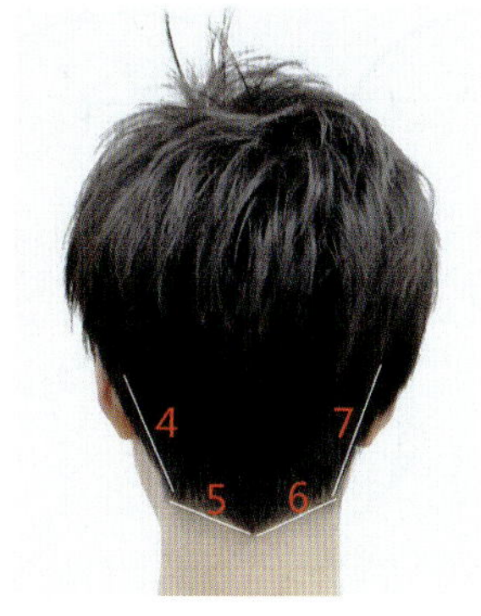

实际效果

（4）刘海、鬓角和左后侧是1、2、3、4、5这五条单实线的设计。

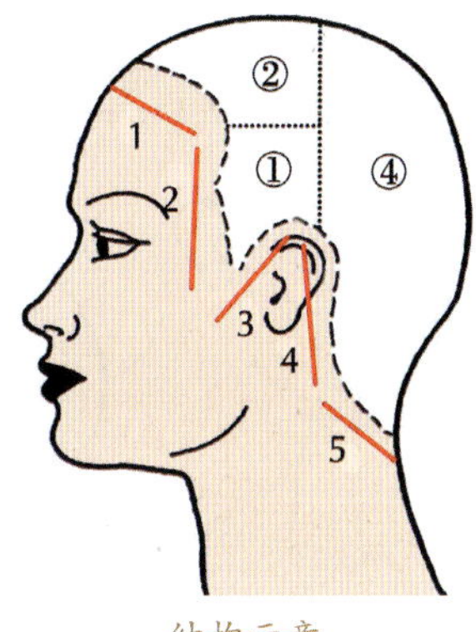

结构示意

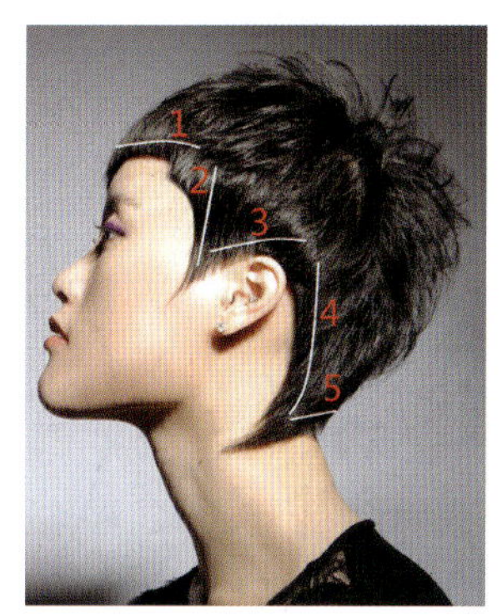

实际效果

2. 连线设计

线条连接的设计变化，在设计中可以两线或三线连成一线，也可以八线或九线连成一线。连成一线的位置、虚实、形状的不同组合变化，可以给发型的外线设计带来丰富的变化。

（1）后颈部连线设计。例如，以下是后部与右侧5、6、7、8、9五条线的实线连线设计。

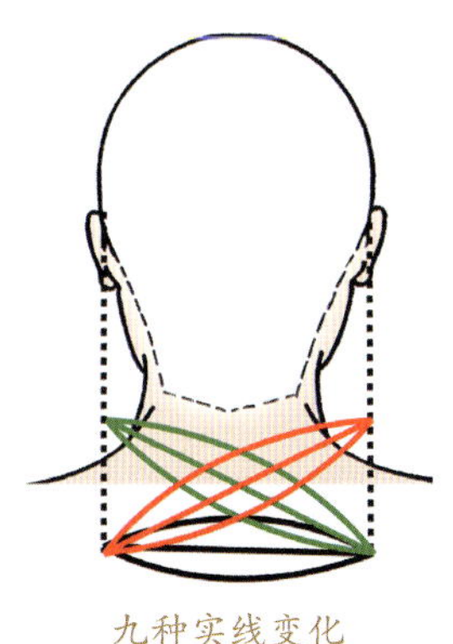

九种实线变化

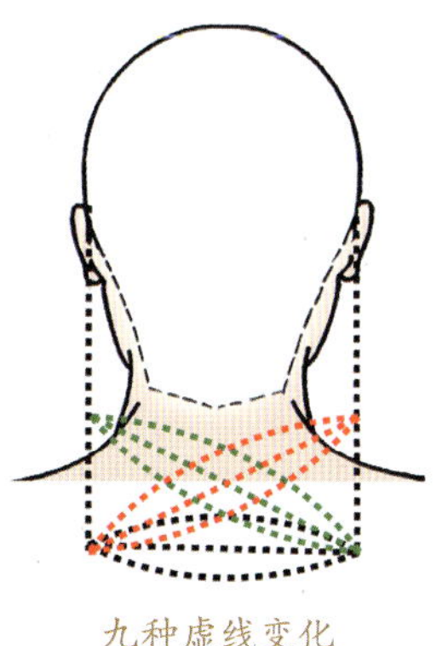

九种虚线变化

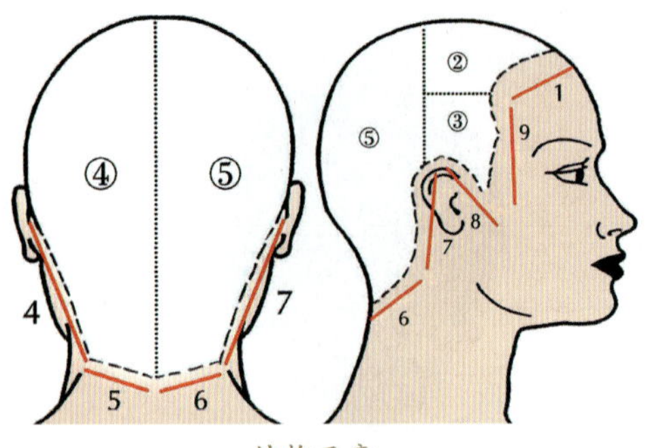

结构示意

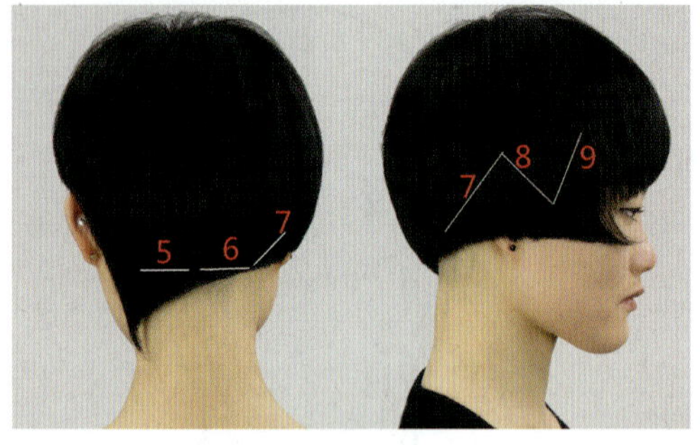

实际效果

（2）侧面连线设计

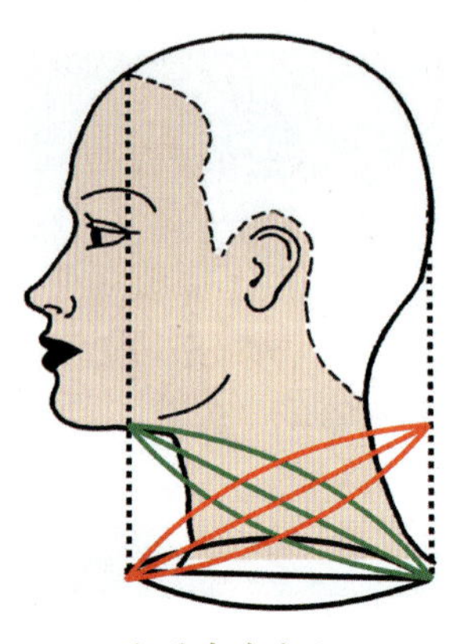

九种实线变化

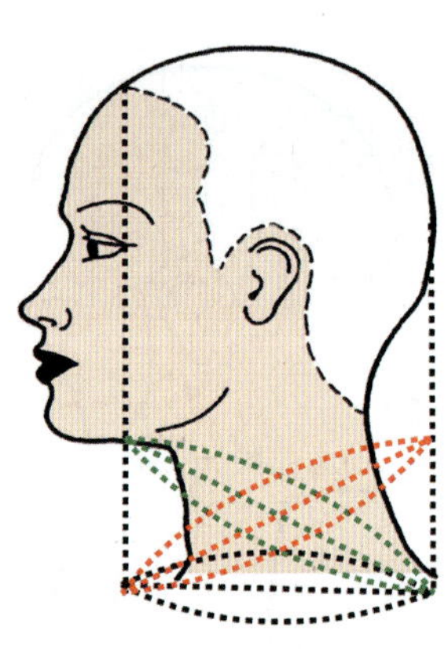

九种虚线变化

1）侧面是前斜的实线连线，是 2、3、4、5 这四条实线的连线设计。

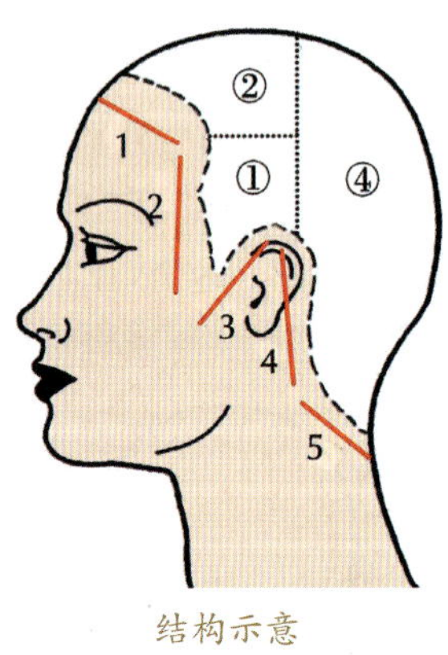

结构示意

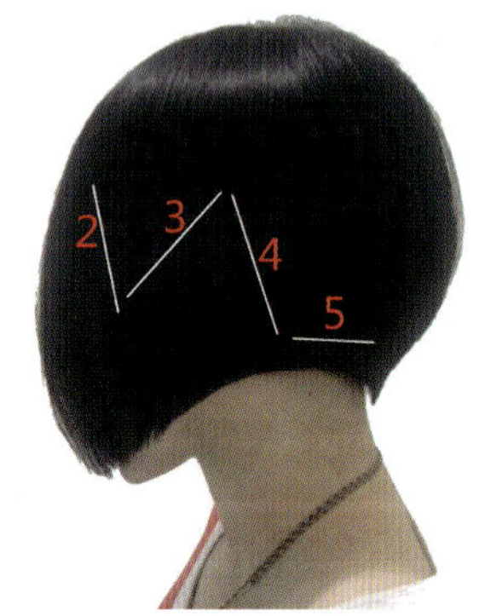

实际效果

2）侧面是水平的实线连线，是 2、3、4 这三条实线的连线设计。

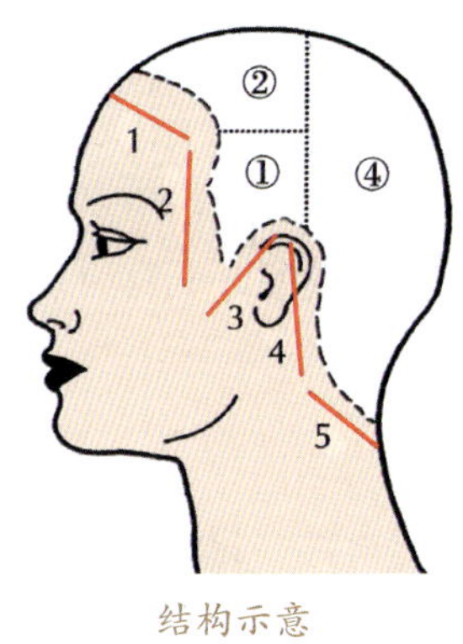

结构示意

实际效果

（3）前侧面连线设计。例如，以下是刘海与左侧面1、2、3、4这四条实线的连线设计。

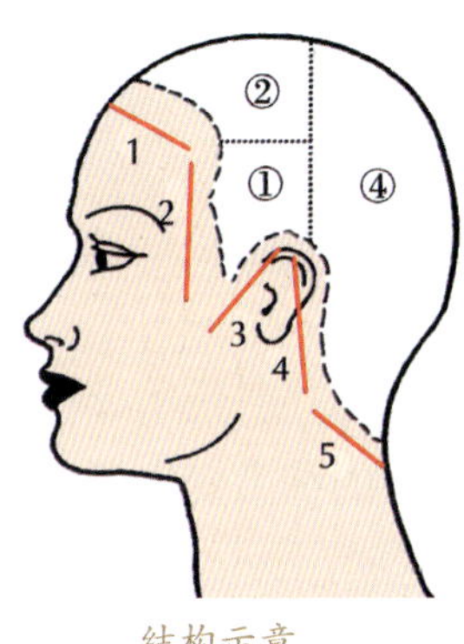

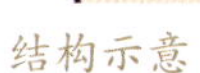
结构示意

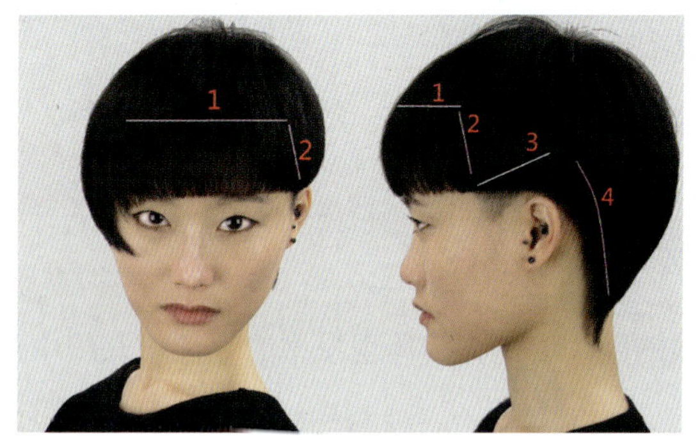

实际效果

四、外线的组合形式

1. 对称组合

对称是平衡的设计，同时也用于从视觉上强化脸型、头型、五官、肩颈对称的特征，可以在线条虚实、长短、形状、位置的变化上进行设计。

刘海左右对称的设计

后颈左右对称的设计

2. 不对称组合

不对称是发型左右线条虚实、长短的不同设计和位置安排，可以给发型设计带来许多变化和视觉冲击，同时也用于从视觉上转移脸型、头型、五官、肩颈不对称的特征。在设计时，一定要在不对称中寻求平衡感。

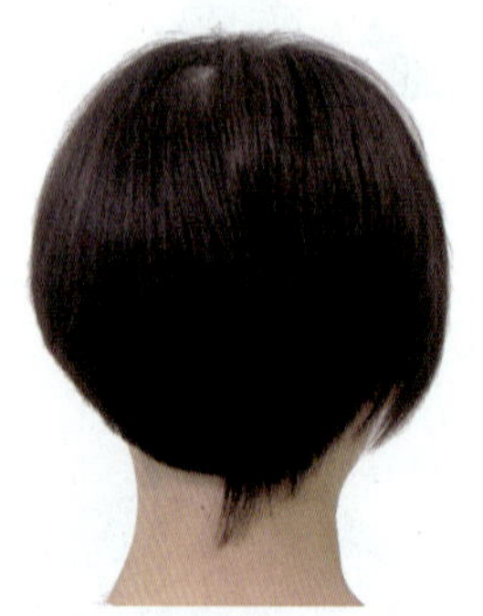

后颈部不对称的设计

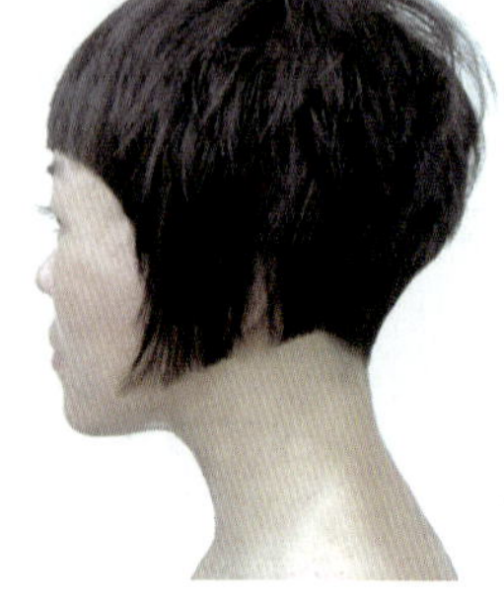

两侧不对称的设计

3. 单线扩展组合

外线的九线变化直接体现发型的变化，九线中每一条线的细微变化都会带来发型的改变。

（1）对侧面线条进行单线扩展式修剪，侧面的线条由多根线条组成。

（2）对刘海线条进行单线扩展式修剪，刘海的线条由多根线条组成。

单线扩展式的侧面线条

单线扩展式的刘海线条

4. 虚实组合

如果在外线的修剪设计中运用虚实对比、交替、叠加等组合，就会大大增加发型的变化。

虚实对比的外线组合

虚实交替的外线组合

虚实叠加的外线组合

课堂提问

1. 简述外线的特点和作用。
2. 简述外线的线条种类。
3. 简述五区九线的概念与设计。

课后练习

一、判断题（将判断结果填入括号中。正确的填“√”，错误的填“×”）

1. 垂直线有增加宽度的视觉感受，使窄脸显得宽一些。（　　）
2. 前斜线有向后向上收、量感却向前向下分散的视觉感受，适合脸型较大的人。（　　）
3. 层次修剪、纹理调节等会影响外线的形状。（　　）
4. 放量处理是纠正视觉错位的方法之一。（　　）
5. 不对称的设计不需要平衡。（　　）

二、单项选择题（选择一个正确的答案，将相应的字母填入题内的括号中）

1.（　　）改变而内型不变的发型，其变化是明显的。

A. 内型线条　B. 纹理　C. 整体　D. 外线形状

2.（　　）有拉长脸型或颈长的效果。

A. 虚线　B. 实线　C. 水平线　D. 垂直线

3. 九线设计可以是（　　）设计。

A. 外线和内线　B. 单线和连线　C. 外线和连线　D. 单线和双线

4. 在外线的修剪设计中运用（　　）对比、交替、叠加等组合，可以大大增加发型的变化。

A. 内型　B. 虚实　C. 层次　D. 剪切

参考答案

一、判断题

1. ×　2. √　3. √　4. √　5. ×

二、单项选择题

1. D　2. D　3. B　4. B

第2节　内型的设计

发型的呈现只有外线的设计是不够的，需要与内型的设计组合。与外型相比，内型的自由度更灵活。

一、内型线条形状的分类

内型线条的形状主要由层次结构、头发长短、修剪的线条形状所决定；层次结构的改变直接影响内型形状的变化和纹理动静的变化。层次结构越高，内型形状越不明显；层次结构越低或断层，内型形状越明显。内型形状大多表现在发型的周边区域。

1. 内型线条形状等同于外线形状

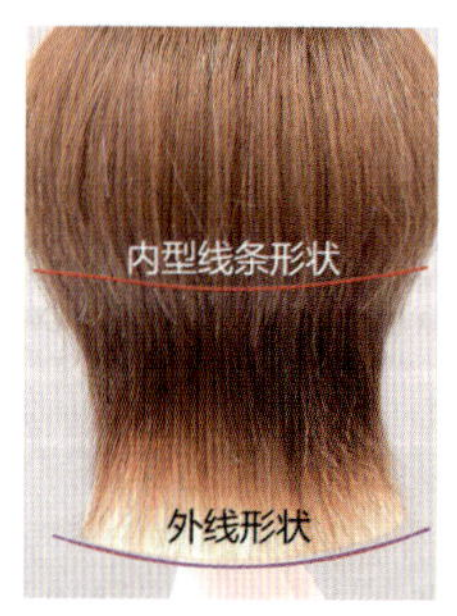

（1）在外线上的高角度修剪，有消融的量感区或量感线。

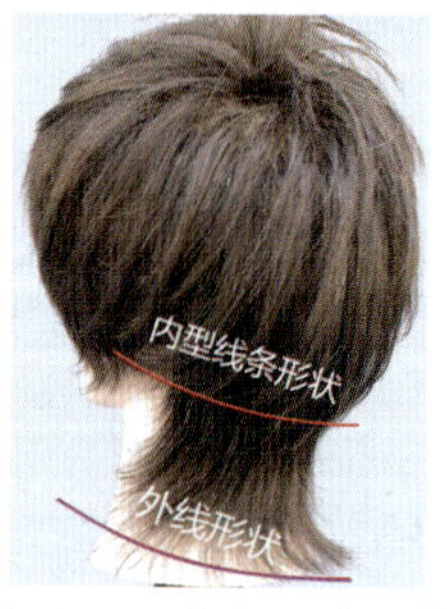

（2）在外线上的低角度修剪，有明显的量感区或量感线。

2. 内型线条形状不同于外线形状

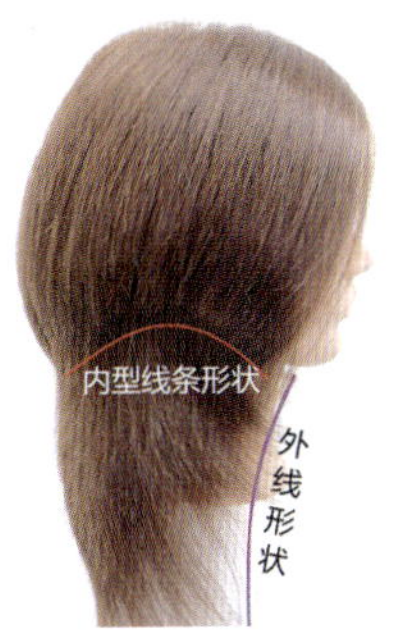

（1）内型线条形状与外线形状区别很大。

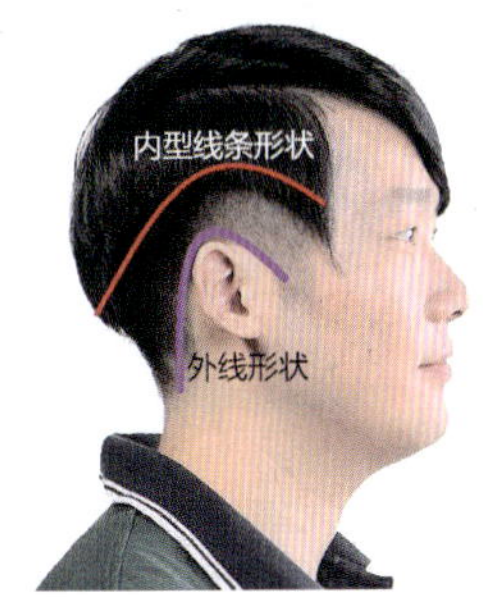

（2）内型线条形状与外线形状有明显不同。

3. 内型线条形状与外线形状相连接

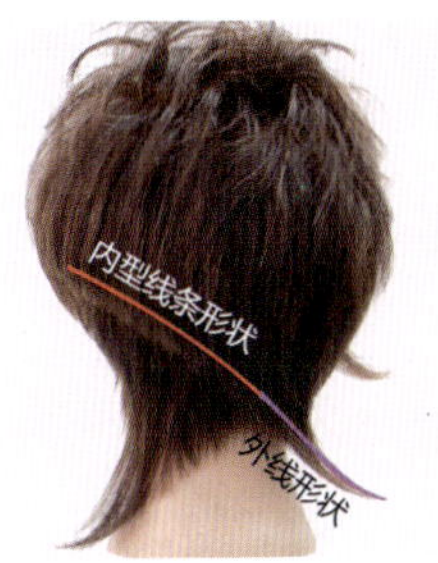

（1）内型线条与外线连接成一条斜线。

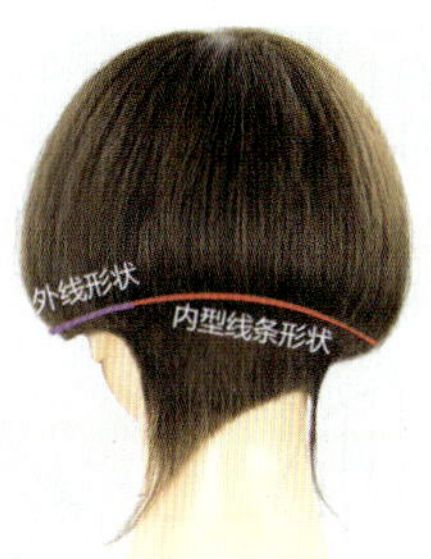

（2）内型线条与外线连接成一条近似水平的线。

二、内型的形状

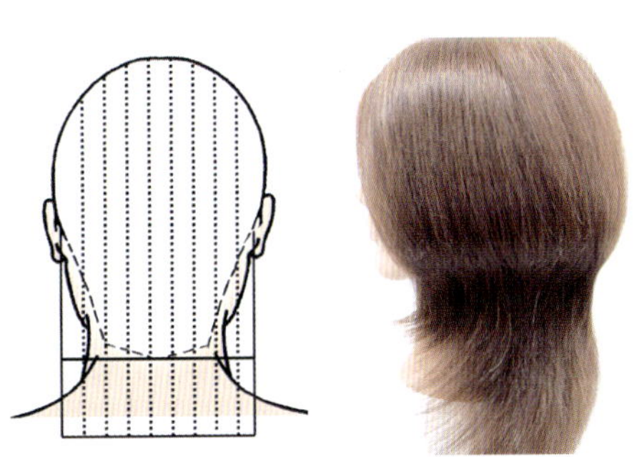

1. 直线方形

无论形状的高低，内型呈水平直线方形，有拉宽设计区域和制造视觉量感的作用。

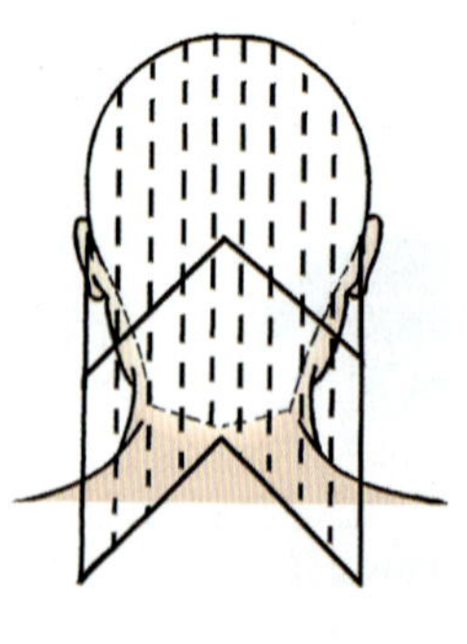
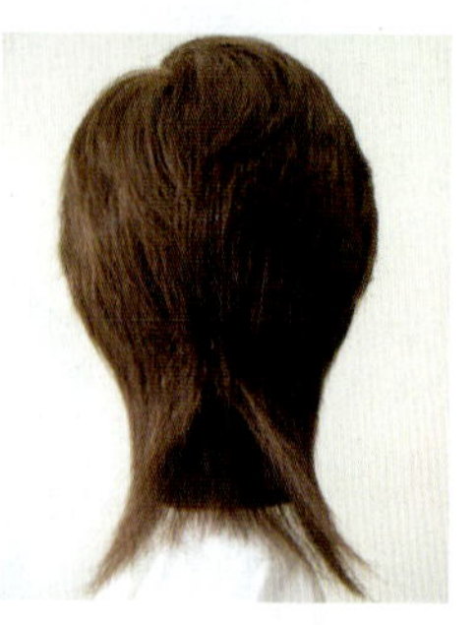

2. 正三角锥形

无论形状的高低，内型呈倒V形，有外斜向下、分散量感的作用。

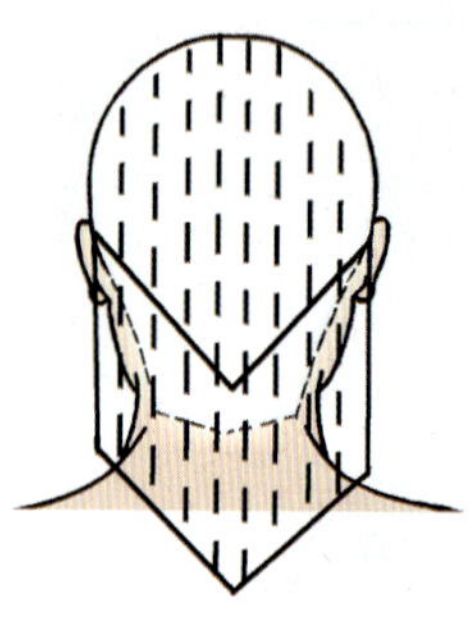
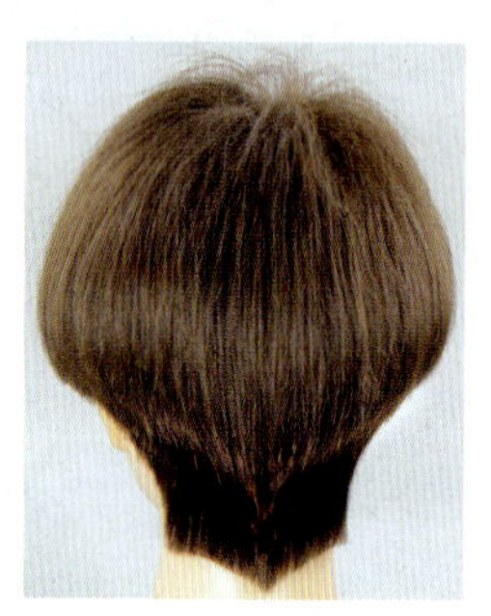

3. 倒三角锥形

无论形状的高低，内型呈V形，有向下集中量感的作用。

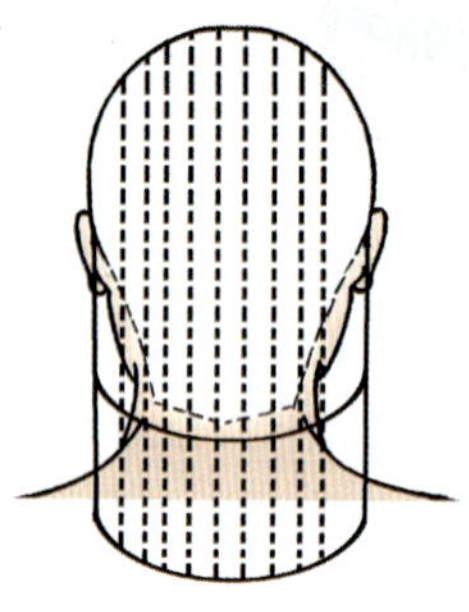

4. 凹线外弧球形

无论形状的高低，内型呈外弧形，有下垂量感的作用。

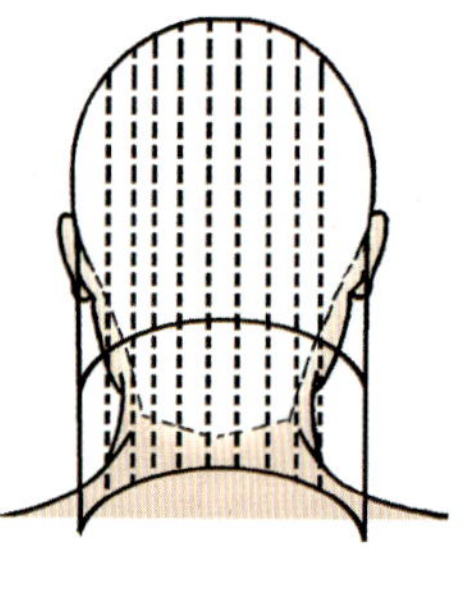

5. 凸线内弧球形

无论形状的高低，内型呈内弧形，有向两侧分散量感的作用。

三、发区的特点和分区设计

1. 发区的特点

头部区域根据头型特点、发流方向、发量分布等进行划分。

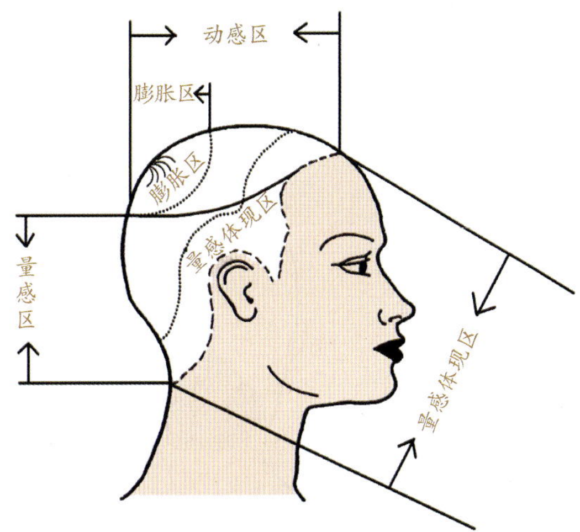

（1）顶部区域承担着发型纹理与动态的调整，可划分为动感区和膨胀区。

1）动感区。动感区是前额角向后包括发旋在内的头顶区域，动感区的头发长度影响发型纵向轮廓的高低。

2）膨胀区。膨胀区是发旋周围的区域，是发流方向的起点，它是头发中最具弹力的区域，同时影响发型纵向轮廓的高低。

（2）周边区域承担着发型量感与轮廓的调整，可划分为量感区及量感体现区。

1）量感区。量感区是动感区以下的周边区域，量感区影响发型横向轮廓的大小。

2）量感体现区。量感体现区是离发际线 2~3 cm、发量较稀少的区域，它的变化直接体现发型外型厚薄量感的变化。

2. 分区设计

不同分区的形状会影响内型的形状，分区的形状是多变的，没有特别规定，如方形、正三角形、倒三角形、圆形等。分区设计的形状是对几何形的借取、嫁接、变异，可以加入不同的创意，形成变形的方形、三角形和圆形。

（1）方形分区。直线区域划分，容易产生量感均匀的直线边线，因层次的不同，发量向下堆积或向上分散。

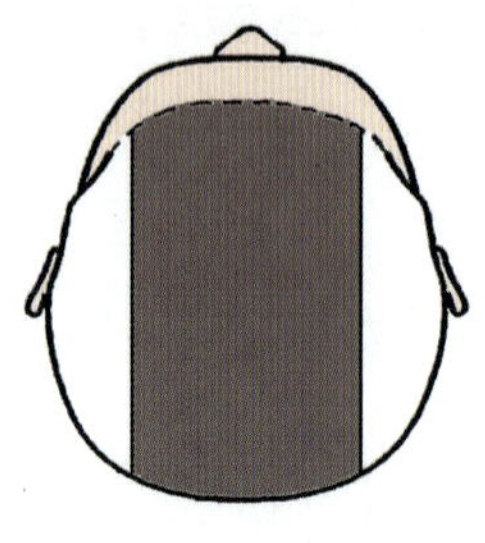

（2）正三角形分区。向下分散发流，拉宽轮廓宽度，视觉上有缩短的效果。

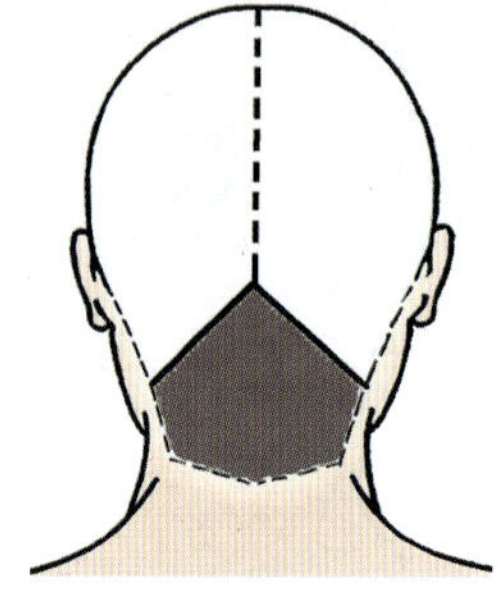

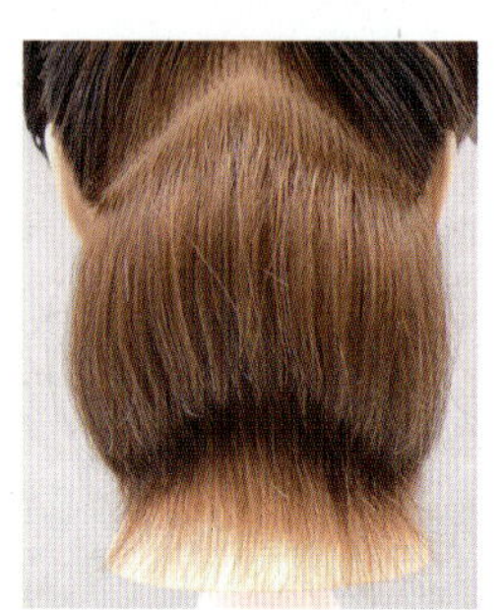

（3）倒三角形分区。向下集中发流，收缩轮廓宽度，视觉上有拉长的效果。

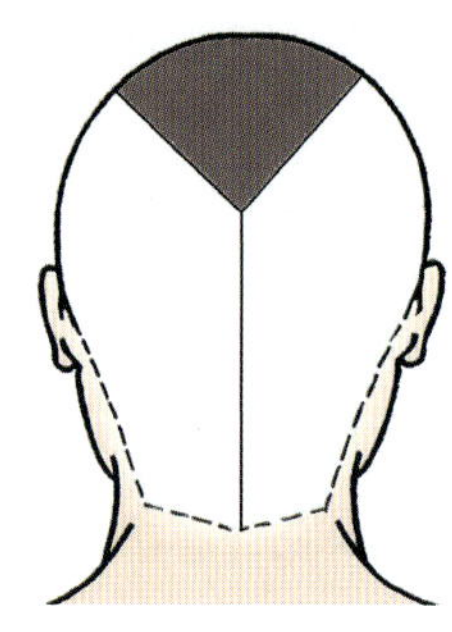

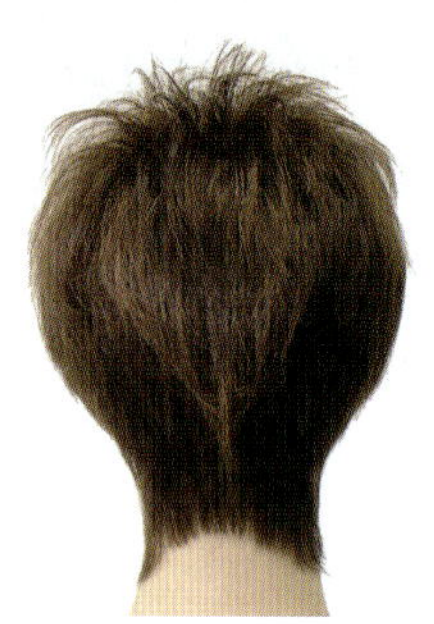

（4）圆形分区。多用于发旋处，发区直径可大可小，向周边分散发流。

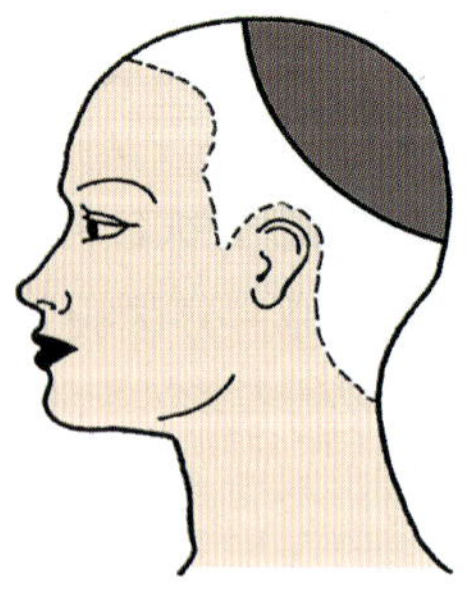

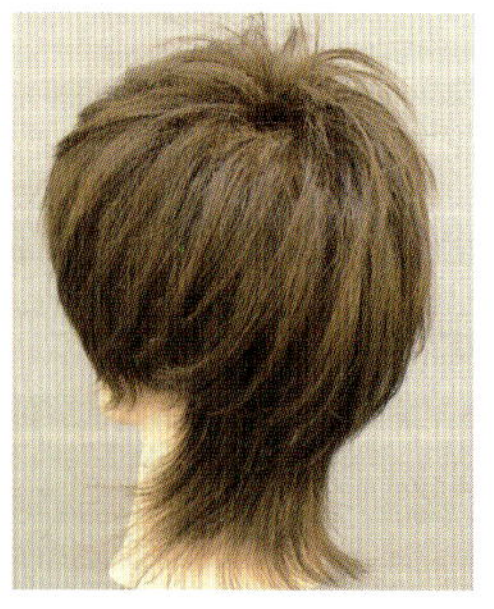

交叉创意分区

不对称创意分区

三角形创意分区

特别提示

1. 层次修剪时所需的分区形状与内轮廓的形成有许多关联，甚至还决定着外线的形状。

2. 分区与分区之间的头发长度是对比强烈的不连接的层次结构，分区形状显现的效果十分明显，并带来强烈的视觉冲击。

3. 了解设计分区与头部区域的特点和相互之间的关系，对发型设计有很大的帮助。

四、内型层次结构的组合

1. 内型层次结构的组合形式

（1）连接组合。连接组合是商业发型层次结构的修剪组合方式，对不同的层次结构进行连接组合。不同层次可以形成明显的外轮廓形状。

短发高低层次连接组合

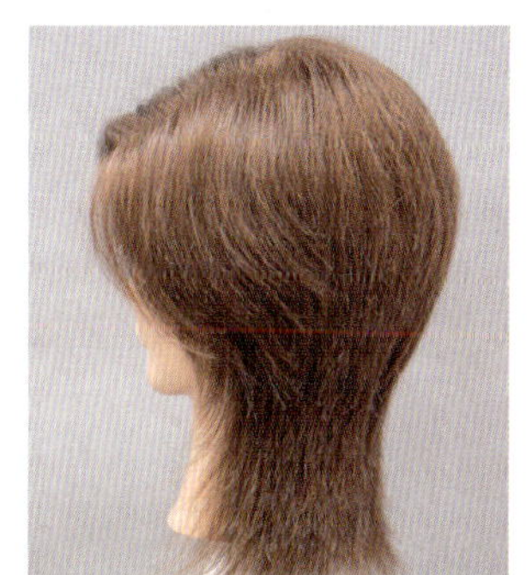
长发高低层次连接组合

（2）不连接组合。不连接组合是现代层次结构的修剪组合方式，对不同的层次结构进行不连接组合，可以制造空间感或断层感。高层次不连接组合的发型纹理明显，低层次不连接组合的发型结构明显。

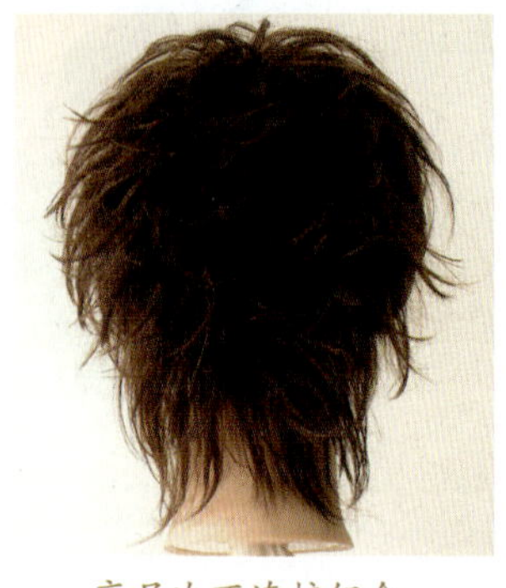

高层次不连接组合

低层次不连接组合

2. 内型层次结构的组合方式

发型中有两种或两种以上层次结构时，会相互影响，形成综合的层次效果。发型层次结构的组合主要分为以下四种。

上下组合

左右组合

前后组合

倾斜组合

3. 内型层次结构的组合比例

内型层次结构的不同组合比例构成不同的发型，比例大的层次结构在发型效果中占主导作用。

（1）1/3 向上外切层次与 2/3 平行外切层次组合。设计结构图中，平行去除结构的比例约为不平行去除结构的 2 倍，最后的发型轮廓效果以圆形为主导。

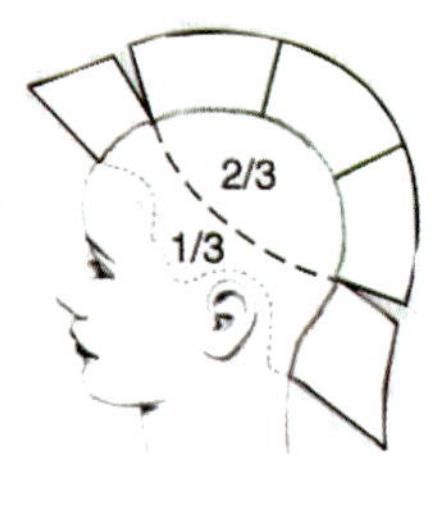

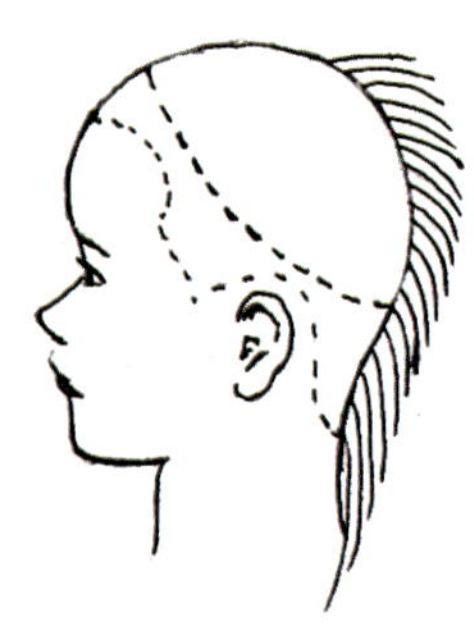

（2）2/3向上外切层次与1/3平行外切层次组合。设计结构图中，平行去除结构的比例约为不平行去除结构的1/2，最后的发型轮廓效果以长椭圆形为主导。

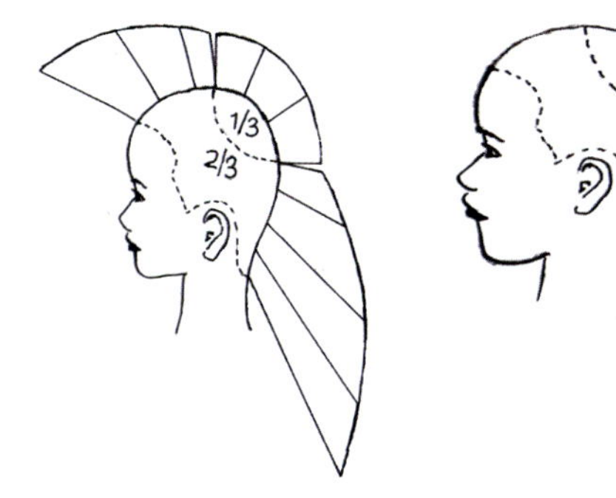

4. 设计案例

顾客外形条件：长发，倒三角形脸型，后脑扁平。

（1）设计短发。发型设计应当着重于缩小前额的宽度，可考虑四六分的刘海，发型的修剪采用低层次结构，可以在周边形成厚度。

内型为高于后颈发际线的凸线内弧球形，可以在后脑处进行量感堆积，并向两侧分散量感，以弥补后脑扁平的缺陷。

前斜的外线可以弥补脸型不足，提升后脑的视觉厚度。

两侧头发长度略超过下巴。

（2）设计中长发。厚重的齐刘海是不错的选择，整体效果应在保留头发长度的同时，在后脑形成低层次结构的内型，可以在周边形成厚度。

内型为高于后颈发际线的凸线内弧球形，可以在后脑处进行量感堆积，并向两侧分散量感，以弥补后脑扁平的缺陷。

两侧前斜的外线可以弥补脸型不足，提升后脑的视觉厚度。

头发长度为齐肩或更长。

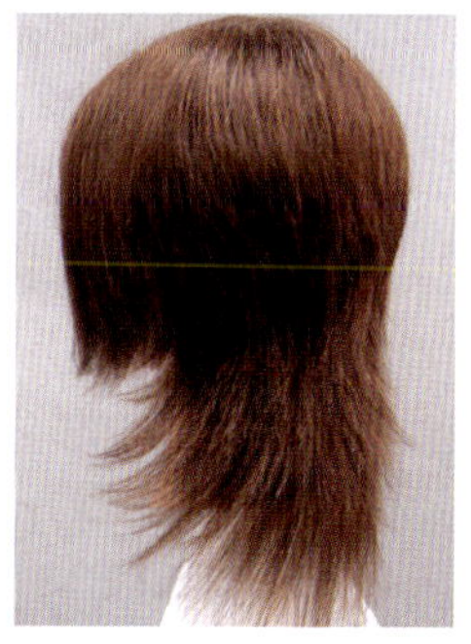

 课堂提问

1. 简述内型层次结构的组合形式。

2. 请在下面三张经典发型图片中画出内型线条和外线。

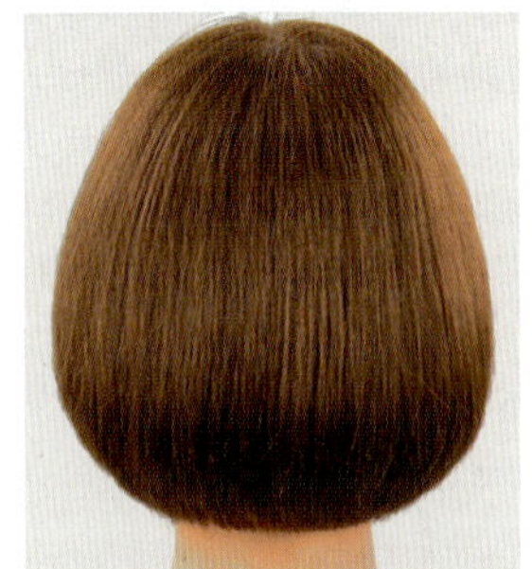

3. 请在下面三张商业发型图片中画出内型线条和外线。

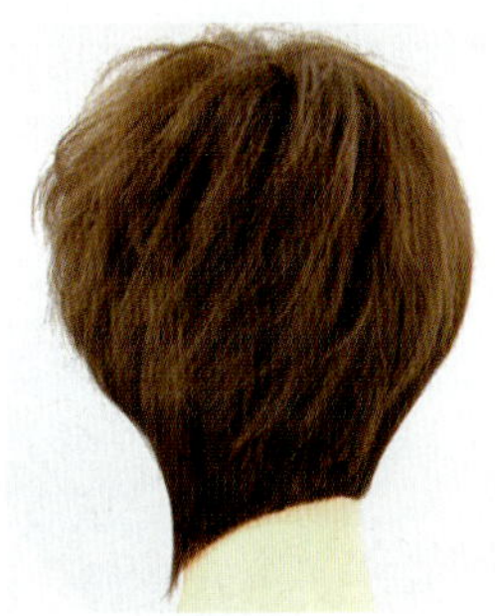
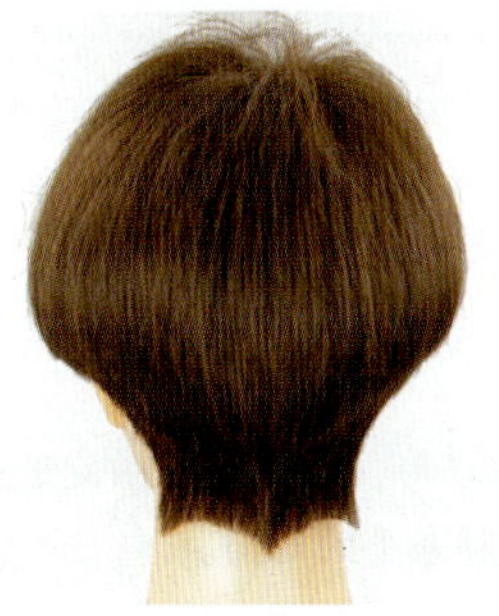
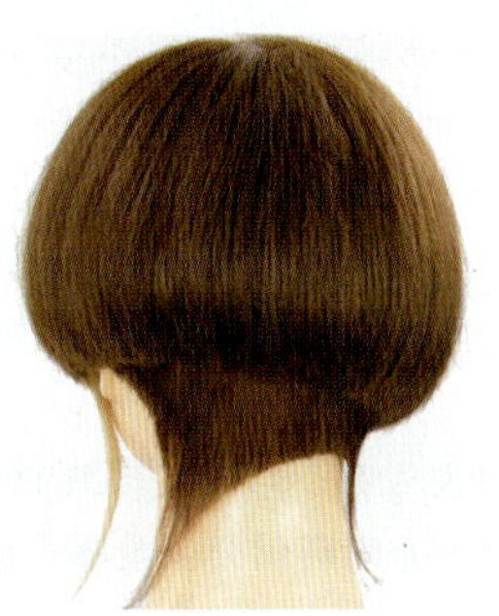

4. 请在下面三张创意发型图片中画出内型线条和外线。

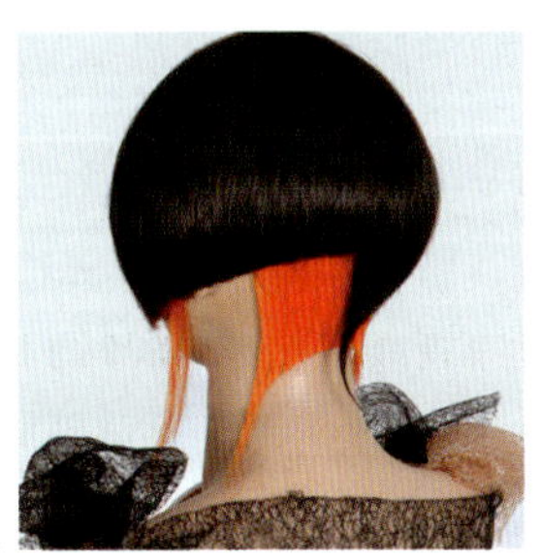

课后练习

一、判断题（将判断结果填入括号中。正确的填“√”，错误的填“×”）

1. 顶部区域负担着发型量感的调整。（ ）

2. 量感区是动感区以下的周边区域。（ ）

3. 发型只有外线的设计是不够的，需要与内型的设计组合。 （　　）

4. 分区的形状有明确的规定。 （　　）

二、单项选择题（选择一个正确的答案，将相应的字母填入题内的括号中）

1. （　　）分区容易产生量感均匀的直线边线。

A. 方形　　B. 正三角形　　C. 倒三角形　　D. 圆形

2. （　　）分区向下分散发流，拉宽轮廓宽度。

A. 方形　　B. 正三角形　　C. 倒三角形　　D. 圆形

3. （　　）分区的发区直径没有明确规定。

A. 方形　　B. 正三角形　　C. 倒三角形　　D. 圆形

4. 内型层次结构的组合方式主要有（　　）种。

A. 2　　B. 3　　C. 4　　D. 5

参考答案

一、判断题

1. ×　　2. √　　3. √　　4. ×

二、单项选择题

1. A　　2. B　　3. D　　4. C

第 6 章

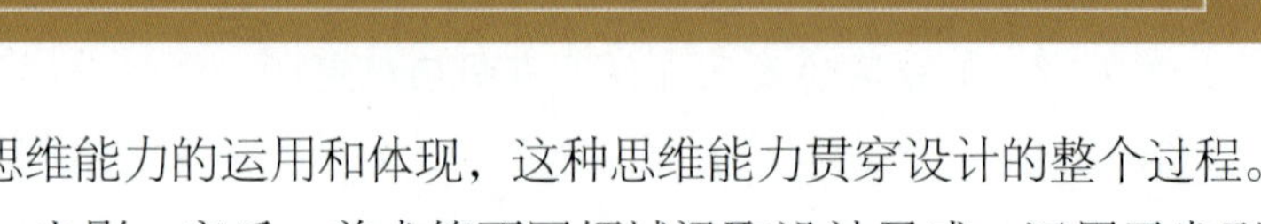

发型设计五步法

发型设计其实是一种思维能力的运用和体现，这种思维能力贯穿设计的整个过程。优秀的美发师善于从时装、电影、音乐、美术等不同领域汲取设计灵感，运用于发型设计中。发型设计是对美发师综合知识和技术的考验。

DX 系统把发型设计归纳为五个步骤。

第一步：发型设计前的了解——在设计前，必须了解顾客对发型的要求和期望。

第二步：发型设计中的观察——观察顾客的身材、脸型、头型、五官等外在特征，以及顾客的年龄等。

第三步：发型设计的构思——对了解和观察到的结果进行分析，快速进行初步设计的构思。

第四步：发型设计的沟通——与顾客沟通设计方案，达成一致的意见。

第五步：发型设计的操作——以专业技术进行操作，呈现设计方案的实际效果。

第 1 节　发型设计前的了解

在设计前必须与顾客进行充分沟通，了解顾客对发型的要求和期望。这种了解应该是在轻松自然的氛围下进行的，必要时要聊一些与发型设计无关的问题来消除顾客的戒心。

一、了解顾客的目的

整修：根据自身需求和头发长度，一般每 1~2 个月修剪一次头发，以维持发型的形状，保证头发的健康。男士整修头发的频率较高。

改变：想寻求改变，换一个与过往完全不一样的发型。

交际：为了参加某些重要社交活动，合适的发型是社交活动的重要组成部分。

二、了解顾客对头发长度的要求

顾客对头发长度的要求，必须在现有的头发长度上完成（除了接发和混合造型）。

1. 长发：留发较长，头发长度及腰。
2. 中长发：留发长短适中，头发长度在肩膀处。
3. 短发：留发较短，头发长度在颈部，两侧的头发长度在耳垂处。
4. 超短发：留发极短，露出双耳。
5. 发型雕刻：在发型的色调上做线条或图案的雕刻。

三、了解顾客对发型类型的需求

1. 直发发型

直发发型是指没有经过烫发，只是经过修剪、吹风造型等形成的各种发型。

（1）经典直发发型。简单自然、实用大方，尽量减少复杂的设计，发型形状经典不夸张。

（2）时尚直发发型。以不对称、不连接为主要特点，简约而紧跟潮流。

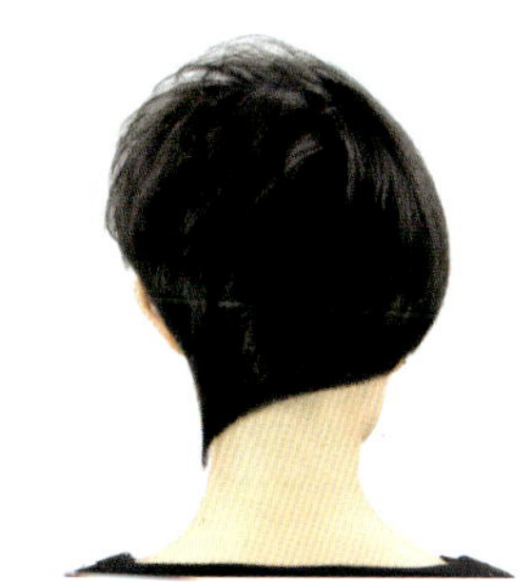

（3）前卫直发发型。式样别致、适度夸张，大多采用极端不对称、不连接的设计，发型整体极具视觉冲击力。

2. 卷发发型

卷发发型是指经过烫发后形成卷曲度的头发，通过打理造型而形成的各种发型。

（1）经典卷发发型。全头卷曲，层次结构简单，发型形状经典保守、不夸张。

（2）时尚卷发发型。采用局部烫发或全头半烫，极具个性。

（3）前卫卷发发型。式样夸张，具有密集的卷曲度，发型整体极具视觉冲击力。

3. 束发发型

根据不同的操作方法和造型，束发时可以采用编发辫、扎发髻、扎结等方法。

（1）生活发型。简单、自然、随性，是适于日常工作和生活的发型。

（2）时尚发型。活泼、浪漫、炫耀、夸张，是专为参加社交、娱乐活动场所而设计的发型。

（3）新娘发型。纯洁秀丽、端庄大方，宜用柔和手法，可稍夸张，但不能过于繁复和怪异，鲜花或饰物营造出喜庆的气氛。

（4）宴会发型。高贵、典雅，是专为出席宴请、晚会等设计的发型，在设计时要配合个人的气质、宴会的主题等。

（5）舞台发型。按表演的主题进行设计，配合服装、化妆等，在造型上可稍做夸张。

（6）艺术发型。造型、颜色夸张，有创意，与服装、妆容、头饰搭配，是极具观赏性的发型。

四、了解顾客的职业

体力劳作者的发型不要太复杂，以干净大方、易打理为宜；文艺工作者的发型可以突出个性、新颖前卫；运动员的发型应富有活力，易清洗、梳理；公务员的发型应大方、朴素；等等。

五、了解季节与发型的关系

1. 春季

春季给人清新、活泼、富有生命力之感。春季发型要突出自然、活泼、轻盈、俊美、流畅等特点。

2. 夏季

夏天较为炎热，人容易出汗。夏季发型要突出凉爽、舒适、轻快、活力等特点，应便于梳洗，可盘、束。

3. 秋季

秋季天高气爽，是丰收的季节，体感舒适。秋季发型应具有华丽、丰满的美，可具有丰富多彩的色彩变化。

4. 冬季

冬季天气寒冷，发型以长发、偏厚为主，要华贵、稳重、大方，让人感觉温暖，冬季适宜进行烫发、染发。

相关链接

沟通七不问

一不问年龄，二不问婚姻，三不问收入，四不问住址，五不问经历，六不问信仰，七不问身体。

课堂提问

1. 简述不同长度头发的特点。
2. 简述束发发型的种类和特点。
3. 简述不同季节的发型特点。

课后练习

一、判断题（将判断结果填入括号中。正确的填“√”，错误的填“×”）

1. DX 系统将发型设计分为 6 个步骤。（ ）
2. 发型设计前，了解顾客对发型的要求和期望非常重要。（ ）
3. 生活发型适合日常生活，造型简单、自然、随意。（ ）
4. 运动员的发型应富有活力，易清洗、梳理。（ ）
5. 春天给人清新、活泼、富有生命力之感，发型应该奢华、高雅。（ ）

二、单项选择题（选择一个正确的答案，将相应的字母填入题内的括号中）

1. 发型设计是对美发师（ ）知识和技术的考验。

A. 烫染　B. 综合　C. 修剪　D. 造型

2.（ ）发型简单自然、大方，发式不夸张。

A. 直发　B. 卷发　C. 螺旋发　D. 混合

3.（ ）发型要突出凉爽、舒适、轻快等特点，应便于梳洗。

A. 夏季　B. 冬季　C. 秋季　D. 春季

参考答案

一、判断题

1. ×　2. √　3. √　4. √　5. ×

二、单项选择题

1. B　2. A　3. A

第 2 节　发型设计中的观察

一个专业的美发师必须具备敏锐的观察力。在初步了解顾客需求的同时，要迅速准确地观察顾客的外在特征。观察顾客时要表情轻松，不要扭扭捏捏或紧张不安，切记不要长时间盯着顾客观察。

一、观察身材

1. 高瘦型

高瘦型顾客给人修长、单薄、头部小的感觉。发型要求生动饱满，避免让头发紧贴头皮或过分蓬松。一般来说，高瘦身材的人比较适合留较长的头发，不建议为女性高瘦顾客设计过短的发型。中长发的长度较理想，且要使头发显得厚实、有分量。若是长发，应避免将头发削剪得太薄，底线形状可修饰成 V 形，染色应以较浅或多色彩的设计去增加其肩膀的视觉宽度。

2. 矮小型

矮小型顾客给人小巧玲珑的感觉，不适合留过于厚重的长发，尤其是烫得蓬松的长发。发型应以秀气、精致为主，避免粗犷、蓬松，否则会使头部与整个形体的比例失调，给人头重脚轻的感觉。烫发时应将花式、块面做得小巧精致一些，比较适合偏冷色调的设计，强调拉长的感觉。也可以进行盘头设计，视觉上有增高的效果。

3. 高大型

高大型顾客给人一种力量感，但对女性来说，缺少苗条、纤细的美感。为适当减弱这种高大感，发型应以大方、简洁明快、线条流畅为宜。底线形状可修饰成水平线，避免将头发削剪得太薄，染色应以较自然或深的色彩去修饰肩膀的视觉宽度。

4. 矮胖型

矮胖型顾客一般脖子显短，因此不要留披肩长发，尽可能让头顶头发蓬松些。显露脖颈的短发有拉长高度的视觉感受，应避免过宽的发型。

二、观察脸型

1. 正面脸型与发型设计

（1）椭圆形脸

特征：椭圆形脸又称鹅蛋脸，额上发际到眉毛的距离、眉毛到鼻尖的距离、鼻尖到下巴的距离几乎相等，均占脸长的1/3。脸长约是脸宽的1.5倍，额头宽于下巴，有着柔和的曲线美，是一种标准的脸型。

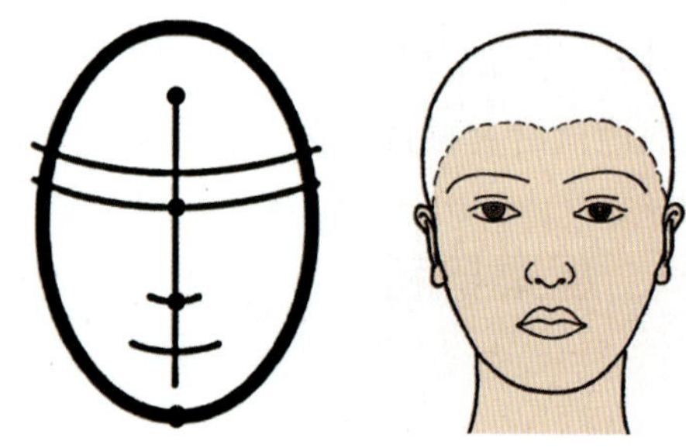

设计方案：

①一般适合任何发型。

②可将头发侧分，较长的一边做成波浪式掠过额头，发长宜齐下巴，让头发自然垂下内卷，以遮住两颊及下巴为宜。

③发长以中长发或垂肩长发为宜，不留刘海，适合中分刘海或稍侧分刘海，两侧应露出耳朵，而且以露出面颊为宜。

④发尾蓬松柔软的大波浪可以达到增宽下巴的视觉效果。

⑤要注意头顶不要蓬松、扩展、夸张，靠近面颊处用扩展的两侧头发来拓展下巴的视觉宽度，使单薄的下巴和双颊立体起来。

⑥染发可在整个头部进行，脸部两旁的头发宜保留较深色，以突出椭圆脸的完美轮廓。

⑦男式发型在吹风造型时线条要粗犷些，以增加男子的阳刚之气。

（2）圆形脸

特征：发际线呈圆弧形，圆下巴，脸较宽，整体显得可爱、年轻。

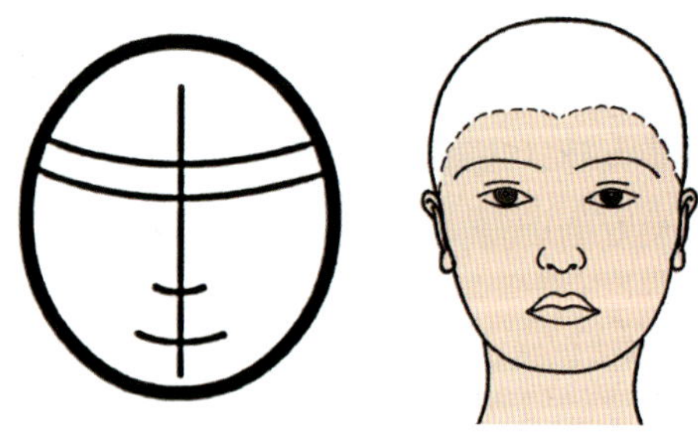

设计方案：

①最好选择头顶较高的发型，增加头顶头发的高度，不要设计向外弯成弧形的发型，也不要设计蘑菇式、泡泡式等发型。

②长发可用偏分的刘海突出脸部的纵向线条，露出一小部分额头，最好能与两侧的头发自然衔接，制造出飘逸的下垂感。短发采用不对称的设计，避免中间分头缝。把额头充分显露出来，能在视觉上拉长脸型。

③短发不适合厚重的刘海，在眉上的整齐一字刘海会强调横向线条，会使脸型看上去圆且短。

④束发时，往后梳一把抓的发型会使脸显得更大、更圆，可以向上梳一把抓，以在视觉上拉长脸型。披发时，颈部的头发可采用碎发。

⑤适合顶部蓬松、自然的大波浪卷度造型，搭配色彩明亮的发饰，显得活泼、动人。

⑥染色时，应集中靠近前额及头顶位置，可使脸型显得修长一些，而脸部两侧的头发染成较深色，可使双颊显得瘦一些。

⑦男式发型可以推剪成中小型发式，最好是两边很短，顶部和发冠稍长一点，侧分头。吹风时将头顶头发吹得蓬松些，两侧头发要适当收拢，鬓角适合修剪成较薄的短鬓角，以在视觉上拉长脸型。

（3）长形脸

特征：脸窄而长，双颊下陷，前额比例过大，脸型横向距离小，给人成熟、理智的感觉。

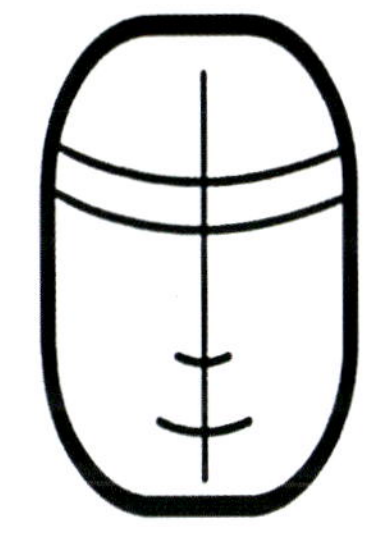

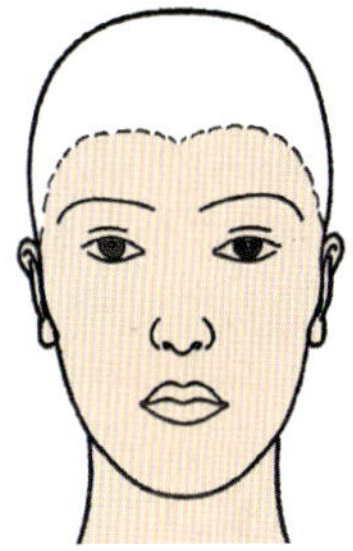

设计方案：

①一般适合自然、蓬松的发型。

②两颊头发剪短一些，用覆盖额头的刘海缩短脸部的视觉长度，使脸型看起来饱满圆润。大面积厚重的刘海可以使略显严肃的长形脸显得俏皮可爱，要让刘海尽量宽一些，并且长度能盖住眉毛。切忌暴露过高的发际线，增加纵向的线条，使脸型显得更长。

③蓬松卷曲的头发可以突出脸的宽度，特别是中部的宽度，在视觉上缩短脸型。

④脸颊处的头发可以染较亮的颜色，而头顶部的发色要比两旁深，前额和刘海只需疏落地染上一些颜色即可。

⑤男式发型可推剪成大型发式，避免头部及面部裸露过多。鬓角不宜过薄，应留得稍长些，适合修剪成较厚的长鬓角。切不可推剪成小型发式。

（4）方形脸

特征：方形脸四面起“角”，又称国字脸，其特点是方额头、方下巴、脸较宽，脸的纵向距离比较短，且棱角分明，给人刚正的感觉，显得不够柔和、温润。

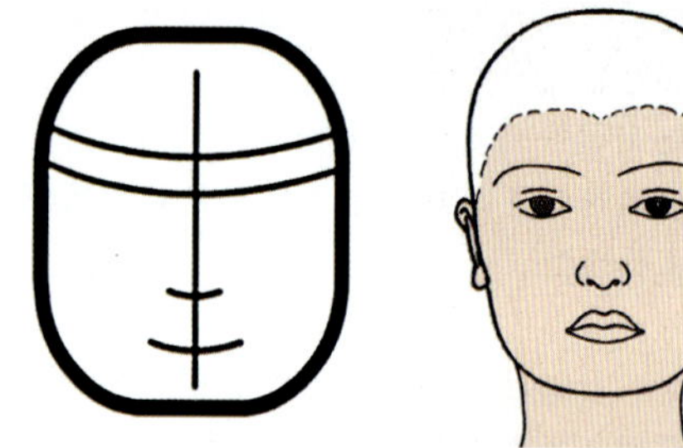

设计方案：

①柔软、浪漫的卷发会让脸部线条看上去柔和许多。

②可以增加头顶头发的高度，顶部尽量蓬松，以在视觉上拉长脸型。

③不要采用齐刘海，以免加重方形脸的刻板感，可采用发尾自然弯曲的偏分刘海。用侧分的刘海造就不平衡感，可弥补方形脸的缺陷。

④长形脸适合的刘海也可以用在方形脸上，但要注意使刘海的宽度变窄、变薄，两侧的头发最好也能向内收拢，使整个脸型看起来窄一些，缓和方形脸坚硬的轮廓线。

⑤可采用中长的不对称式碎直发，让其自然垂下，盖住脸部鼓突出来的“刚硬”部分。

⑥可围绕脸部四周进行染色。应注意由头发中段开始染色，无须从发根开始，颜色不宜选择太深，否则不易显现轮廓的改变，最后以片染或挑染的方法点缀发式。

⑦男式发型的轮廓应呈现圆形，鬓角适合修剪成较薄的长方形。

（5）倒三角形脸

特征：前额较宽，下巴较尖窄，发型设计应着重缩小前额的宽度。

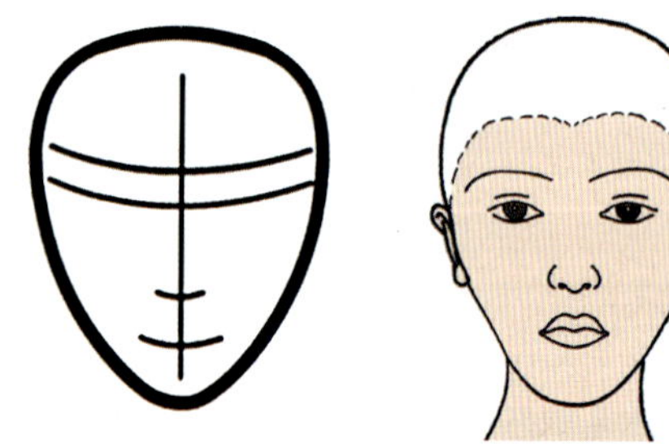

设计方案：

①发型的修剪以低层次结构较为理想，头发长度在下巴处较为适合。

②适合短斜分的刘海，用手指或宽齿梳调整出有序兼具动感的形状。

③将两侧的头发挂耳，并且让发尾稍稍翘起，能够让下颏显得丰满一些。

④烫发时，应将靠近下巴的头发做成波浪形，以增加下巴的视觉宽度。

⑤染发时，耳朵以上的头发染较深的颜色，耳朵后下方的头发染较浅的颜色，以做平衡。外翘发型的发尾可做染色处理，再以片染或挑染的方法点缀发式。

⑥男式发型不宜剪得过短，鬓角适合修剪成厚薄适中、有一定长度的长鬓角。

（6）三角形脸

特征：三角形脸也称梨形脸，窄额头、宽下巴，是非常具有母性的脸型。

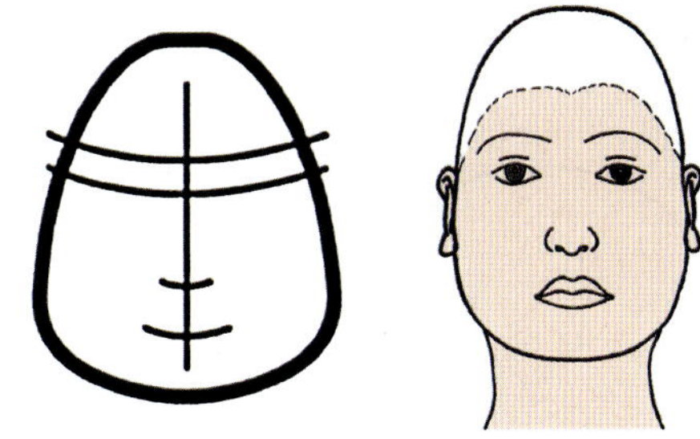

设计方案：

①增加头发两侧上方的宽度和蓬松度，缩短下巴的视觉宽度，避免短发型。

②侧分刘海，以改变额头窄小的视觉感受。可将头发往后梳成宽型，在颈后留一点头发，使腮部看上去不那么宽大，平衡脸型。

③适合烫发，头顶部要蓬松，下部收缩。

④染色时，要在刘海处集中染色，选用水平片染时，染色的面积可宽些，脸颊两侧的头发宜采用上轻下重的色彩，发尾可用暗色挑染来处理。

⑤男式发型适合推剪成大型发式，鬓角不宜剪得过薄，应保留一定的厚度。

（7）菱形脸

特征：前额与下巴较尖窄，颧骨较宽。

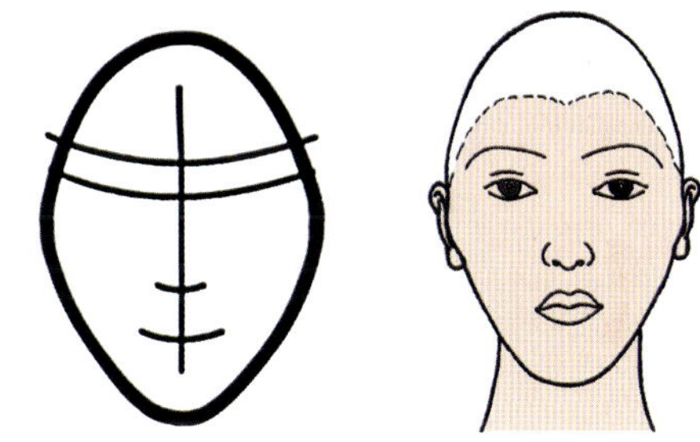

设计方案：

①应着重缩小颧骨的视觉宽度，可增加头发两侧的宽度和蓬松度。

②做发型时，避免暴露额头，也不要把两侧头发紧紧地梳在脑后（如扎马尾辫或高盘发）。

③不宜梳高刘海，可将刘海剪短些，并做出参差不齐的效果，露出部分额头。

④烫发时，可用波浪形削减脸部的尖锐感和棱角感，将靠近颧骨的头发做成前倾波浪，以掩盖宽颧骨，将下巴处的头发吹得蓬松些。

⑤染发时，顶部刘海的挑染显得尤为重要，要离开发根 3~4 cm 上色，可用柔和的棕褐色去填补腮部的视觉空缺。

⑥男式发型应避免过短的发型，鬓角适合修剪成上厚下薄的长鬓角。

2. 侧面脸型与发型设计

发型设计时还要考虑脸型的侧面特征，侧面脸型一般有三种。

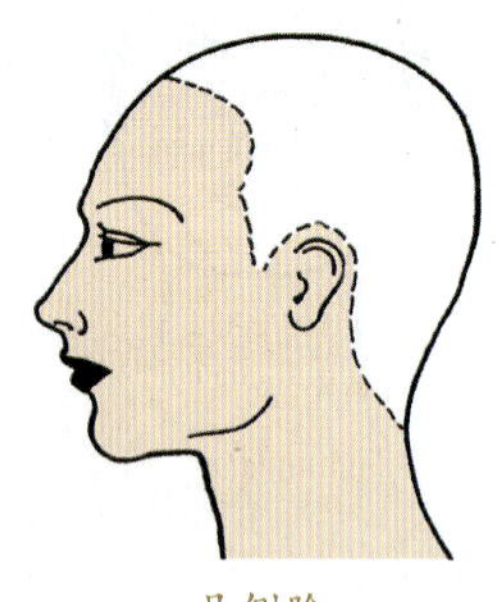

凸侧脸

特点：小额头、大鼻子、轮廓感很强。

设计方案：增加前额的发量，避免纹理过于卷曲，适合微卷的发型。

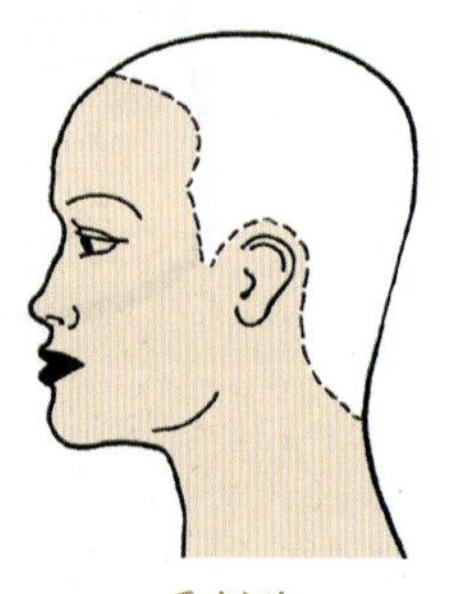

平侧脸

特点：脸部侧面线条平直，没有太大的起伏。

设计方案：用卷发来缓和脸部侧面的平直线条，卷曲度可适当做得夸张一些。

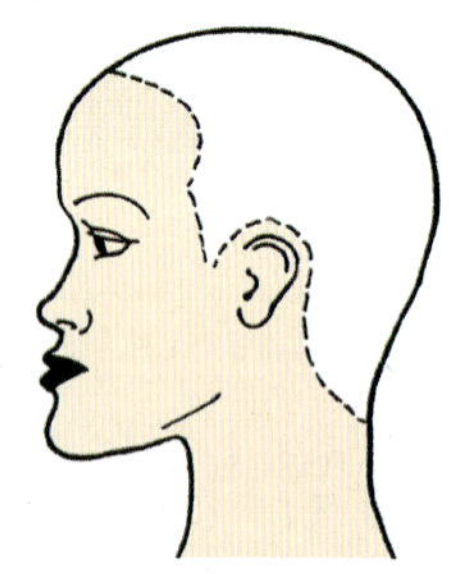

凹侧脸

特点：下巴突出、外伸。

设计方案：采用稍前冲的刘海，后脑发量适当膨胀。

3. 额头与发型设计

（1）低额头。如果留刘海，就必须是短刘海，刘海的长度要考虑头发的弹性；也可以运用下短上长的双层刘海。

（2）高额头。刘海可以厚重些，遮住一部分前额。

（3）窄额头。两鬓吹蓬松，向后梳。如果要留刘海，宽度可以延伸到太阳穴前侧；也可以把刘海旁分，增加脸型的视觉长度。

（4）宽额头。在太阳穴两侧做发卷，可以把额前的头发梳高，用卷曲的大波浪遮盖住一部分额角；或用长而碎的刘海缩短额头的视觉宽度。

4. 颧骨与发型设计

（1）高颧骨。头缝不要中分，两鬓的头发可以吹得蓬松些并向前梳，盖住颧骨，刘海可适当长一些。

（2）低颧骨。两鬓的头发尽量向后梳，不要遮住耳朵；或将两鬓的头发做出发卷。

三、观察头型

1. 头型大

头型大的人，不宜烫发，最好剪成中长或长的直发，也可以剪出层次；刘海不宜梳得过高，最好能盖住一部分前额；染发时，窄长的挑染区域有拉长的视觉感受。

2. 头型小

头发要做得蓬松一些，长发最好烫成蓬松的大卷，但头发不宜留得过长；染发时以整体染或区域挑染为主。

3. 头型长

两侧头发应吹得蓬松些，头顶不要吹得过高，应使发型横向发展；染发时，圆弧的挑染区域有拉宽的视觉感受。

4. 头型尖

头型呈上部窄、下部宽的尖形，不宜剪平头；可将头发烫卷，顶部压平一点，两侧头发向后吹成卷曲状，使头型呈椭圆形；染发时，可将头部顶端的颜色染得深一些。

5. 头型短圆

刘海处的头发可以吹得高一点，两侧的头发收紧；染发时，应在头顶部进行较浅的挑染。

6. 头型扁

修剪时，应注意在后脑处进行量感的堆积，也可利用烫发对头型进行调整；染发时，可以选用较浅的颜色。

7. 头型凸

对凸出部位的头发进行收紧处理，对周围头发进行蓬松处理；染发时，可将凸起位置的头发染得深一些。

四、观察五官

1. 眼

眼睛的形状直接影响刘海的高低及发型的边线。

（1）眼距宽。发型应做得蓬松一些，不宜留长直发，可留蓬松的侧刘海，不适合将头发平整地梳在脑后。

（2）眼距窄。发型的两侧可以做成不对称式，两侧的头发一侧向前，另一侧向后，或者两侧头发通过修剪制造参差效果；也可以将两侧头发向斜后方向吹风成型，露出前额头。

（3）大小眼。刘海采用不对称或倾斜的式样。

（4）眼睛小。刘海的线条要柔和，可以选用亮丽或混搭的色彩进行染发。

（5）眼睛大。刘海的线条要明显，可以选用厚重或简洁的色彩进行染发。

2. 眉毛

如果眉毛是直线形，可将刘海设计成弧线形；如果眉毛是弧线形，可将刘海设计成直线形。这样的设计可以达到视觉上的和谐。

3. 耳

（1）大耳朵。不宜剪平头或太短的发型，应留过耳长的发型，且要蓬松。

（2）小耳朵。不宜留太厚重的发型，头发的两侧适合修剪成轻薄的形状。

4. 嘴

两侧鬓角的梳理方向可以协调嘴巴与发型的关系。

5. 鼻

（1）大鼻子。头发梳高或向后梳，避免中间分开，最好不要做发卷或刘海。

（2）小鼻子。头发不要向上梳，应将两侧的头发往后梳；刘海下垂，不要留得过长。

（3）歪鼻梁。采用不对称的发型，分散人们对鼻子的注意力。

（4）扁鼻子。设计发型时趋向拉宽脸的视觉宽度；如果不是长脸形，就不适合齐刘海式齐耳短发。

五、观察年龄

1. 儿童

儿童一般对发型没有过多的要求，常常以其父母的意见为主。儿童个性活泼、好动，适合简单、干净的短发。

2. 年轻人

年轻人追求时尚，是染发、烫发、护发等项目的主要消费人群。

3. 中年人

中年人的发型往往要体现出职业感，烫染设计也能更好地体现女性知性优雅、男性成熟稳重的气质。

4. 老年人

老年人喜欢自己的发量看起来多一点，因此一定要注重吹风造型。很多老年人有白发染黑的需求，应为其推荐适合的产品和护理技巧。

课堂提问

1. 简述不同身材的发型设计要点。
2. 简述不同脸型的发型设计要点。

课后练习

一、判断题（将判断结果填入括号中。正确的填“√”，错误的填“×”）

1. 观察顾客时的表情要自然、轻松，必要时可以长时间看着顾客。（　　）
2. 高大型顾客给人一种力量感。（　　）
3. 椭圆形脸一般适合任何发型。（　　）
4. 五官条件对发型设计没有直接影响。（　　）
5. 儿童多动、活泼，适合简单、干净的短发。（　　）

二、单项选择题（选择一个正确的答案，将相应的字母填入题内的括号中）

1. 观察顾客时，要（　　）。

A. 表情轻松　　B. 高度紧张　　C. 扭扭捏捏　　D. 表情严肃

2. 不建议为女性高瘦顾客设计（　　）的发型。

A. 过长　　B. 过短　　C. 高卷曲度　　D. 低卷曲度

3. 侧面脸型一般有凸侧脸、平侧脸、（　　）。

A. 三角脸　　B. 柔性脸　　C. 凹侧脸　　D. 斜侧脸

4. 头型（　　）的人，应使发型横向发展。

A. 短　　B. 长　　C. 圆　　D. 方

参考答案

一、判断题

1. ×　　2. √　　3. √　　4. ×　　5. √

二、单项选择题

1. A　　2. B　　3. C　　4. B

第 3 节　发型设计的构思

构思是对了解和观察到的结果进行分析，快速在头脑里形成设计方案。首先要根据顾客的设计要求和外在特征，选定设计构思的借鉴方式和风格定位；再从发型的形状、纹理、色彩、方向等方面进行设计构思。

一、构思发型风格

发型风格主要包括阴暗的哥特风格、奢华的巴洛克风格、精致的洛可可风格等。

1. 哥特风格

哥特风格有一种阴暗的情调，主要存在于建筑中。哥特风格发型以高、直、尖和具有强烈向上的动势为特征，以黑、灰、白的组合运用为标志，极具时尚感。

2. 巴洛克风格

巴洛克风格的时装和配饰呈现奢华和古典的特点。巴洛克风格发型夸张，体现优雅、纯粹、野性的奢华。

3. 洛可可风格

洛可可风格广泛运用在建筑、绘画、雕塑等艺术领域。洛可可风格发型中的花式编织技法具有轻快、精致、细腻、繁复等特点。

4. 浪漫主义风格

浪漫主义风格注重整体线条的动感表现。浪漫主义风格发型以柔和的线条为特点，呈现轻快、飘逸之感。

5. 简约主义风格

简约主义风格以简单的线条、单一的色彩为特点。简约主义风格发型没有繁杂的设计，呈现自然、清新之感。

6. 波西米亚风格

波西米亚风格主要指一种服装风格，其特点是鲜艳的手工装饰和粗犷厚重的面料。波西米亚风格发型松散、自由，配以具有特色的饰物，别有风情。

7. 洛丽塔风格

洛丽塔风格以甜美、梦幻为特点。洛丽塔风格发型常呈现漫画人物的发型，色彩多变、造型独特，呈现年轻人的天真、活力。

8. 田园风格

田园风格以清新、自然为特征。田园风格发型追求自然、不做装饰，呈现朴实、大方之感。

9. 朋克风格

朋克风格具有特立独行的特点。朋克风格发型运用极端不对称的修剪设计、大胆的色彩搭配，表现叛逆、前卫、向往自由的特点。

二、构思发型借鉴方式

在多元文化的冲击下，人们的思维方式开始转变，已经突破传统的束缚，表现极具个性的发散性思维，常采用借鉴方式进行发型设计。借鉴不是将发型与某些物体具象化，而是提取其中的某些元素进行抽象的演变，借鉴的素材没有特定的参照物。

1. 借鉴方式的种类

（1）直接借鉴。完全模仿借鉴元素，但要注意各种借鉴的元素与顾客的条件是否协调。

（2）纯化借鉴。设定借鉴元素，重点模仿，并根据顾客条件剔除不需要的元素。

（3）变异借鉴。对某个借鉴元素进行抽象的演变，并根据顾客条件加入创意。

（4）组合借鉴。对各种借鉴元素进行提取，并根据顾客条件进行重新组合。

2. 设计灵感的借鉴运用

设计灵感来源于日常生活的积累，以下左图为灵感来源，右图为发型作品。

（1）借鉴人物绘画作品。发型采用简约主义风格，灵感来源于绘画中人物左右摇摆的错位感。造型采用变异借鉴的方式，产生不对称的偏移，打破对称平衡的空间。色彩采用纯化借鉴的方式，把红色隐隐融入黑发中，低调而不失时尚。

（2）借鉴植物绘画作品。发型采用巴洛克风格，灵感来源于绘画作品《向日葵》。采用纯化借鉴和组合借鉴的方式，把形状、纹理、线条、色彩、意境等进行有效组合，体现时尚、前卫感。

（3）借鉴人物整体造型。发型采用哥特风格，灵感来源于衬衣前襟下摆的错位设计。造型采用纯化借鉴的方式，设计成左右错位，诠释人性的多变和极端思潮。色彩采用直接借鉴的方式，散发着一种阴暗的情调。

（4）借鉴拼接的服装。发型采用几何风格，灵感来源于服装中不对称下摆的外线设计。造型采用纯化借鉴的方式，设计成不对称型。色彩采用直接借鉴的方式，将黑色块面和梅红线条进行协调组合。

（5）借鉴建筑。发型采用几何风格，灵感来源于现代建筑中的错位设计。造型采用变异借鉴的方式，设计成上下错位的块面叠加。色彩采用冷暖色的变异借鉴，对比强烈而不失协调。

（6）借鉴水滴。发型采用巴洛克风格，灵感来源于滴落的水滴。采用变异借鉴的方式，设计成向外极度扩张的发型，散发出一种野性的奢华。

（7）借鉴雨滴。发型采用哥特风格，灵感来源于车窗上被风吹过的雨滴。采用变异借鉴的方式，呈现水滴流动时的美感和动感。

（8）借鉴海浪。发型采用巴洛克风格，灵感来源于壮观的海浪。采用变异借鉴的方式，展现力量美与动感美。

（9）借鉴浪花。发型采用巴洛克风格，灵感来源于冲击海堤的浪花。造型采用纯化借鉴的方式，对形状、纹理进行唯美组合。色彩采用变异借鉴的方式，呈现青春的不羁和时尚。

（10）借鉴节日。发型采用哥特风格，灵感来源于圣诞树。采用直接借鉴的方式，把发型设计成圣诞树造型，呈现欢乐喜庆、蓬勃向上的朝气。

（11）借鉴经典发型。发型采用巴洛克风格，灵感来源于传统波浪发。采用变异借鉴的方式，改变传统发型向下造型的保守形态，同时改变发型的轮廓形状，展现优雅的奢华。

（12）借鉴传统文化。发型采用简约主义风格，发型外线的设计灵感来源于八卦阴阳图。采用直接借鉴的方式，展现发型的前卫剪裁设计。

（13）借鉴风景意境。发型采用哥特风格，设计灵感来源于落日黄昏时孤单的椰树。采用变异借鉴的方式，造型和色彩都表达了一种没落的无奈，带有阴暗情调。

（14）借鉴意识形态。发型采用洛可可风格，设计灵感来源于永结同心的意识形态。采用纯化借鉴的方式，表达美好的祝福与希望。

（15）借鉴海生物。发型采用巴洛克风格，灵感来源于海螺。采用纯化借鉴的方式，在不对称中寻求平衡，通过色彩的渐变丰富发型设计的变化。

（16）借鉴鸟类。发型采用哥特风格，灵感来源于鹦鹉。造型采用变异借鉴的方式，通过发型的设计表现鹦鹉的嘴、翅膀和利爪。色彩采用直接借鉴的方式，散发着青春活力。

（17）借鉴头饰。发型采用是洛可可风格，灵感来源于花环头饰。造型采用变异借鉴的方式，把发型周边设计成如花朵般跳跃的形状。色彩采用纯化借鉴的方式，展现色彩斑斓的美妙。

（18）借鉴艺术品。发型采用浪漫主义风格，灵感来源于天使的翅膀。造型采用纯化借鉴的方式，设计成轻柔动感的外形。色彩采用变异借鉴的方式，通过色彩的过渡展现发型的动态和方向。

（19）借鉴花朵。发型采用巴洛克风格，灵感来源于盛开的花朵。造型采用纯化借鉴的方式，对形状、纹理等进行唯美组合。色彩采用直接借鉴的方式，表现女性的高贵。

（20）借鉴神话。发型采用哥特风格，灵感来源于龙的造型。采用直接借鉴的方式，通过发型的设计表现龙角、龙须和龙头的变化，造型与服装浑然一体，演绎霸气的感觉。

（21）借鉴气候。发型采用哥特风格，灵感来源于雾霾笼罩城市中的黄色灯光。作品借用环保主义设计理念，色彩采用纯化借鉴的方式，通过一抹靓丽的黄色，与灰色形成对比，达成视觉上的协调。

三、构思发型形状

生活发型的形状与艺术发型的形状是不同的，形状的设计和塑造不是求怪求奇。生活发型的形状要符合日常审美，不可过分追求夸张、复杂的设计；艺术发型的形状可以根据个人的理解进行大胆创新。

在 DX 系统理论中，把发型的形状分为内轮廓形状、外轮廓形状和外线形状。在发型设计时，应将发型的外轮廓形状、外线形状向着弥补脸型（内轮廓形状）不足的方向去设计。

1. 内轮廓形状是指脸型，是不可能改变的形状。

2. 外轮廓形状是指发型的外线形状，是可以通过修剪、造型等手段来改变的。发型的外轮廓形状以球形、方形、三角形为基础设计元素，进行适当的借取、嫁接和变异，设计出多样的造型。

球形外轮廓

三角形外轮廓

菱形外轮廓

S 形外轮廓

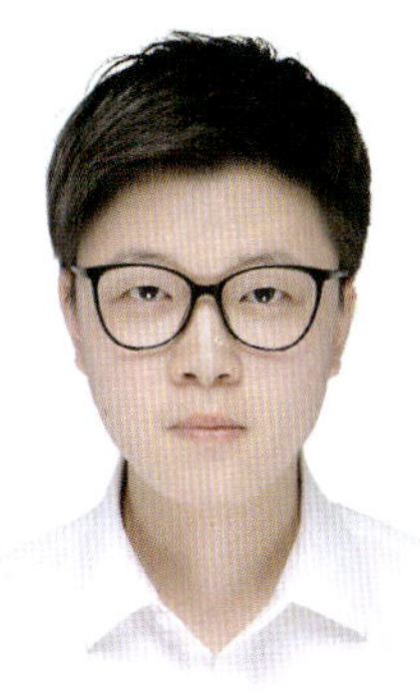
圆形外轮廓

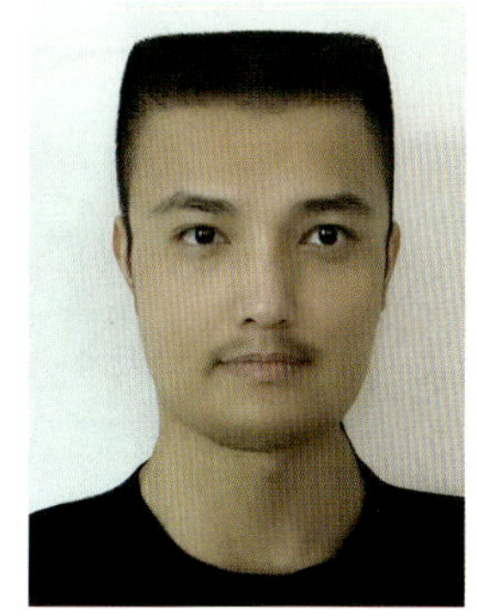
方形外轮廓

3. 外线形状是指头发自然下落时形成的发型底线形状。靠近脸型内轮廓的外线形状的长短、厚薄直接影响发型的视觉效果。

靠近内轮廓的厚重短刘海可以修饰过高的额头，有缩短脸型、强化五官的视觉效果。

靠近内轮廓的轻薄长刘海可以修饰脸部宽度，同时有虚化五官的视觉效果。

相关链接

发型的外轮廓范围

在商业发型设计中，发型的外轮廓范围必须随着脸型的不同而变化，要在规定的范围内进行发型设计。

正面外轮廓范围	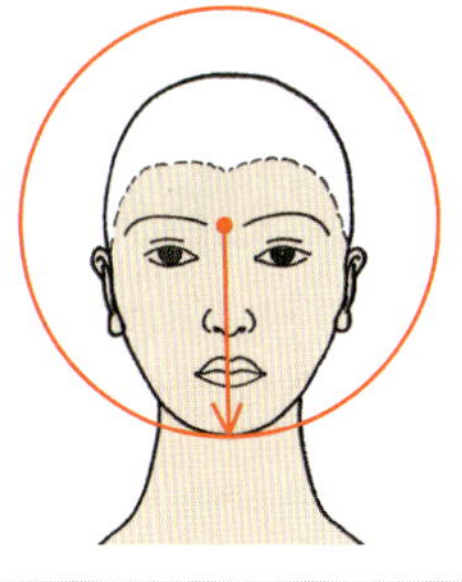	最大范围：以眉心为圆心、圆心到下巴处的距离为半径形成的圆。发型外轮廓超出这一范围，发型显得夸张，适当的夸张会为造型带来新意，过度的夸张会适得其反。

<table>
<tr><td>正面外轮廓范围</td><td>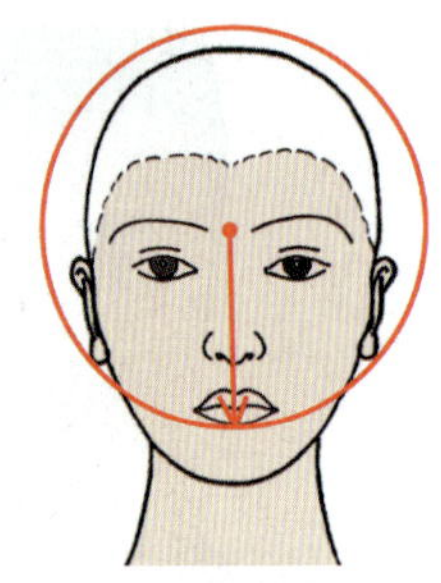</td><td>最小范围：以眉心为圆心、圆心到下唇处的距离为半径形成的圆。发型外轮廓小于这一范围，发型显得过于拘谨，容易显现脸型和五官的不足。</td></tr>
<tr><td rowspan="2">侧面外轮廓范围</td><td>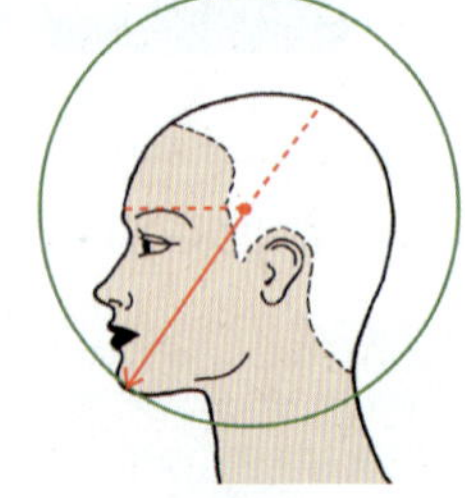</td><td>最大范围：以下巴到头顶的直线与自眉间引出的水平线交叉点为圆心、圆心与下巴尖端的距离为半径形成的圆。发型外轮廓超出这一范围，发型显得夸张，适当的夸张会为造型带来新意，过度的夸张会适得其反。</td></tr>
<tr><td>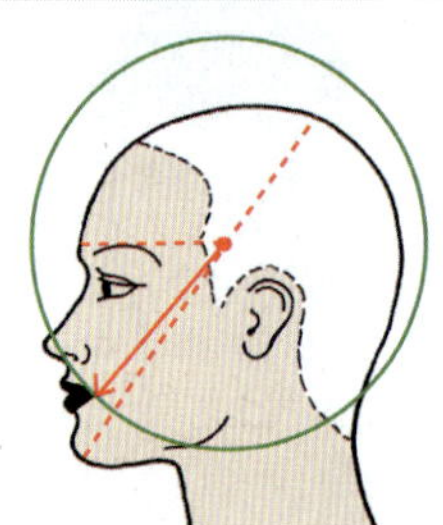</td><td>最小范围：以下巴到头顶的直线与自眉间引出的水平线交叉点为圆心、圆心与外嘴角的距离为半径形成的圆。发型外轮廓小于这一范围，发型显得过于拘谨，容易显现脸型和五官的不足。</td></tr>
</table>

四、构思发型纹理

发型纹理的变化会改变发型，同时也带来不同的风格定位。

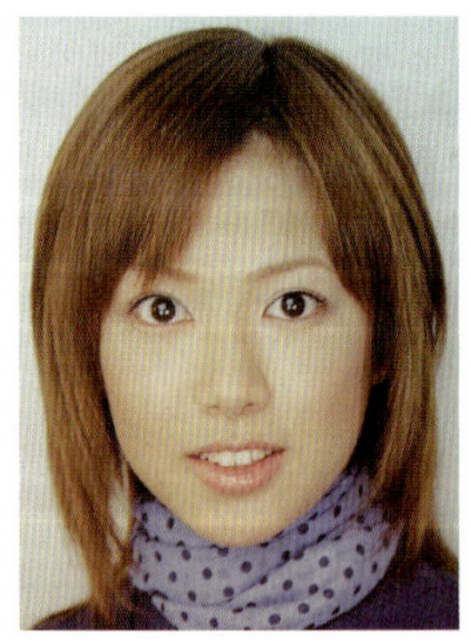
自然随意

街头时尚

雍容华贵

发型纹理的表现方式主要有六种，可以整头设计，也可以局部设计；可以单独设计，也可以混合设计。混合设计纹理会给人跳跃、不羁的视觉感受。

直线纹理清纯、文雅

弧形纹理温和、柔软

卷曲纹理活泼、张扬

螺旋纹理野性、浪漫

波浪纹理经典、富贵

折角纹理野性、前卫

五、构思发型方向

1. 向下的发型

向下的发型可以是自然下落扩散的披散类造型，多用于生活造型；也可以是向下汇聚的造型，多用于扎束造型。

向下扩散的直发
自然、文静

向下扩散的卷发
含蓄、浪漫

向下汇聚的直发
自然、保守

向下汇聚的卷发
温婉、典雅

特别提示

无论设计方向的变化，还是聚散的变化，设计的对称与否都会改变设计的感觉，对称的设计给人保守、传统、经典的感受，不对称的设计给人年轻、俏皮的感觉。

2. 向外的发型

向外的发型可以是扩散向外的膨胀造型，多用于烫发和扎束造型；也可以是向外汇聚的盘束造型。

向外扩散的直发
张扬、时尚

向外扩散的卷发
狂野、个性

向外汇聚的直发
俏皮、可爱

向外汇聚的卷发
妩媚、性感

3. 向上的发型

向上的发型可以是向上扩散的盘束造型，也可以是向上汇聚的束发造型。

向上扩散的直发
清新、爽朗

向上扩散的卷发
雍容、华贵

向上汇聚的直发
青春、活力

向上汇聚的卷发
随性、不羁

六、构思发型平衡性

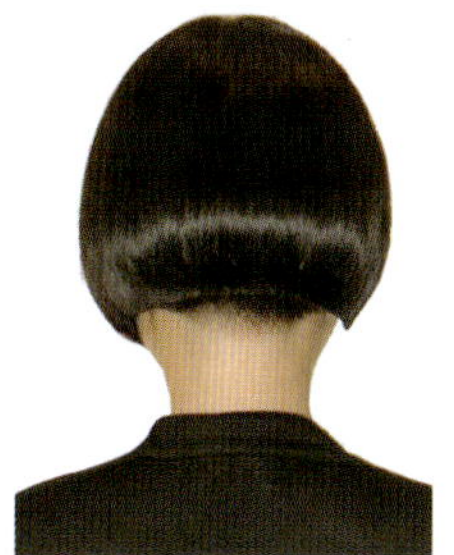

1. 对称平衡

发型设计相对保守，缺乏创意，但有浓厚的经典韵味，常用于传统经典的生活造型。

2. 不对称平衡

将对立的因素利用平衡的规律进行合理调和、搭配，能获得一种平衡感，体现设计者的创意，常用于艺术造型。

七、构思发型色彩

发型色彩的表现方式主要有型、块面和纹理。型体现的是发型整体的形状，块面体现的是发型局部的亮点，纹理体现的是发型的线条方向。

色彩型

色彩块面

色彩纹理

课堂提问

1. 简述不同发型风格的特点。
2. 简述构思发型时借鉴方式的种类。
3. 简述发型外轮廓范围的界定方法。
4. 简述不同发型纹理的特点。

课后练习

一、判断题（将判断结果填入括号中。正确的填“√”，错误的填“×”）

1. 真正的设计构思不需要根据顾客的设计要求和外在特征。（ ）
2. 组合借鉴是提取设计元素，完全进行模仿。（ ）
3. 发型设计可以混合设计，可以整头设计，不可以局部设计。（ ）
4. 向外的发型方向可以是扩散向外的膨胀造型，多用于烫发和扎束造型。（ ）
5. DX 系统理论把发型的形状分为内轮廓形状、外轮廓形状和外线形状。（ ）

二、单项选择题（选择一个正确的答案，将相应的字母填入题内的括号中）

1. 变异借鉴是对某个元素进行（ ）的演变，并根据顾客条件加入创意。

A. 变化　B. 完全　C. 抽象　D. 重点

2.（ ）纹理给人清纯、文雅的视觉感受。

A. 直线　B. 曲线　C. 螺旋　D. 混合

3. 向上扩散的（ ）给人清晰、爽朗的视觉感受。

A. 直发　B. 卷发　C. 螺旋发　D. 乱发

4. 平衡包括对称平衡和（ ）。

A. 左右平衡　B. 上下平衡　C. 不对称平衡　D. 混合平衡

5. 发型色彩的表现形式有型、块面和（ ）。

A. 长短　B. 厚薄　C. 纹理　D. 对称

参考答案

一、判断题

1. ×　2. ×　3. ×　4. √　5. √

二、单项选择题

1. C　2. A　3. A　4. C　5. C

第 4 节 发型设计的沟通

要成为一名优秀的美发师，先要成为一个优秀的沟通者，将初步设计方案与顾客进行有效沟通，取得顾客认同，达成一致意见。

一、沟通技巧

1. 微笑

微笑是传递友好的信号，对顾客起诱导积极情绪的作用。微笑可以拉近人与人之间的距离，是做好服务的基石和重要手段。

2. 赞美

真诚地赞美顾客，可以赞美顾客的外形特点，如五官、皮肤、发质等；也可以赞美顾客的气质和品位，如服装、饰品等。

3. 尊重

顾客说话时应积极给予回应，保持目光的接触、点头等可以表明对顾客说的话感兴趣。不要探听顾客的隐私，也不要对他们现有的发型予以全盘否定。尊重顾客是一种心理投资。

4. 聆听

应学会聆听顾客的需求，不要急于为推销产品或造型项目而自顾自滔滔不绝地说，以免让顾客产生胁迫感而拒绝沟通。有效地进行聆听可以了解顾客的需求与期待，同时还可以了解顾客的个性、职业、爱好等。

5. 耐心

当遇到顾客完全否定或部分否定设计方案时，应耐心地向顾客展示该方案的优点，耐心热情地进行专业分析，不能表现出不耐烦和不屑。

6. 专业表达

良好的职业素养和丰富的专业知识可以加强顾客的信任度和认可度，美发师应不断积累丰富经验，学习先进的美发造型知识，提高理论知识和技能操作水平。

7. 留有余地

在与顾客交流中，少用“肯定、保证、绝对”等字样，不要将造型效果说得天花乱坠，保留更多的真诚。每个人对造型效果的期待和认知都有差别，把话说得太“满”容易产生投诉和纠纷。

二、沟通方式

针对不同性格的顾客，沟通方式也会有所不同，一般可以参照以下方式进行沟通。

急躁型	急躁型顾客性情急，容易动怒，美发师要以饱满的状态，清楚、准确、有效的方式与其进行沟通。
沉默型	沉默型顾客不愿意过多地表达自己的想法，说话较少，美发师要耐心且真诚地与其沟通，交谈时留有余地，回答顾客问题时也应谨慎。
健谈型	健谈型顾客通常知识渊博，有强烈的表现欲，美发师应注意聆听，并给予自然真诚的赞许，在肯定顾客想法的基础上，提出专业性建议。
纠结型	纠结型顾客通常有选择性障碍，难以做出决定，美发师应向其展示详细的设计方案和效果，帮助其做出决定。
严肃型	严肃型顾客有原则、有想法，不喜欢高谈阔论，美发师应简单与其交谈，采用“速战速决”的策略。
疑问型	疑问型顾客不容易相信别人，疑问较多，美发师应针对其疑问，耐心一一说明。这类顾客一旦认同服务内容和品质，极易成为长期顾客。
执着型	执着型顾客比较固执，不会轻易改变自己的想法，美发师不要勉强其改变想法，以尊重这类顾客的意见为主。

特别提示

顾客需求口诀

1. 顾客需要专业	2. 生客需要礼貌	3. 熟客需要热情	4. 急客需要效率
5. 慢客需要耐心	6. 贵客需要尊享	7. 百姓需要实惠	8. 挑剔需要细心
9. 犹豫需要保障	10. 保守需要经典	11. 商业需要时尚	12. 前卫需要个性

课堂提问

1. 简述沟通的技巧。

2. 简述沟通的方式。

课后练习

一、判断题（将判断结果填入括号中。正确的填“√”，错误的填“×”）

1. 跟顾客沟通时，要展露真诚微笑，让顾客感到亲切。（　　）

2. 尊重顾客是一种心理投资。（　　）

3. 在与顾客交流中，用“肯定、保证、绝对”等字样可以增加顾客的认同。（　　）

4. 性情急躁、容易动怒是严肃型顾客的特征。（　　）

二、单项选择题（选择一个正确的答案，将相应的字母填入题内的括号中）

1. 良好的职业素养和丰富的专业知识可以（　　）顾客的认可度。

A. 左右　　B. 调节　　C. 加强　　D. 弱化

2. 面对沉默型顾客，美发师需要（　　）与其沟通。

A. 耐心　　B. 强势　　C. 快速　　D. 简单

3. 执着型顾客不会（　　）自己的想法。

A. 轻易改变　　B. 改变　　C. 坚持　　D. 特别坚持

参考答案

一、判断题

1. √　　2. √　　3. ×　　4. ×

二、单项选择题

1. C　　2. A　　3. A

第5节　发型设计的操作

发型设计的操作是通过专业的技术呈现设计方案的效果。

在操作过程中，设计方案不是一成不变的，应根据顾客的特点做出相应的调整。发型局部的长短、厚薄可以进行适当的改变，但大的设计方向不变。如果在操作过程中发现更好的设计方案，一定要和顾客进行有效沟通，得到顾客的认同后才能进行调整。

一、发型设计操作方法的种类

1. 亮露法

亮露法是把美的部分显露出来，这种美可以是脸型之美，也可以是五官之美。亮露可以是对称的亮露，也可以是不对称的亮露，有清新明净、显示自然美感的作用。

2. 遮盖法

遮盖法利用顾客自身头发，对视觉上过于暴露和突出而不够完美的部位进行遮盖掩饰，有弥补不足、改变发量、调整比例的作用。

3. 衬托法

衬托法常利用对比来衬托发型所要表现的轮廓形状、纹理线条、色彩效果，掌握设计主次，才能更好衬托出发型亮点。

4. 分割法

分割法利用头缝、块面来改变脸型和头型的视觉感受，调整发型与脸型的比例关系，有分割面积、改变体积、调整比例、增减量感的作用。

5. 组合法

组合法利用各种元素进行有机组合，构思必须和谐、有条理，主次有序，突出主题。

6. 堆积法

堆积法利用头发的层次结构进行堆积或卷曲膨胀处理，来弥补头型和脸型的缺陷，有增加体积、调整比例、改变面积的作用。

7. 点缀法

点缀法利用色彩、饰品来增加造型的亮点，有调节视觉中心、烘托发式气韵、增加发型变化、画龙点睛的作用。

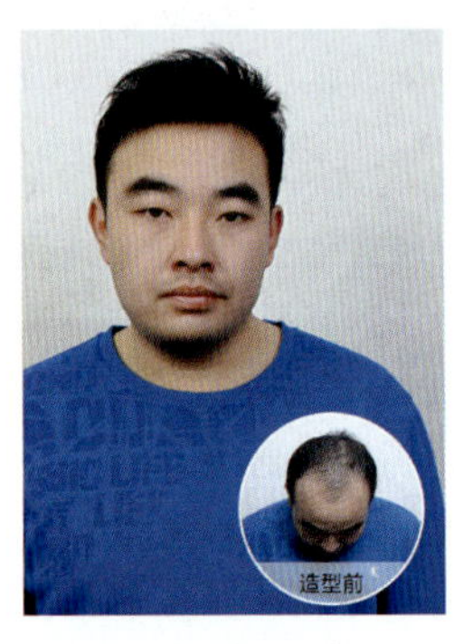

8. 填补法

填补法利用假发来增加头发的发量，填补发型局部量感的缺失；也可以利用饰品填补发型轮廓结构的缺失。填补法可以弥补发型轮廓和发量的缺失，烘托发式气韵。

9. 渲染法

渲染法从发饰、色彩、结构、纹理等方面加强渲染发式造型，有引导视觉中心、加强发式感染力的作用。

这九种处理方法并不是彼此孤立的，而是相辅相成的。设计发型时没有硬性的规定，操作时要灵活掌握，应以脸型、头型与发型相称为标准。此外，还要考虑年龄、职业、性格、爱好等多方面的因素。

二、发型设计操作方法的运用

1. 亮露法

（1）如果是圆形脸，应将刘海向上梳起，使前额完全露出，让脸型有拉长的视觉感受。

（2）如果颈部短粗，应将后颈部外线剪成短凸线，露出的颈部有拉长的视觉感受。

2. 遮盖法

（1）用刘海来遮盖过高的前额，用两侧的长发来遮盖过宽的脸型。

（2）如果脖颈过长，可用中长而又蓬松的头发来遮盖，分散人们对脖颈的注意力。

3. 堆积法

（1）后脑部头型较平，可将后部头发进行堆积处理，以修正头型。

（2）如果脸型过长，可将两侧头发进行蓬松处理，让脸型有拉宽的视觉感受。

特别提示

发型的修剪、造型、烫染等美发项目，都要在重复、交替、递进、对比、和谐这五大设计原则的范畴内进行，这样才能使整个发型的设计有据可依。

课堂提问

1. 简述发型设计操作方法的种类。
2. 简述发型设计操作方法的运用。

课后练习

一、判断题（将判断结果填入括号中。正确的填“√”，错误的填“×”）

1. 点缀法有调节视觉中心、烘托发式气韵的作用。（　　）
2. 填补法有增加体积、调整比例的作用。（　　）
3. 在发型设计操作中，常用的表现手法有 10 种。（　　）
4. 亮露法有清新明净、显示自然美感的作用。（　　）
5. 在发型设计操作过程中，设计方案是不能改变的。（　　）

二、单项选择题（选择一个正确的答案，将相应的字母填入题内的括号中）

1. 渲染法有引导视觉中心、(　　) 发式感染力的作用。

A. 削弱　　B. 加强　　C. 配合　　D. 平衡

2. 填补法有弥补发型轮廓和 (　　) 缺失的作用。

A. 外部层次　　B. 内部层次　　C. 发量　　D. 量感

3. (　　) 有清新明净、显示自然美感的作用。

A. 亮露法　　B. 组合法　　C. 遮盖法　　D. 对比法

4. 分割法利用头缝、块面来调整发型与脸型的 (　　) 关系。

A. 大小　　B. 平衡　　C. 配合　　D. 比例

5. 点缀法利用色彩、饰品来 (　　) 造型的亮点。

A. 增加　　B. 减弱　　C. 配合　　D. 平衡

参考答案

一、判断题

1. √　　2. ×　　3. ×　　4. √　　5. ×

二、单项选择题

1. B　　2. C　　3. A　　4. D　　5. A

第4篇

导师培训

引导语

教学是指美发导师利用各种手段，加强对学员的教育，充分调动学员学习的自觉性、积极性，使学员能够主动学习。

点线面作为DX系统的理论基础，颠覆了传统的发型设计理论，同时也丰富了实际操作的方法；修剪、造型设计、烫染技术的合理运用使中国原创的发型设计向着科学化和系统化发展。

第 7 章 DX 系统教学方法

第 1 节 教学方法概述

DX 系统教学由讲授、演示、观察、练习、指导、互动、评价、激励、总结等环节组成。美发导师通过讲授、演示、指导、评价、互动、激励，激发学员学习兴趣；学员通过观察、练习、总结，个人能力得到提高。

一、讲授法

讲授法通过美发导师简明、生动的语言向学员传授知识，讲解所要训练内容的意义，激发学员参与学习的积极性。讲授法的优点是美发导师容易控制教学进度，能够使学员在较短时间内获得大量系统的科学知识。讲授的重点必须具有针对性、实用性和必要性。过多的内容和过长的时间易使学员疲乏，出现被动倾听的情况，授课效果大打折扣。

二、演示法

演示法通过美发导师针对教学重点、利用教具设备进行示范性教学，让学员获得感性认识、掌握操作技能。美发导师通过“我做你看”演示工作过程，告诉学员“怎样做”，让学员看得见、摸得着、学得进、记得牢。演示教学法要和其他教学方法结合使用，解释“做什么”和“为什么这样做”。

三、练习法

练习法是学员在美发导师的指导下练习操作技能的方法。学员把美发导师示范的技能，经过反复练习，验证其实际效果，通过对整个工作过程的模仿，建立起最初的行动框架，为下一步独立完成工作打下基础。

1. 语言练习旨在培养学员的表达能力。
2. 解答练习旨在培养学员运用知识解决问题的能力。
3. 实操练习旨在培养学员技能操作的能力。

四、指导法

指导法是指在学员练习实践的过程中，美发导师进行观察指导，监督学员的练习过程，及时纠正错误，规范学员的操作。

五、任务驱动法

任务驱动法可以以小组为单位进行，由美发导师布置具体任务，学员可以积极提问，以达到共同学习的目的。任务驱动教学法可以让学员在完成“任务”的过程中，培养分析问题、解决问题的能力，以及独立探索及合作精神。

六、激励法

通过激励提高学员的竞争能力，鼓励学员“你追我赶”的学习劲头，相互比较、追赶，进而取长补短、去劣存优、相互促进。美发导师应及时归纳总结、肯定成绩、纠正缺点，使学员取得进步。激励法能够很好地鼓舞学员，深受学员喜爱，对提高学员的技能极为有效。

特别提示

互动式教学应贯穿整个教学过程，主要包含四个方面。

1. 美发导师与学员的互动旨在拉近师生之间的距离，活跃课堂气氛。
2. 理论与实践的互动旨在印证理论与实践的联系。
3. 教学与市场的互动旨在将课程内容与实际运用挂钩。
4. 学员与学员的互动旨在培养学员之间的合作和竞争意识。

课堂提问

1. 简述演示法。
2. 简述激励法。

课后练习

一、判断题（将判断结果填入括号中。正确的填“√”，错误的填“×”）

1. 演示法通过美发导师针对教学重点、利用教具设备进行示范性教学。（　　）
2. 讲授法讲授的重点必须具有针对性、实用性和必要性。（　　）
3. 演示法中，美发导师通过“我说你听”演示工作过程。（　　）
4. 练习法可分为语言练习和实操练习两种。（　　）
5. 理论与实践的互动旨在印证理论与实践的联系。（　　）

二、单项选择题（选择一个正确的答案，将相应的字母填入题内的括号中）

1.（　　）鼓励学员相互比较、追赶，进而取长补短、去劣存优、相互促进。

A. 演示法　B. 练习法　C. 激励法　D. 指导法

2.（　　）可以以小组为单位进行。

A. 激励法　B. 任务驱动法　C. 练习法　D. 演示法

3.（　　）练习旨在培养学员运用知识解决问题的能力。

A. 语言　B. 解答　C. 实操　D. 演示

4.（　　）要和其他教学方法结合使用。

A. 演示法　B. 指导法　C. 激励法　D. 任务驱动法

5.（　　）的优点是美发导师容易控制教学进度，使学员在较短时间内获得大量系统的科学知识。

A. 讲授法　B. 演示法　C. 指导法　D. 激励法

参考答案

一、判断题

1. √　2. √　3. ×　4. ×　5. √

二、单项选择题

1. C　2. B　3. B　4. A　5. A

第 2 节　教学培训方法实施

一、理论教学培训的程序

1. 备课

完善合理的备课可以让美发导师在教学中有明确的目的，为教学工作带来很大的便利。备课主要有以下程序。

（1）熟悉教学内容。

（2）了解学员。

（3）编写授课大纲。

（4）编写课程方案。

（5）编写教案。

（6）制作课件。

2. 上课

提高教学质量的关键是上好课，上课是教学工作的中心环节。上课主要有以下程序。

（1）复习提问。

（2）新课导入。

（3）理论讲解。

（4）提问检验。

（5）考察评定。

（6）奖励惩罚。

3. 布置作业

布置作业是加强学员学习效果、提高教学质量的关键，布置作业是理论教学工作的最后一个环节。

（1）根据学习重点布置作业。

（2）根据学员对课程的领悟程度布置作业。

（3）为领悟性较弱的学员针对性地布置相关薄弱知识点和技能点作业，进行强化辅导。

二、教学培训的技巧

1. 在做培训前，应针对不同水平、不同需求的学员制订有针对性的教学计划，充分考虑教学内容的系统性、科学性和思想性，为教学做好充分准备。

2. 列出教学重点和难点

列出教学中的重点知识、技能，在教学中重点教授，并向学员强调其重要性；列出教学中的难点，在教学中反复耐心地进行讲解，直到所有学员都掌握为止。

3. 准备教具设备

根据培训内容，准备教具设备。

4. 根据不同的教学需求、学员特点、教学内容选择不同的教学方法。

5. 注重学习气氛，充分调动学员的积极性。在实操培训教学中，应做好示范操作和巡回指导。

（1）示范操作。循序渐进，示范时动作不要太快，不能太花式，时刻保持严谨的教风，应做到以下几点。

1）一步一讲解。

2）示范一步，学员操作一步。

3）学员操作时，时刻观察学员的练习进度和状态。

4）发现问题及时辅导修正。

5）根据学员的状态掌握授课进度，有条不紊。

（2）巡回指导。在学员跟着示范操作及练习过程中，美发导师应不间断地进行巡回查看，及时发现学员的问题并予以纠正，也可以解答学员的疑惑，在巡回时手把手地进行指导。

6. 做好教学过程中的突发事件处置预案，一旦有突发情况，可灵活妥善处理。

7. 做好课后总结，及时梳理知识重点和难点。

相关链接

教学注意事项

1. 理论教学注意事项

（1）放松学员心情。

（2）丰富授课形式，寓教于乐。

2. 示范教学注意事项

（1）进行详细的步骤说明，并做示范。

（2）强调关键步骤。

3. 练习教学注意事项

（1）放手让学员自己去做。

（2）指定辅导员有针对性地纠正学员的错误或不规范操作。

（3）随时观察学员的练习状况。

4. 指导教学注意事项

（1）观察指导，耐心纠正学员的错误。

（2）平等关注每一名学员。

（3）奖惩分明，鼓励为主。

三、授课大纲编写

授课大纲案例如下所示，在教学过程中要根据实际情况进行调整。

烫发技术授课大纲

1. 理论内容

（1）毛发基础知识。

（2）冷热与热烫的烫发原理。

（3）烫发工具及烫发辅助工具的使用。

（4）烫发设备的操作。

（5）烫发剂的识别。

（6）烫发剂的操作流程。

（7）基本烫发的卷法。

（8）花式烫发的卷法。

（9）冷烫的操作原理与方法。

（10）热烫的操作原理与方法。

2. 教学目的

（1）使学员了解各类烫发的原理。

（2）使学员能够独立完成冷烫操作。

（3）使学员能够独立完成热烫操作。

3. 实训内容

（1）烫发辅助工具的操作方法。

（2）各种发杠上卷和排列的方法。

（3）冷烫烫发剂的涂抹方法及软化程度测试方法。

（4）热烫烫发剂的涂抹方法及软化程度测试方法。

（5）电夹板的正确使用，热烫机器的操作。

（6）冷烫真人实操。

（7）热烫真人实操。

4. 实训设备

（1）发杠。

（2）辅助工具（毛巾、棉条、橡皮筋、烫发纸、肩托等）。

（3）烫发剂。

（4）电夹板、热烫机器。

5. 教学重点

（1）冷烫的工作原理与操作方法。

（2）热烫的工作原理与操作方法。

6. 教学难点

（1）头发软化程度的测试方法及时间控制。

（2）花式发杠的卷法。

7. 教学辅助手段

（1）假头模实操练习。

（2）真人模特实操练习。

8. 考核

（1）烫发的原理和操作方法（口试）。

（2）烫发过程中的注意事项（笔试）。

（3）冷烫（真人实操）。

（4）热烫（真人实操）。

四、课程方案编写

课程方案案例如下所示，在教学过程中要根据实际情况进行调整。

定向修剪课程方案

1. 教学目的

通过学习全新的定向修剪理论，使学员掌握发型设计中内型与外型的设计理念，以及定点、定线、定面的修剪技巧。

2. 教学内容

（1）外型五区九线、内型形状的设计理论，纹理制作技巧，发流方向的调整。

（2）实操示范。

（3）考核。

3. 教学方法

DX 系统四步互动教学法：利用理论 + 示范 + 练习 + 指导的教学模式进行四步互动教学。

（1）教学与市场互动。

（2）理论与实践互动。

（3）导师与学员互动。

（4）学员与学员互动。

4. 教学时间

5 天（40 课时）。

5. 美发导师所需资料及材料

《DX 定向修剪系统》、头模 3 个（长发、中长发、短发）。

6. 学员所需资料及材料（自理）

全套修剪工具。

7. 课程安排

第一天

上午 09：00—10：00 发型修剪的原理、方法、步骤

10：00—12：00 发型的设计技巧和理论知识

下午 13：00—14：00 讲解并示范第一款发型的修剪

14：00—15：00 学员练习、美发导师指导

15：00—15：30 讲解并示范第一款发型的造型

15：30—16：00 学员练习、美发导师指导

第二天

上午 09：00—10：00 讲解并示范第二款发型的修剪

10：00—11：00 学员练习、美发导师指导

11：00—11：30 讲解并示范第二款发型的造型
11：30—12：00 学员练习、美发导师指导
下午 13：00—14：00 讲解并示范第三款发型的修剪
14：00—15：00 学员练习、美发导师指导
15：00—15：30 讲解并示范第三款发型的造型
15：30—16：00 学员练习、美发导师指导

第三天

上午 09：00—10：00 讲解并示范第四款发型的修剪
10：00—11：00 学员练习、美发导师指导
11：00—11：30 讲解并示范第四款发型的造型
11：30—12：00 学员练习、美发导师指导
下午 13：00—14：00 讲解并示范第五款发型的修剪
14：00—15：00 学员练习、美发导师指导
15：00—15：30 讲解并示范第五款发型的造型
15：30—16：00 学员练习、美发导师指导

第四天

上午 09：00—10：00 讲解并示范第六款发型的修剪
10：00—11：00 学员练习、美发导师指导
11：00—11：30 讲解并示范第六款发型的造型
11：30—12：00 学员练习、美发导师指导
下午 13：00—13：50 讲解并示范第七款发型的修剪
13：50—15：00 学员练习、美发导师指导
15：00—15：30 讲解并示范第七款发型的造型
15：30—16：00 学员练习、美发导师指导

第五天

上午 09：00—10：00 讲解并示范第八款发型的修剪
10：00—11：00 学员练习、美发导师指导
11：00—11：30 讲解并示范第八款发型的造型
11：30—12：00 学员练习、美发导师指导
下午 13：00—14：00 理论考核
14：00—16：00 实操考核

五、教案编写

教案案例如下所示，在教学过程中要根据实际情况进行调整。

基础修剪教案

单元或科目：基础修剪　　场地：□理论教室　□实操教室

主题：平切层次修剪　　时间：4 课时

课程类型：□理论　□示范　□练习　□观摩　□其他________

1. 课程目标

（1）学员能够在全头上修剪外线堆积。

（2）学员能够分区控制。

（3）学员能够修剪自然下垂状态下的头发。

（4）学员能够在头发上正确使用压力 / 拉力。

2. 美发导师所用的材料和设备

（1）剪刀　（2）剪发梳　（3）喷水壶　（4）头模

（5）白板 / 马克笔　（6）吹风机　（7）九排梳　（8）鸭嘴夹

3. 美发导师所用的印刷资料

（1）基础修剪方法美发导师手册　（2）基础修剪教材

4. 教具

（1）外线堆积课件　（2）美发教育智能镜台

5. 美发导师的预备性工作

（1）阅读基础课本。

（2）准备美发教育智能镜台课件。

（3）调试设备。

6. 学员准备的物品

（1）剪刀　（2）剪发梳　（3）喷水壶　（4）头模

（5）笔记本　（6）吹风机　（7）九排刷　（8）鸭嘴夹

7. 激励学员的方法

（1）告诉学员将要完成一款完整的发型。

（2）展示一些与平切层次修剪相关的烫染发型图片。

（3）奖励相关学员。

8. 教学过程

（1）讲解及复习层次结构，并重点说明新的专业术语（20 min）。

（2）向学员介绍主题（10 min）。

（3）解释课程目标（5 min）。

（4）讲解、展示作品的商业性（5 min）。

（5）美发导师在头模上示范水平线修剪、吹风操作（45 min）。

（6）学员准备操作练习（10 min）。

（7）学员在头模上练习水平线修剪、吹风操作（45 min）。

（8）检查（包括监督过程）学员的作品（30 min）。

（9）评估学员操作成绩（20 min）。

（10）奖励与分享（20 min）。

9. 总结和结论

平切层次的长度是上长下短，自然下落在同一水平线上，形成一种静止的纹理。

10. 主要问答

（1）什么是平切层次修剪？

答：平切层次修剪是指头发自然下落在同一水平线上进行的修剪。

（2）什么是自然下垂？

答：自然下垂是指头发沿头部曲线自然下落。

11. 学员作业

在不同头模上练习平切层次修剪。

六、发型结构图的绘制

发型结构图能够精确地还原发型的层次结构，是对发型结构进行分析的书面分解过程，根据发型结构图进行发型修剪是由书面效果到实物呈现的过程。

利用板书进行头型图和层次结构图的绘制，是每一个美发导师必须掌握的技能。DX系统借鉴色轮的色彩来代表不同的层次结构，板书绘图时可用相应颜色的板书笔进行不同层次结构的绘制。

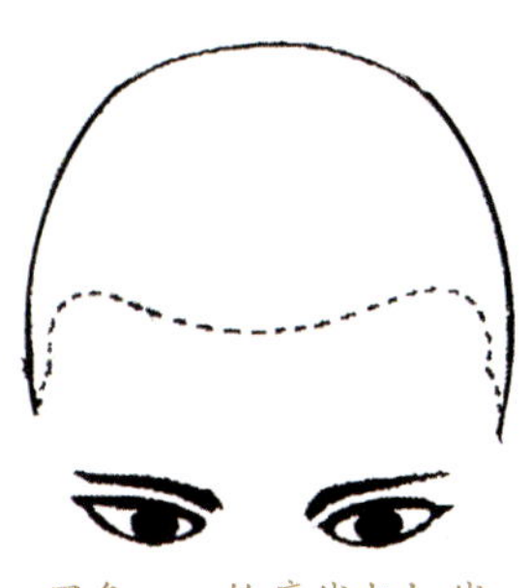
黑色——轮廓线与切线

黄色——向上外切层次

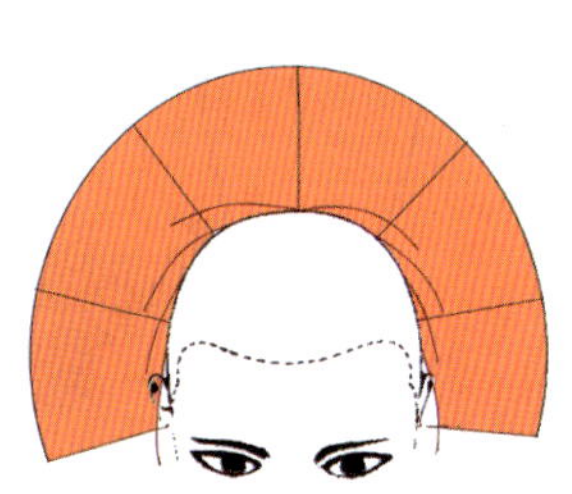
橙色——平行外切层次

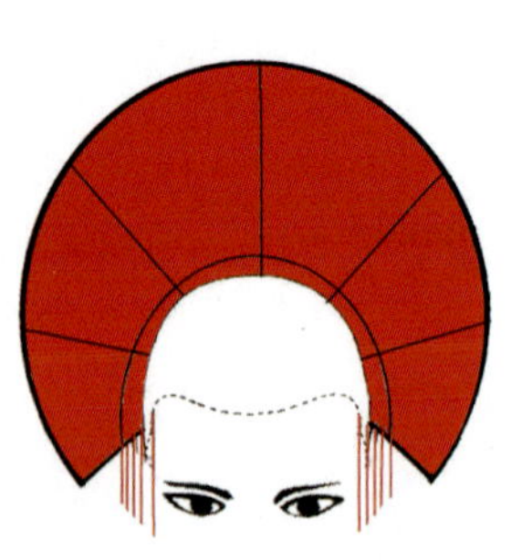
红色——向下外切层次

紫色——平切层次

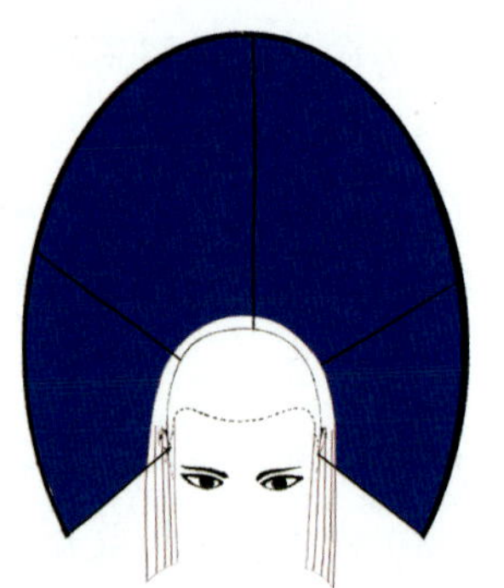
蓝色——内切层次

1. 头型图的快速绘图方法

（1）正视图

❶ 画半圆头顶弧线

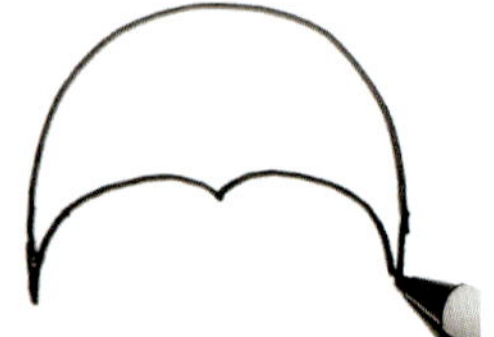
❷ 画 M 形前额发际线

❸ 画耳朵

扫码观看

（2）侧视图

❶ 画问号，形成头部侧面曲线

❷ 画倾斜的“3”，形成侧面发际线

❸ 画耳朵

扫码观看

（3）后视图

❶ 画括弧，形成两侧轮廓线

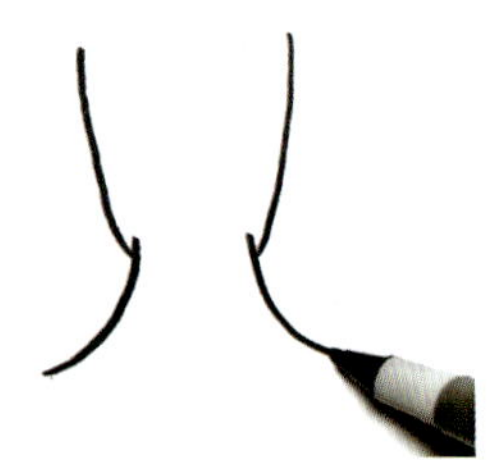
❷ 画“八”，形成肩颈线

❸ 画顶部轮廓线

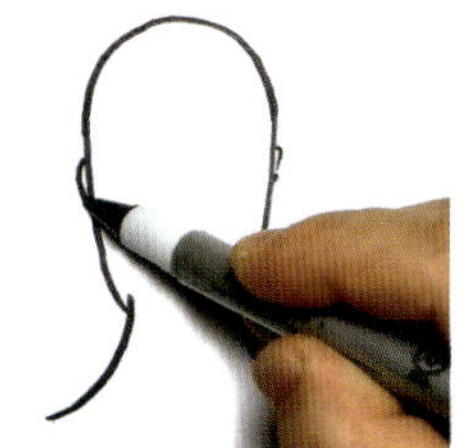
❹ 画耳朵

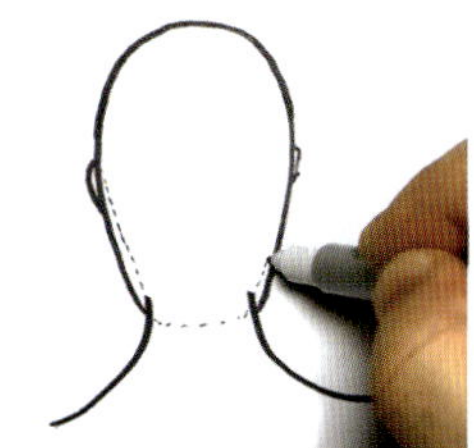
❺ 画后部发际线

扫码观看

（4）俯视图

❶ 画头部后部轮廓线

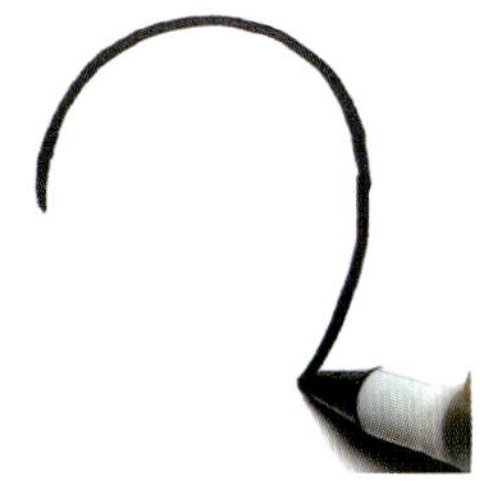
❷ 画头部左侧轮廓线

❸ 画头部右侧和前额轮廓线

❹ 画前发际线

❺ 画鼻子

扫码观看

2. 发型结构图的快速绘图方法

（1）侧视图

1）向下外切层次结构侧视图

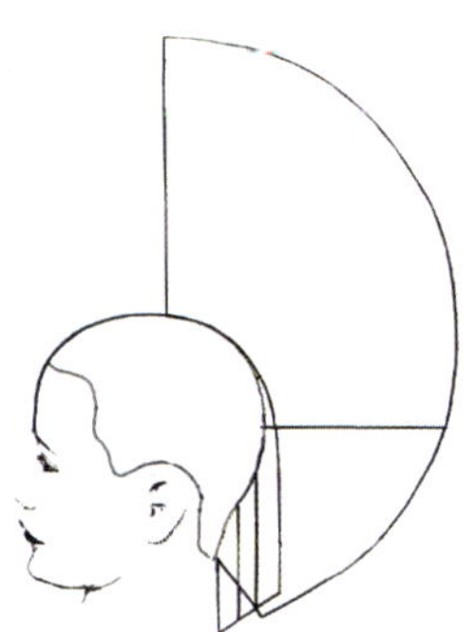
向下外切层次结构侧视图

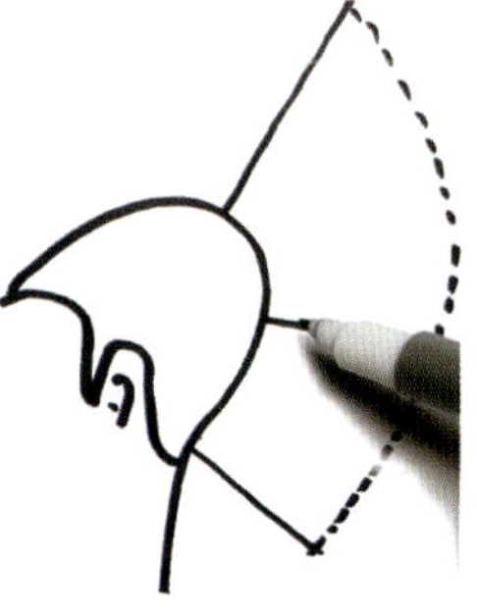
❶ 画侧视向下外切层次结构下落形态

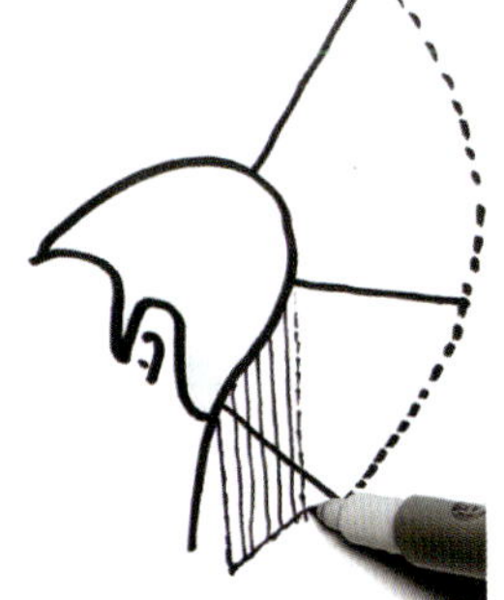
❷ 画侧视向下外切层次头发

扫码观看

2）组合层次结构侧视图

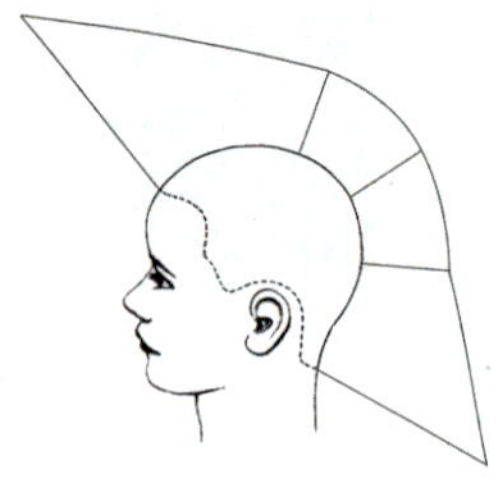
组合层次结构侧视图

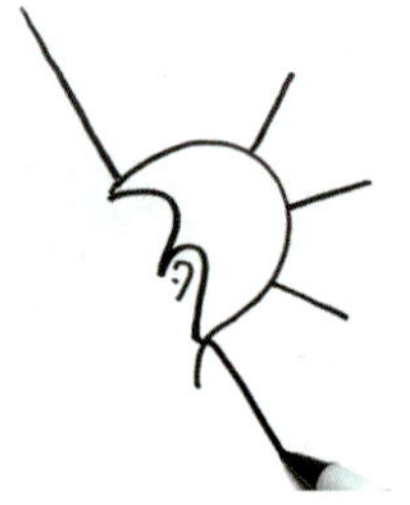
❶ 画侧视组合层次结构

❷ 画平行外切层次硬性切口

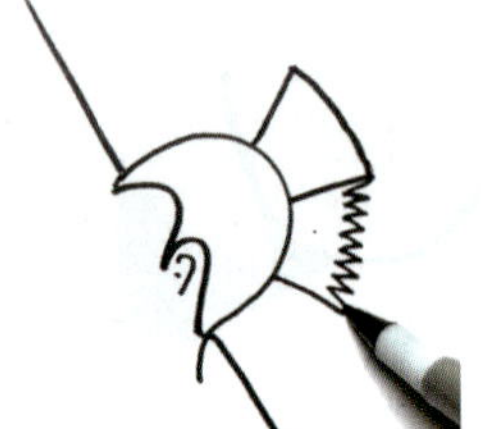
❸ 画平行外切层次柔性切口

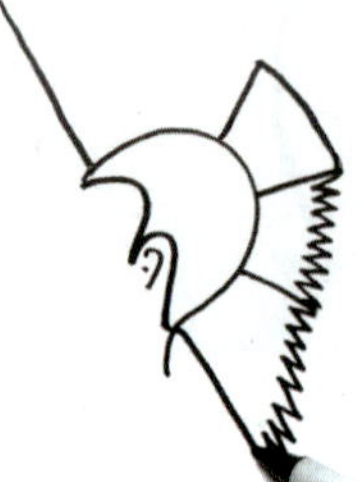
❹ 画向上外切层次柔性切口

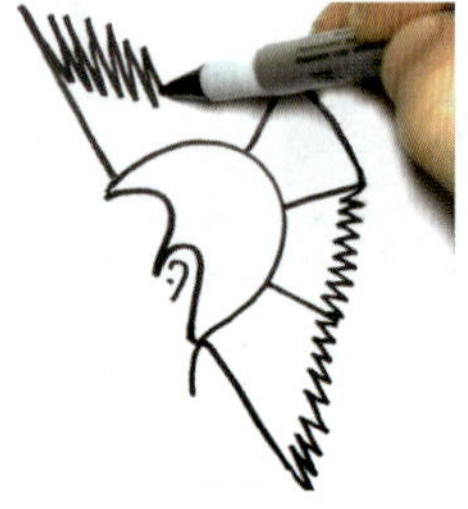
❺ 画头顶层次柔性大切口

扫码观看

（2）正视图

1）向上外切层次结构正视图

向上外切层次结构正视图

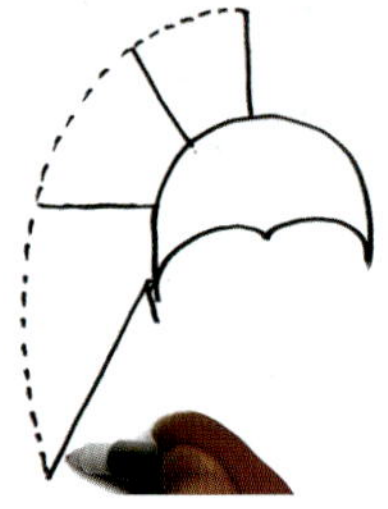
❶ 画正视向上外切层次结构

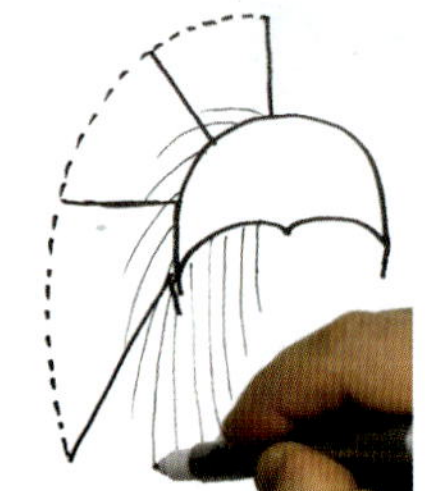
❷ 画正视向上外切层次头发下落形态

扫码观看

2）平切或向下外切层次结构正视图

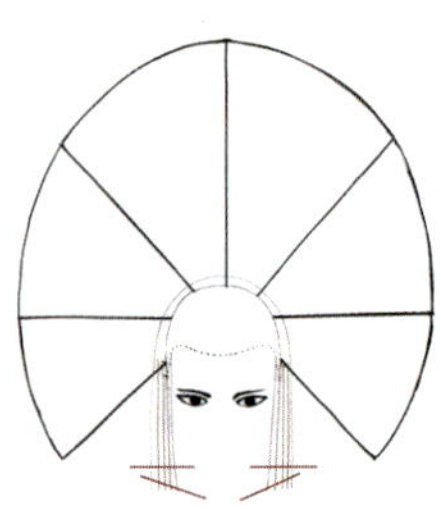
平切或向下外切层次结构正视图

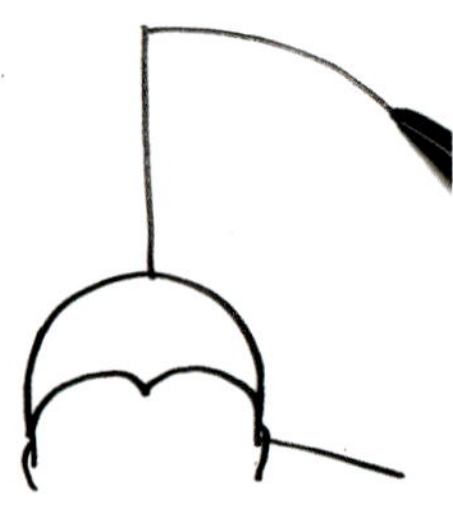
❶ 画正视平切或向下外切层次结构

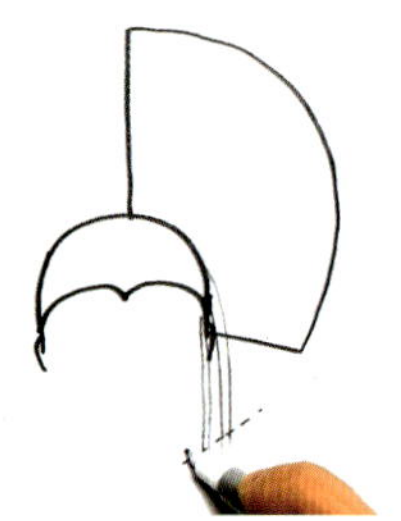
❷ 画正视平切或向下外切层次头发下落形态

扫码观看

3）平行外切层次结构正视图

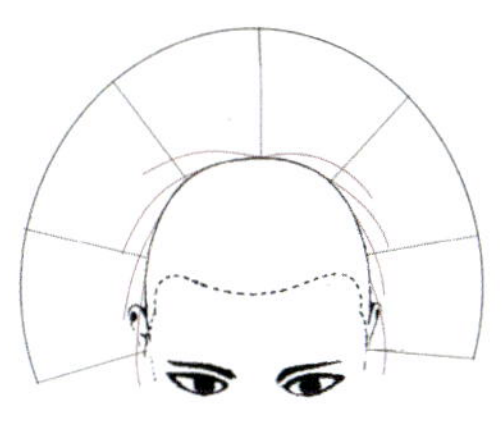

平行外切层次结构正视图

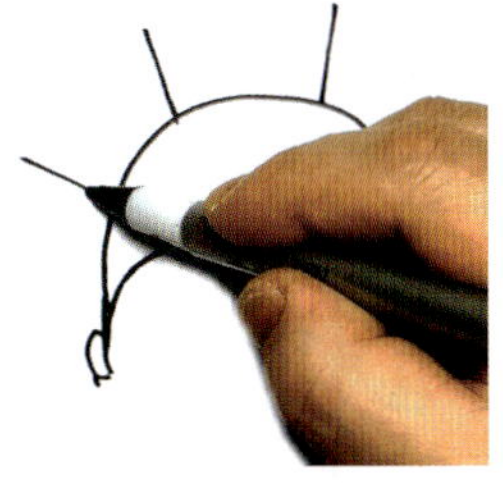

① 画正视平行外切层次结构

② 画正视平行外切层次头发下落形态

扫码观看

（3）后视图

1）向上外切层次结构后视图

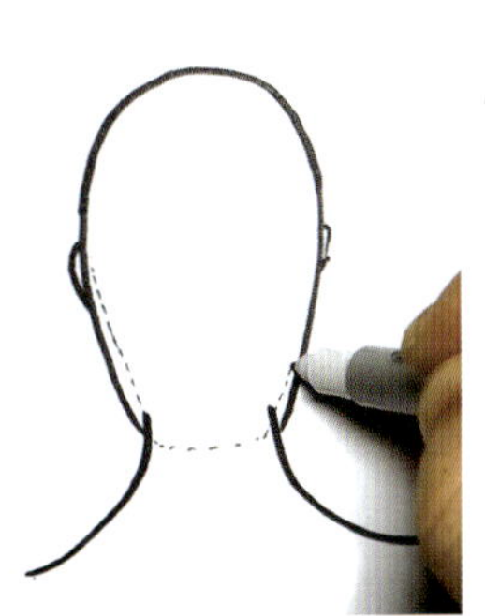

① 画后视图

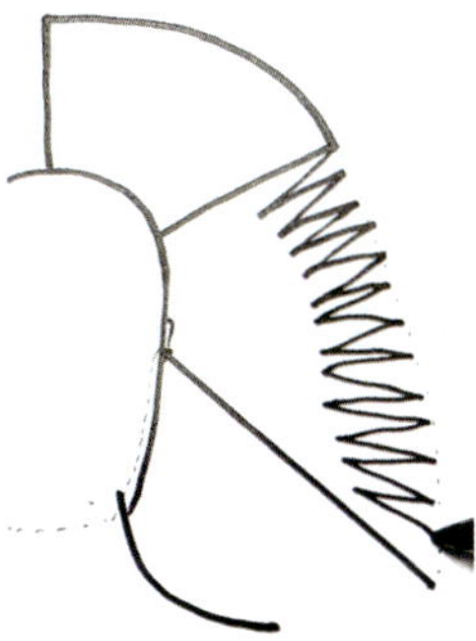

② 画后视向上外切层次结构

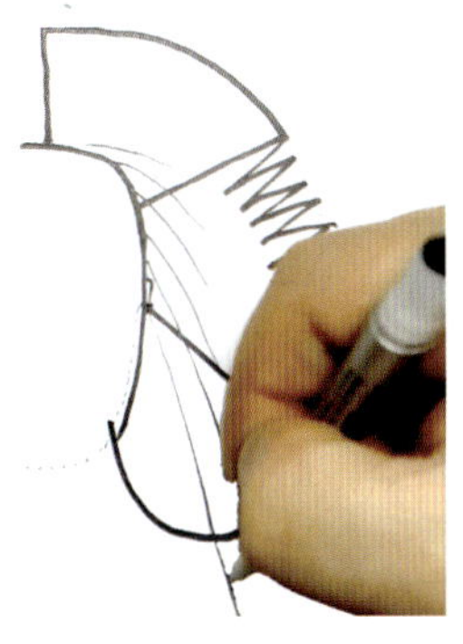

③ 画后视向上外切层次头发下落形态

扫码观看

2）向下外切、平切、内切层次结构后视图

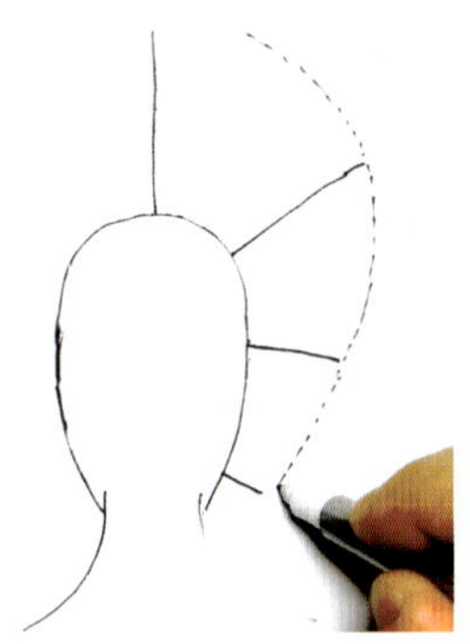

① 画后视层次结构图

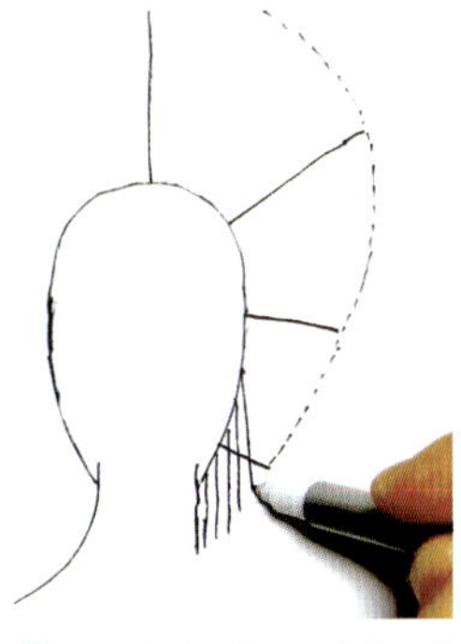

② 画后视向下外切层次头发下落形态

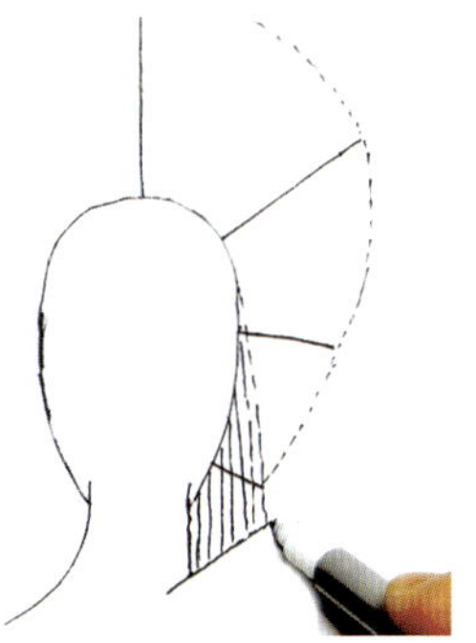

③ 画后视向下外切层次头发下落形态切线

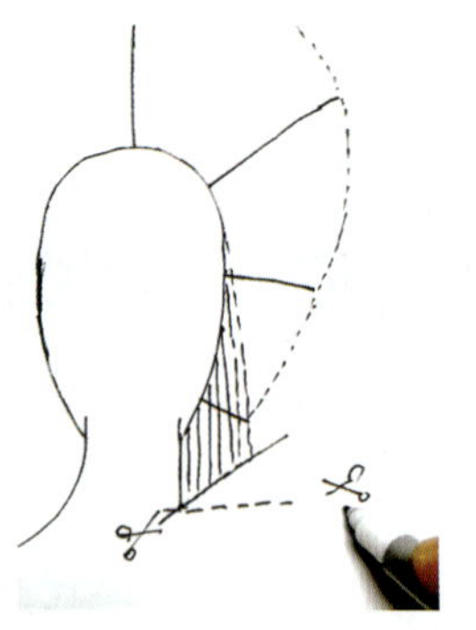

❹ 画后视平切层次头发下落形态切线

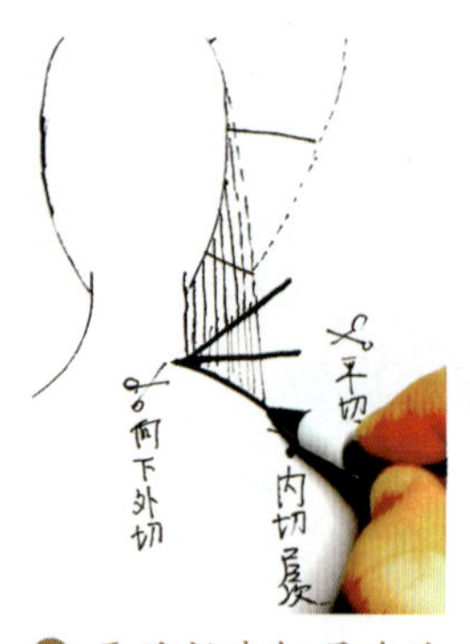

❺ 画后视内切层次头发下落形态切线

扫码观看

（4）俯视图

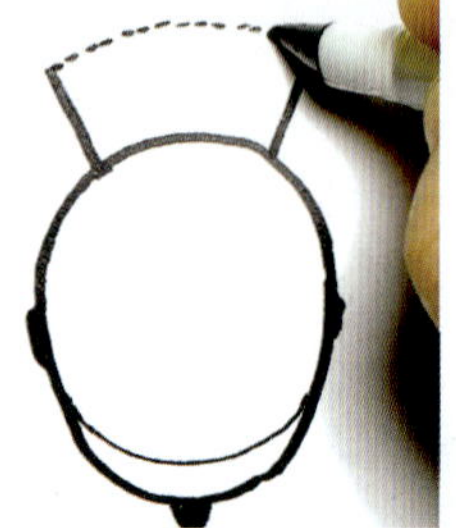

横向平切层次俯视图

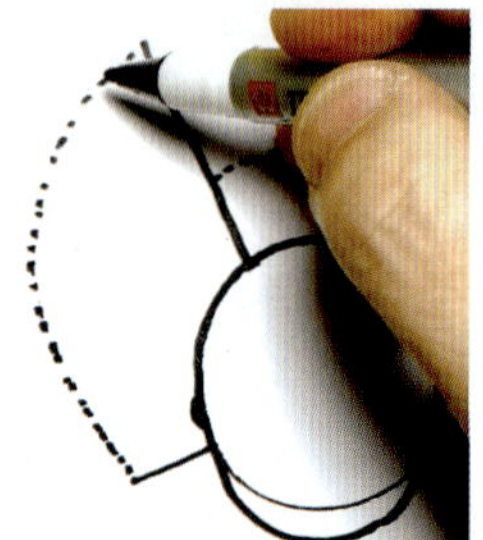

横向前切层次俯视图

横向后切层次俯视图

扫码观看

特别提示

板书绘图时，为了清晰表达发型的结构，可省略脸部轮廓线、眼睛、眉毛、鼻子等的绘制。

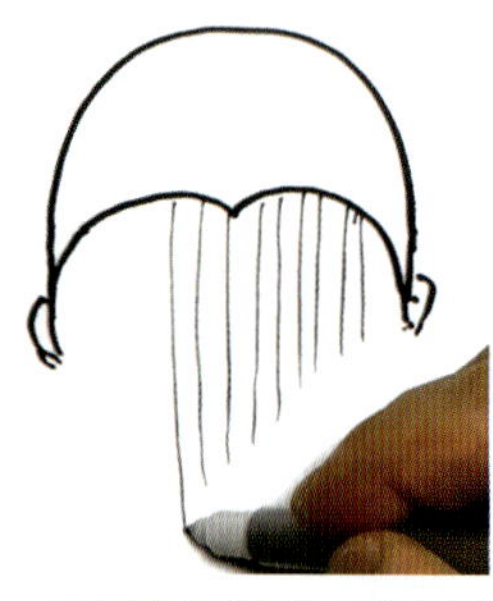

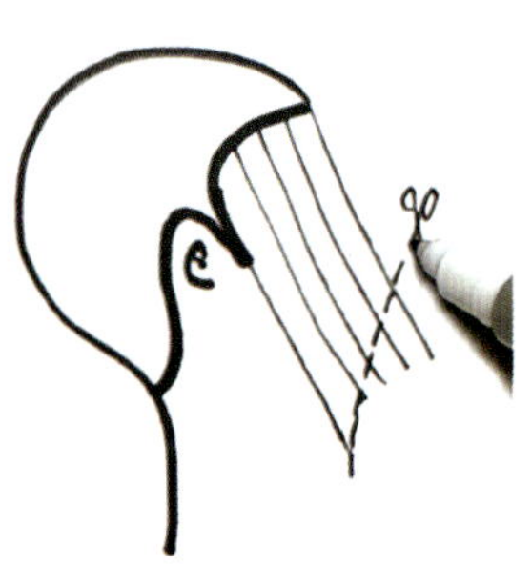

课堂提问

请在下面两张结构图上涂抹或注明与层次结构相对应的色彩颜色。

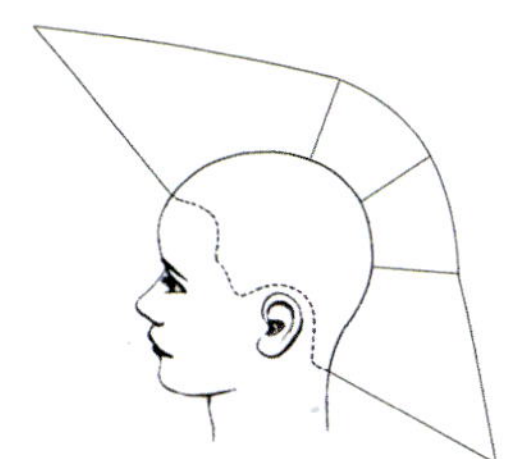

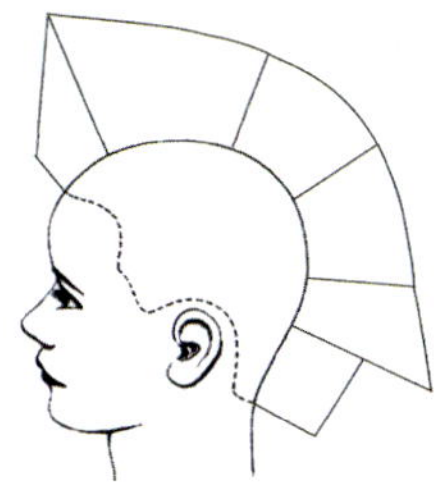

课后练习

一、判断题（将判断结果填入括号中。正确的填“√”，错误的填“×”）

1. 理论培训的最大难点是制订教学计划。 （ ）
2. 理论培训的程序是固定不变的。 （ ）
3. 在学员跟着示范操作及练习过程中，美发导师应不间断地进行巡回查看。（ ）
4. 根据发型结构图进行发型修剪是由书面效果到实物呈现的过程。 （ ）
5. 发型结构图能够精确地还原发型的造型效果。 （ ）

二、单项选择题（选择一个正确的答案，将相应的字母填入题内的括号中）

1. 进行示范操作时，美发导师动作（ ）。

A. 应迅速　　B. 不要太快　　C. 应注重花式　　D. 应连贯

2. 理论知识培训的程序：备课→上课→（ ）。

A. 下课　　B. 指导　　C. 布置作业　　D. 总结

3. 发型结构图是对发型进行书面（ ）的过程。

A. 构思　　B. 分解　　C. 分析　　D. 绘制

4. 头型的绘制有正视图、侧视图、后视图及（ ）图。

A. 俯视　　B. 仰视　　C. 脸部　　D. 外轮廓

参考答案

一、判断题

1. ×　2. ×　3. √　4. √　5. ×

二、单项选择题

1. B　2. C　3. B　4. A

第3节 教学培训技巧

一、教学培训开场白

每次新开课程，开场白是给学员的第一印象，有助于拉近师生距离，便于课程的顺利进行。

开场白的万能公式是：问好 + 感谢 + 自我介绍 + 互动 + 陈述课程亮点。

相关链接

开场白

大家早上好！我是 ×××，非常高兴在今天的培训课堂上认识大家。感谢在座奋斗在美发一线岗位的各位精英对 DX 美发教育系统的认可和支持，谢谢大家！

其实我们美发人做着世界上非常了不起的事情——把人变得美丽，我们首先为自己鼓掌。

在这个世界上，我非常欣赏以下几类人。

第一类是有赚钱欲望的人，通过自己的努力奋斗改变命运、实现自己人生价值的人，如果您是的话，请举手认识一下。

第二类是有责任感的人，通过自己的努力让自己的家庭过上更幸福快乐生活的人，如果您是的话，请举手认识一下。

第三类是爱学习、爱思考的美发人。因为美发人只有不断学习，才能把美丽进行到底！如果您是爱学习、爱思考的美发人，不用举手，请把掌声送给自己。

大家应该了解，DX 美发教育系统是中国目前唯一的原创美发教育系统。经过多年的市场检验，在这里我可以非常自信地说，在国内所有美发培训机构的课程中，我们教授的是最实用、最系统、最专业的美发技术。

相信你们通过这几天的学习，会感受到 DX 定向修剪系统科学、规范、实用的特点，对大家的思维、技术会有一个明显的提升！同时，你们一定会结交到志同道合的朋友！

预祝大家大有收获！

二、教学培训要点

1.“10-20-30”原则

正常人注意力集中的时间一般维持在 20 min 左右，因此每个知识点不能超过 10 张幻灯片，讲解时间不能超过 20 min，而且幻灯片的字体字号要大于 30 号。美发导师应在有限的时间里，用较少的幻灯片和精练的语言将理论知识传达给学员。

2. 放慢速度，抑扬顿挫

试着放慢语速并加入自己的情感，通过增加一些停顿来达到强调的效果。学员期望在听课中感受到美发导师的激情，而不是聆听枯燥无味的背诵。

3. 学会眼神交流

学会与所有学员进行眼神交流，多用鼓励、肯定的眼神注视学员，但是不能将目光集中在少数人身上，这样会让对方感到不舒服。

4. 用精练的词语做总结

通过理论讲解进行信息传递时，需要用精练的词语做总结，达到强调和加深记忆的效果。

5. 丰富授课内容

理论授课最好加入一些小故事、双关语等进行串联，帮助阐述观点。优秀的美发导师应巧妙地将小故事和知识点联系起来，达到吸引学员的目的。

6. 坦然面对学员的提问，迅速组织语言

通过使用“这真是个不错的问题”“我很高兴你提出这个问题”等语句来为自己争取时间以组织回复内容，要避免使用“恩”“啊”等语气词。

7. 正确运用手势

授课中手势的正确运用，可以有效延伸所要传达的信息，可以帮助传递信息中的情感，让学员感受到美发导师的专业和热情。

三、课堂游戏

课堂游戏有助于调节课堂气氛，增加师生之间、学员之间的友谊。最重要的是通过游戏加强对知识的理解，有助于教学成果的落实。

1. 倾听训练

（1）形式：集体参与。

（2）时间：5~10 min。

（3）道具：任何一则包含一些数字或确切时间、地点、人名等的新闻。

（4）场地：室内。

（5）目的：学会倾听。

（6）类型：学员训练课程。

（7）程序

1）事先从报纸或杂志上摘录一则故事，不要进行任何介绍，在课堂上随意地向学员提起："也许你们中很多人几天前已经看到了这则报道。"

2）大声朗读这篇文章。

3）朗读结束后，学员露出毫无兴趣、索然无味的表情。

4）这时，拿出一个精致的礼品，说："好，针对刚才的故事，我要提几个问题。谁能全部答对，就能赢得这个礼品。"

5）然后问几个问题，如故事中涉及的人名、地点等，几乎没有人能全部答对。

（8）分享

1）既然大家都听到了这个故事，为什么很少有人能记清其中的细节？

2）为什么不去听这个故事？如何提高倾听技巧？

3）如果一开始就告诉大家"听故事答题赢奖品"，大家会不会听得认真些？为什么？没有奖品刺激时，应当如何保证有效倾听？

（9）总结

1）记不住的原因有：不感兴趣，不会倾听，没有事前激励。

2）记住的原因有：感兴趣，主动倾听，有事前激励。

2. 思维方式训练

（1）形式：集体参与。

（2）时间：10 min。

（3）道具：无。

（4）场地：教室。

（5）目的：使学员有综合运用纵向思维和横向思维的意识。

（6）类型：学员训练课程。

（7）程序

1）美发导师念出下面一段话。

①有一辆公共汽车，车上有 32 个人。到了一站上了 18 人，下了 3 人。

②到了另外一站上了 5 人，下了 20 人。

③然后又上了 16 人，下了 2 人。

④到了另一站又上了 4 人，下了 18 人。

⑤之后上了 7 人，下了 4 人。

⑥到了下一站上了 2 人，下了 5 人。

⑦最后上了 6 人，下了 10 人。

2）这时美发导师停下来，不说话，望着学员，看看学员有什么反应。这时，一定有学员大声地说出答案："28 人。"

3）美发导师说："不错，现在车上还有 28 人。但是我的问题是这辆车停了多少站?"

4）学员面面相觑，不知道答案。

（8）分享：大多数人都是纵向思维，应该学会横向思维，便于做事时把控节奏。

（9）总结

1）倾听在工作中占有重要地位，听得准确与否直接关系我们的行动正确与否。

2）生活、工作中要学会纵向思维和横向思维的综合运用。

3. 观察力训练

（1）形式：分组训练，每组不超过 20 人。

（2）时间：20~30 min。

（3）道具：学员自带的头模。

（4）场地：室内。

（5）目的：培养学员的观察能力。

（6）类型：学员训练课程。

（7）程序

1）让学员在自己修剪好的头模后颈发际线处写上自己的名字。

2）让全体学员去室外休息 3 分钟，美发导师将全体学员的头模打乱顺序后摆放。

3）请全体学员根据头模的正面，认领自己的头模。

（8）分享

1）有多少人在认领自己的头模时是非常有把握的？为什么你们能这么有把握呢？请学员分享成功认领的经验。

2）有一些学员认领错了自己的头模，说明平时的观察不够。师生一起讨论认领头模的观察要点。

（9）总结：要做生活的有心人，善于运用宏观和微观的观察视野。

4. 抢座椅训练

（1）形式：集体参与，每组 6~10 人。

（2）时间：10 min。

（3）道具：座椅、音乐播放器、小礼品。

（4）场地：不限。

（5）目的：活跃气氛、振作精神。

（6）类型：学员训练课程。

（7）程序

1）准备一些关于课程的问题。

2）准备 5 把椅子，放置在场地中央。

3）给学员讲清楚游戏规则：在播放节奏明快的音乐时，学员围着椅子走动；音乐停止时，学员去抢椅子。

4）让没抢到椅子的学员回答问题，如果答对可以得到一份礼品，且可以参与下一轮抢椅子训练；如果答错，则被淘汰。

5）注意每轮训练重新开始时，椅子的数量要少于参与人员的数量。

（8）分享：游戏结束后，往往会发现，不擅长抢椅子但擅长回答问题的学员是最后的赢家，他赢得了许多小礼品，请“大赢家”讲讲他的感受。

（9）总结：要以长远的眼光看待事物，要跳出惯有思维，很多时候，一开始的“输家”反而是“终极赢家”。

5. 感观协调训练

（1）形式：集体参与。

（2）时间：5 min。

（3）道具：无。

（4）场地：活动空间较大的教室。

（5）目的：说明动作的示范效应大于语言。

（6）类型：美发导师训练课程。

（7）程序

1）美发导师一边示范，一边请学员站起来一起活动。

2）要求学员伸出右臂，与地面保持水平。

3）美发导师说："现在，请用你们的大拇指和食指围成一个圈。"（边说边示范该动作）

4）美发导师继续说："请将上臂举起，与地面形成直角。"（继续示范该动作）看看学员是否都做正确，然后继续说："好，请用掌心托住你的下巴。"

5）注意，当美发导师说"托住下巴"时，自己用掌心贴住面颊，四处看看，但什么也不要说。

6）多数学员跟随美发导师的动作，用掌心贴住面颊 5~10 s 后，有些学员会意识到错误，并转而用掌心托住下巴。

（8）分享：美发导师的指令非常简单，但是多数学员在几个动作的练习后，就开始"用眼"大于"用耳"，不再听从语言指令，而是盲目地跟随动作指令，大家想一想在日常工作中，是否也经常会因为习惯性的思维而犯错？我们应该如何避免呢？

（9）总结：美发导师的动作示范往往比语言更有效，所以在授课时，应学会肢体语言的运用，并多进行操作示范。

6. 讲解与示范训练

（1）形式：集体参与。

（2）时间：15~20 min。

（3）道具：一件夹克衫。

（4）场地：教室。

（5）目的

1）让美发导师充分了解讲解、示范、指导学员修正错误在技能培训中的重要性。

2）说明教学互动能使沟通学习更加有效。

（6）类型：美发导师训练课程。

（7）程序

1）在学员中选两名志愿者，一名作为"美发导师"，一名作为"学员"。（可以多

选择几组，看一下不同小组的协作结果）

2）两个人在游戏中不得有身体接触。

3）先在桌上放一件夹克衫，假设“学员”既不知道夹克衫是什么，也不懂穿着方法。

4）“美发导师”的任务是在最短的时间内，通过讲解、肢体示范，指导“学员”学会穿夹克衫。

5）“学员”完全按照“美发导师”的讲解和示范穿夹克衫。

（8）分享

1）有的“美发导师”解释得很清楚，动作示范很规范，“学员”理解能力正常，学穿夹克衫就是一项很容易完成的任务。

2）有的“美发导师”语言表达能力弱，示范时过于紧张导致动作不标准，那么“学员”的学习过程就会很艰难。

3）请学员讲讲“美发导师”应该具备怎样的能力。

（9）总结

1）美发导师在授课的最初阶段会有一个困难期。

2）美发导师对专业知识、词汇的表达出现偏差时，会造成学员的认知障碍。

3）如果仅使用一种授课方法，学员很难快速完成任务。

4）示范或演示可以弥补语言表达的缺陷，让学员更易掌握知识和技能。

5）通过训练锻炼美发导师对技术要点进行拆分的能力、语言的表达能力、及时修正错误的能力。

7. 观察力和复制能力训练

（1）形式：集体参与。

（2）时间：5 min。

（3）道具：每人 2 盒牛奶。

（4）场地：室内。

（5）目的：锻炼模仿能力、观察能力、团队沟通协作能力。

（6）类型：学员或美发导师训练课程。

（7）程序

1）将学员分成两组，每组人数可多可少，两组成员背对背，用每 5 盒牛奶摆成任意形状。

2）转身，用 10 s 观察对方牛奶摆成的形状，然后再转身。

3）双方各自用剩余的牛奶摆出对方的形状。

4）2 min 后，看哪一队拼成的正确图形多。

（8）分享：为什么有的组可以拼出很多对方的图形？他们是如何做到的？请分享成功经验。

（9）总结

1）团队需要沟通和协作能力，应有明确的分工。

2）个人需要良好的观察力和记忆力。

8. 价值问题探讨

（1）形式：集体参与。

（2）时间：5~10 min。

（3）道具：1 张 100 美金的纸币和 1 枚 1 美金的硬币。

（4）场地：室内。

（5）目的：让学员或美发导师明白自身的价值。

（6）类型：学员或美发导师训练课程。

（7）程序

1）拿出一张 100 美金的纸币，告诉学员想要的人请举手。

2）当有学员举手后，将纸币捏成一团丢在地上后，告诉学员“想要的人请举手”。

3）当有学员举手后，将丢在地上的一团纸币用脚碾压，再次告诉学员“想要的人请举手”。

4）这时还会有学员举手。

5）这时拿出 1 美金硬币，告诉学员“想要的人请举手”。

6）这时举手的学员会变少，将 1 美金硬币丢在地上用脚碾压，再次告诉学员“想要的人请举手”。

7）这时基本不会有学员举手。

（8）分享：我们对“100 美金”和“1 美金”的态度，很好地说明了不同价值在每个人心中的分量，请大家谈谈你们心中的“价值”。

（9）总结：使自己成为更有价值的人。

课堂提问

1. 简述学会倾听的重要性和方法。

2. 简述团队协作的要点。

课后练习

一、判断题（将判断结果填入括号中。正确的填“√”，错误的填“×”）

1. 开场白的成功与否不影响课程的效果。（ ）

2. 课堂游戏有助于调节课堂气氛，增加师生之间、学员之间的友谊。（ ）

3. 美发导师与学员进行眼神交流时，一定要将目光长时间集中在学员身上以示重视。（ ）

二、单项选择题（选择一个正确的答案，将相应的字母填入题内的括号中）

1. 正常人注意力集中的时间一般维持在（ ）min 左右。

A. 20　　B. 20　　C. 30　　D. 40

2. 授课时，每个知识点不能超过（ ）张幻灯片。

A. 10　　B. 20　　C. 30　　D. 40

3. 学员期望在课程中感受到美发导师的激情，而不是聆听枯燥无味的背诵，这就要求美发导师在授课中做到（ ）。

A. 眼神交流　　B. 放慢语速、抑扬顿挫

C. 用语精练　　D. 多读幻灯片

参考答案

一、判断题

1. ×　2. √　3. ×

二、单项选择题

1. B　2. A　3. B

第 8 章 DX 系统专业理论

第 1 节 点线面的基础理论

点线面是几何学的基本元素，是发型艺术的语言和表现手段。点的移动形成线，无数条线形成面，面的组合形成空间和体积。可以说点组成了线，线组成了面，三者是不可分割的。

点线面作为 DX 系统的理论基础，颠覆了传统的发型设计理论，同时也丰富了实际操作的方法，使中国原创的发型设计向着科学化和系统化发展。

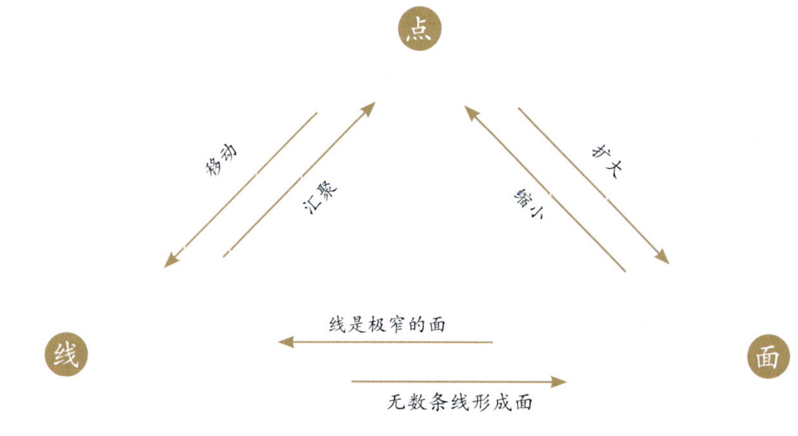

一、点

点是汇聚的线、缩小的面，点是发型设计中的基础要素，在发型设计中运用广泛。

1. 在造型时，点的不同大小、位置和顺序会引起视觉上的聚散，有引导方向的作用。

（1）出现一个点时，目光集中形成焦点，具有集中、突出、形成视觉中心的效果。

（2）出现两个点时，人的视觉会在两个点之间移动，注意力就会分散，甚至形成对抗，若出现的是高低不同的两个点，会造成视线的转移，产生运动感和方向感。

（3）出现三个以上点时，就要控制发型节奏感的变化，否则会使发型产生凌乱感。

2. 在分区时，点状放射分区是由一个点开始的分区。

3. 在取份时，对头发进行点状放射分区。

4. 在修剪时，把头发汇聚到一个点进行定点修剪，增加发型变化，加快修剪速度。

5. 在烫发时，对头发进行点状放射分区排杠可以制造头发的曲线动态方向。

6. 在染发时，挑染技术就是以点进行取份设计的。

二、线

1. 线的运用

无数个点形成线，线是极窄的面，在发型设计中线条是发型的表达方式，是发型构成的关键。

（1）在造型时，发丝的流向和发片的塑型方向就是线条运动的方向，各种线条的变化是发型变化的表现形式。

（2）在分区、取份时，也可以用各种线条来进行划分。

（3）在修剪时，把修剪区域的头发拉向一条设定好的线进行定线修剪，这条线可以是任何一种形状。

（4）在烫发时，把头发拉向一条固定的线进行卷曲，可以产生落差的效果，分散或汇聚头发。

（5）在染发时，分区线是用各种形状的线条来划分的。片染技术就是以线进行取份设计的。

2. 线的分类

（1）线条有直线和曲线之分。

1）直线分为垂直线、水平线、斜线。

①垂直线体现引导和延伸的作用，给人刚劲、正直、有力的感觉。

②水平线给人平稳、沉着、宽阔的感觉。

③斜线给人变化、不稳定、动态的感觉，前斜或后斜线条控制着发型的高低方向和起伏。

2）曲线分为 S 形曲线、C 形曲线、旋涡曲线、波纹曲线等，曲线是动感极强的线条。

①S 形曲线给人流畅、含蓄、高贵的感觉。

②C 形曲线给人年轻、朝气、活泼的感觉。

③旋涡曲线给人华丽、神秘的感觉。

④波纹曲线给人自由、奔放的感觉。

⑤凸形曲线给人向两边分散量感的感觉。

⑥凹形曲线给人向中间堆积量感的感觉。

（2）线条有粗细之分、长短之分。

1）粗线条给人刚劲、有力的感觉，有利于块面的形成。

2）细线条给人柔弱、纤细的感觉，有利于块面的分割。

3）长线条具有流畅和柔和感，给人整体升腾的感觉。

4）短线条具有力量和停顿感，给人层次紧凑的感觉。

5）长短交替的线条给人参差不齐的跳跃感。

（3）无论直线条还是曲线条，都有离心和向心之分。

1）离心线条给人豪放的方向感，离心的发丝流向适合较小的脸型。

2）向心线条给人庄重的含蓄感，向心的发丝流向适合较大的脸型。

由此可见，线条是发型美感的重要表现形式，发型的变化与不同线条的运用有着密不可分的关系，各种线条都有它的美学特征，要灵活运用。

三、面

1. 面的运用

面是扩大的点、极宽的线，线条是面的基本组成单位，无数条线形成了面。

（1）在造型时，利用头发制造出各种块面，这种块面可以是任何形状的直线面或曲线面。

（2）在修剪时，把修剪区域的头发拉向一个设定好的面进行定向修剪，这个面可以是平面、弧面、球面等。

（3）在烫发时，头发纹理的变化形成各种形状的曲线面。

（4）在染发时，分区是用各种形状来划分的。块染技术就是以面进行取份设计的。

2. 面的分类

（1）光洁的面和毛糙的面。

1）光洁的面给人沉静、冷淡和稳定之感，如平切或内切层次形成的光洁表面。

2）毛糙的面给人活动、跳跃和不稳定之感，如各种外切层次形成的毛糙表面。

（2）直线面和曲线面

1）直线面可分为方形、倒三角形、正三角形。

①方形的面给人刚劲、稳重之感，如将头发底线修剪成一字形。

②倒三角形的面给人集中下坠的方向感，如将头发底线修剪成 V 形。

③正三角形的面给人急速升腾的方向感，如将头发底线修剪成倒 V 形。

④凸面给人向外扩张的感觉，如波浪发型的浪峰。

⑤凹面给人向内收缩的感觉，如波浪发型的浪谷。

2）曲线面可分为规则的曲线面和不规则的曲线面，它是发型美感重要的表现手段。

①规则的曲线面具有柔和、温暖的感觉，极具魅力和美感，如长波浪发型形成的面。

②不规则的曲线面具有凌乱、狂野的感觉，如不规则的烫发或造型形成的面。

由此可见，面是发型的组成元素，对各种类型的面进行交叉、重叠、分割并有机组合，构成了发型的立体结构，利用发型块面的形状变化，可以改变发型外型轮廓形状的大小，形成风格各异的组合，再加以色彩的变化，使发型的变化更加丰富。

课堂提问

1. 简述点线面之间的关系。
2. 简述点线面在发型修剪上的运用。
3. 简述点线面在染发上的运用。

课后练习

一、判断题（将判断结果填入括号中。正确的填“√”，错误的填“×”）

1. 点线面是几何学的基本元素。（ ）
2. 点是发型设计中的基础要素，在发型设计中广泛运用。（ ）
3. 在分区时，点状放射分区是以一个点开始的分区。（ ）
4. 单一线条不能表现发型的美。（ ）
5. 无论直线条还是曲线条，都有离心和向心之分。（ ）

二、单项选择题（选择一个正确的答案，将相应的字母填入题内的括号中）

1. 在（　　）时，点的不同大小、位置和顺序会引起视觉上的聚散。

A. 吹风　　B. 烫染　　C. 修剪　　D. 造型

2. 点是汇聚的线、缩小的（　　）。

A. 面　　B. 实线　　C. 虚线　　D. 直线

3. 挑染技术是以（　　）进行取份设计的。

A. 线　　B. 点　　C. 修剪　　D. 面

4. 高低不同的两个（　　），会造成视线的转移，产生运动感和方向感。

A. 面　　B. 线　　C. 点　　D. 形状

5.（　　）体现引导和延伸的作用。

A. 后斜线　　B. 垂直线　　C. 水平线　　D. 前斜线

参考答案

一、判断题

1. √　2. √　3. √　4. ×　5. √

二、单项选择题

1. D　2. A　3. B　4. C　5. B

第2节　修剪名词解释和定义

一、层次

层次就是头发长度的安排。

1. 层次的立体结构

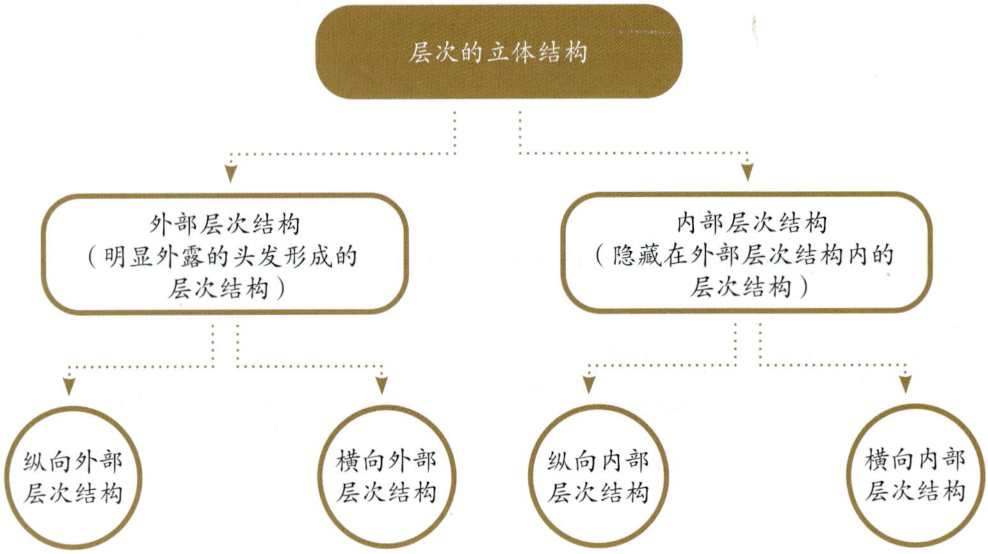

层次的立体结构

- 外部层次结构（明显外露的头发形成的层次结构）
  - 纵向外部层次结构
  - 横向外部层次结构
- 内部层次结构（隐藏在外部层次结构内的层次结构）
  - 纵向内部层次结构
  - 横向内部层次结构

（1）外部层次结构

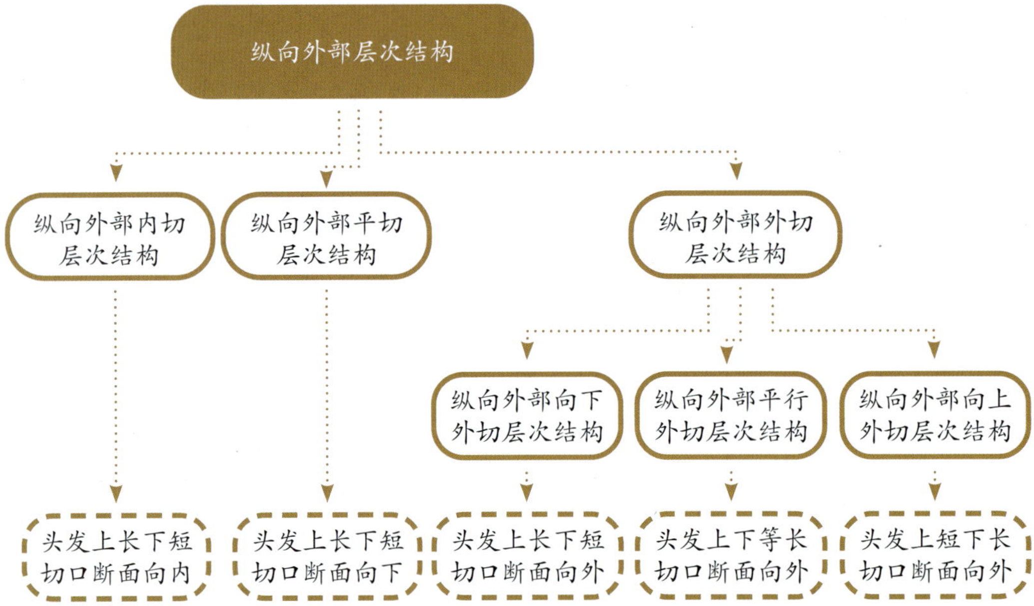

纵向外部层次结构

- 纵向外部内切层次结构 → 头发上长下短 切口断面向内
- 纵向外部平切层次结构 → 头发上长下短 切口断面向下
- 纵向外部外切层次结构
  - 纵向外部向下外切层次结构 → 头发上长下短 切口断面向外
  - 纵向外部平行外切层次结构 → 头发上下等长 切口断面向外
  - 纵向外部向上外切层次结构 → 头发上短下长 切口断面向外

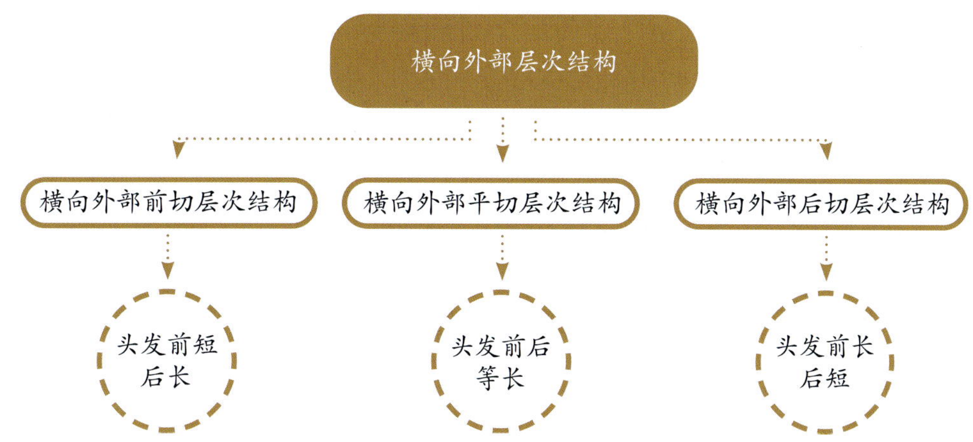

问：同样是等长，横向外部平切层次结构为什么不称为横向外部平行外切层次结构？

答：因为横向层次结构的命名是以手位为参考的。

（2）内部层次结构。纵向内部层次结构有膨胀或收缩外部层次轮廓的作用，横向内部层次结构有隐性强化或减弱横向外部层次结构动态方向的作用。

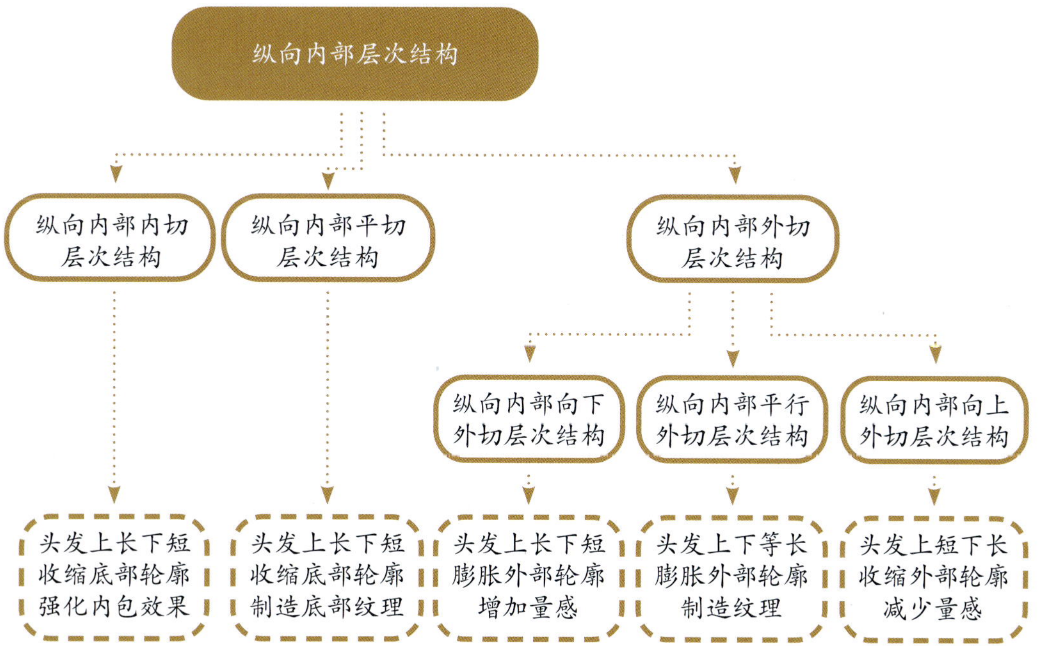

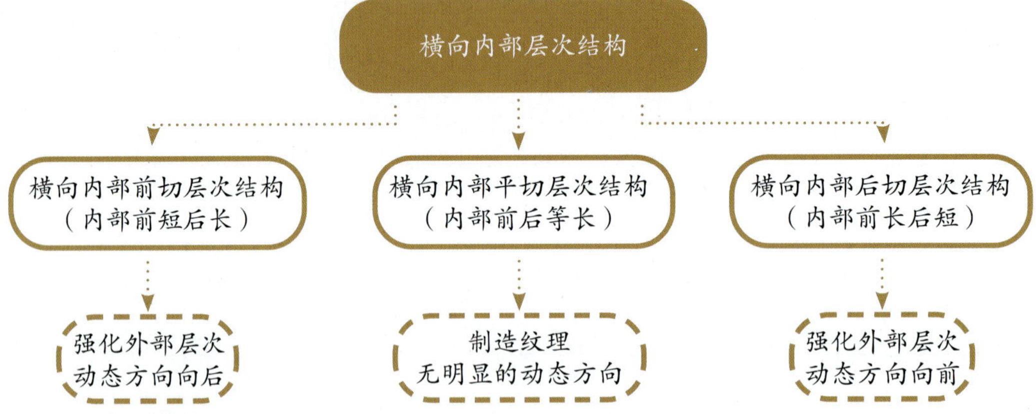

2. 外部层次与内部层次的关系和作用

（1）外部层次与内部层次的比例关系

1）外部层次比例越大，发型所表现的形状效果越明显。

2）内部层次比例越大，发型所表现的纹理效果越明显。

（2）外部层次与内部层次的距离关系

1）外部层次与内部层次的距离越近，所表现的纹理效果越不明显，外部层次结构的轮廓变化越小。

2）外部层次与内部层次的距离越远，所表现的纹理效果越明显，外部层次结构的轮廓变化越大。

（3）外部层次与内部层次的存在方式

1）内部层次与外部层次结构独立存在，制造束状感明显的纹理结构。

2）内部层次与外部层次结构连接存在，制造具有方向感的束状纹理。

3）内部层次与外部层次结构融合存在，起到柔化切口、去除发量的作用。

3. 层次结构的颜色代码

（1）黄色——向上外切层次。

（2）橙色——平行外切层次。

（3）红色——向下外切层次。

（4）紫色——平切层次。

（5）蓝色——内切层次。

二、修剪四步法

发型的修剪包括裁剪和整修两个方面。从实际操作的流程上来说，湿发的裁和剪在前，是完成发型框架的基础；干发的整和修在后，是完善发型效果的保障。

1. 裁

裁是将头部分成多个工作区域，以缩小修剪范围，便于准确修剪。

（1）裁分发区、发片的方法

1）梳分法。

2）勾分法。

（2）分区

1）左右分区。

2）前后分区。

3）U 形分区。

4）双 U 形分区。

5）中线分区。

6）灌顶分区。

（3）取份

1）水平线取份。

2）垂直线取份。

3）前斜线取份。

4）后斜线取份。

5）放射线取份。

（4）发片的靠位引导技巧

1）固定靠位技巧。

2）活动靠位技巧。

3）一点放射技巧。

4）多点平行技巧。

5）多点放射技巧。

2. 剪

剪需要在剪刀和梳子的配合下完成。

（1）夹剪：1）手内剪；2）手外剪。

（2）压剪：1）手指压剪；2）梳子压剪。

（3）硬性切口：1）断剪；2）扎剪；3）推剪。

（4）柔性切口：1）削剪；2）挑剪；3）点剪。

3. 整

整是指根据头发的自然流向或人工设定的流向，恢复头发的自然形态或造型形态。

4. 修

修是指对自然状态下发型出现的瑕疵进行最后的修正工作。

（1）外线修正；（2）发尾打磨；（3）发量调整；（4）纹理缔造。

三、四位一体

“四位一体”的“四位”指的是头位、站位、方位和手位。头位是指顾客头部的位置，站位是指操作者站立走动的位置，方位是指头发提拉的位置，手位是指修剪时手指摆放的位置。

1. 头位

（1）直立；（2）前倾；（3）低倾；（4）后仰；（5）侧倾；（6）侧转。

2. 站位

（1）固定站位；（2）活动站位。

3. 方位

（1）细节方位，包括正视方位、侧视方位、俯视方位。

（2）局部方位，包括上线方位、下线方位、中线方位。

（3）整体方位，包括放射的离心方位、汇聚的向心方位、平行的直线方位。

4. 手位

（1）纵向手位，包括内切手位、平切手位、外切手位。

（2）横向手位，包括前切手位、平切手位、后切手位。

四、内切、平切、外切

1. 纵向层次：内切层次、平切层次、外切层次。
2. 横向层次：前切层次、平切层次、后切层次。
3. 纵向手位：内切手位、平切手位、外切手位。
4. 横向手位：前切手位、平切手位、后切手位。
5. 剪位：内切剪位、平切剪位、外切剪位。

五、刘海分区

1. 较窄的分区宽度和较浅分区深度，面部露出的面积较小，适合较宽较大的脸型。
2. 较宽的分区宽度和较深分区深度，面部露出的面积较大，适合较窄较小的脸型。

六、纹理

静态纹理是由头发表面干净光滑的外线堆积或内部堆积层次结构形成的；动态纹理是通过缔造不同的内部层次结构形成的。

1. 从视觉上说，明暗是产生动态纹理的基本要素。
2. 从技术上说，长发是长发与短发、厚与薄的组合形式。
3. 从取份上说，取份是对设计分区进行再分区的设计划分。
4. 从结构上说，在取份内按照不同大小的间隔去除一部分头发。
5. 从操作上说

（1）牙剪缔造纹理的方法

1）定线打薄技巧。

2）斜向递减打薄技术。

3）水平递减打薄技巧。

4）间隔交织打薄技巧。

（2）剪刀缔造纹理的方法

1）方向性纹理缔造技巧

①内扣方向的纹理缔造技巧。

②外翘方向的纹理缔造技巧。

③向左或向右方向的纹理缔造技巧。

④左右活动方向的纹理缔造技巧。

2）束状纹理缔造技巧

①间隔交叉法纹理缔造技巧。

②托剪法纹理缔造技巧。

③交织修剪法纹理缔造技巧。

七、外线

1. 外线的形成

（1）由自然生长的发际线决定。

（2）由层次的结构决定。

（3）由直接的线条修剪决定。

2. 外线的分类

外线可分为虚线和实线两大类，无论虚线和实线都可分为水平线、垂直线、后斜线、前斜线、凸线、凹线。

3. 外线的设计方法

（1）运用五区九线进行单线设计。

（2）运用五区九线进行连线设计。

4. 外线的组合形式

（1）对称组合。

（2）不对称组合。

（3）单线扩展组合。

（4）虚实组合。

5. 纠正线条视觉错位的方法

（1）线条长短变化——放量处理。

（2）线条曲直变化——矫枉过正。

（3）线条虚实变化——虚实结合。

八、内型

1. 内型线条形状的分类

（1）内型线条形状等同于外线形状。

（2）内型线条形状不同于外线形状。

（3）内型线条形状与外线形状相连接。

2. 内型层次结构的组合形式

（1）连接组合。

（2）不连接组合。

3. 内型的形状

内型所表现的形状不是指内型修剪时的修剪形状，而是指修剪完成后头发自然下落所产生的形状，是对几何体的借取、嫁接和变异。

（1）直线方形。

（2）正三角锥形。

（3）倒三角锥形。

（4）凹线外弧球形。

（5）凸线内弧球形。

九、推剪色调

1. 男士发型的三线是发际线、轮廓线和起推线。

2. 轮廓线分为正视的纵向轮廓线和俯视的横向轮廓线。

3. 纵向轮廓线分为弧线、直线和直圆线。

4. 横向轮廓线分为圆形轮廓线、菱形轮廓线、方形轮廓线和三角形轮廓线。

5. 色调渐变的方向分为向上渐变、放射渐变和斜向渐变。

6. 色调渐变的形状分为圆形色调、方形色调、三角形色调、菱形色调、阶梯色调和组合色调。

7. 推剪色调的方法分为梳垫法、空推法和倒推法。

十、发型雕刻

1. 按线条的凹凸分类，可分为阴线（凹线）雕刻和阳线（凸线）雕刻。

2. 按线条的曲直分类，可分为曲线雕刻、直线雕刻和图案雕刻。

3. 按雕刻的部位分类，可分为顶部雕刻、侧部雕刻、后部雕刻和延伸雕刻。

4. 雕刻的基础线条以 C 形月牙线条、Y 形蛇口线条、Z 形闪电线条、S 形蛇形线条、螺旋线条、放射线条为主。

十一、假发修剪

1. 混合造型的四种潮流风格：酷感可爱潮、时尚知性潮、品质优雅潮、追梦华丽潮。

2. 削刀的八大操作技法：斜削、立削、压削、夹削、提削、拧削、点削、滚削。

3. 假发的固定方法：卡扣固定、胶片固定、胶水固定。

十二、定向修剪口诀

1. 裁剪整修，环环相扣；四位一体，统贯全程。

2. 设定头位，配合站位，确定方位，变化手位。

3. 中线为梁边为框，框架裁剪不会偏。

4. 层次湿低干会高，宁低勿高留余地。

5. 厚发显长薄显短，宁长勿短为整修。

6. 外线实中要有虚，虚薄外线要有型。

7. 依据设计来裁剪，顺势而为去整修。

课堂提问

1. 简述层次的立体结构。

2. 简述修剪四步法的定义。

3. 简述定向修剪口诀。

课后练习

一、判断题（将判断结果填入括号中。正确的填“√”，错误的填“×”）

1. 层次的立体结构分为外部层次结构和内部层次结构。 （ ）

2. 纵向外部层次结构分为外部堆积层次结构和内部堆积层次结构。 （ ）

3. 横向外部层次结构分为动态向前和动态向后。 （　　）
4. 修剪四步法是指裁、剪、整、修。 （　　）
5. “四位一体”中的“四位”是指头位、站位、方位、剪位。 （　　）

二、单项选择题（选择一个正确的答案，将相应的字母填入题内的括号中）

1. 头发表面干净光滑的外线堆积或内部堆积层次结构形成的是（　　）纹理。
A. 静态　B. 动态　C. 横向　D. 纵向
2. 外部层次比例越（　　），发型能表现的形状效果越明显。
A. 大　B. 小　C. 宽　D. 窄
3. 外部层次与内部层次结构连接存在，制造具有方向感的（　　）纹理。
A. 柔和　B. 束状　C. 光滑　D. 动态
4.（　　）是便于准确剪发的操作。
A. 裁　B. 取份　C. 梳理　D. 角度
5. 纵向外切层次分为向上外切层次、向下外切层次和（　　）层次。
A. 向内外切　B. 内切　C. 平切　D. 平行外切

参考答案

一、判断题

1. √　2. ×　3. ×　4. √　5. ×

二、单项选择题

1. A　2. A　3. B　4. A　5. D

第3节　造型设计名词解释和定义

一、造型设计的原则

1. 重复：整个设计一直在重复一种元素，没有变化。
2. 对比：两种相差很大的元素综合设计。
3. 交替：两种或两种以上元素按顺序重复。

4. 递进：设计元素按纹理大小、线条曲直、颜色深浅等逐渐变化。

5. 和谐：两种或两种以上相差不大的设计元素综合设计。

特别提示

发型的纹理、颜色、结构、线条等都可以运用设计原则进行设计。

二、风格定位的定义

风格定位是时尚定制的产物，要与当下的流行和时尚元素相协调。在发型设计中，是指发型的思想定位，是发型的表达属性。

三、四步造型技法

四步造型技法包括工具造型技法、梳理造型技法、固定造型技法、徒手造型技法。这四个造型技法在实际运用中缺一不可，在造型时，会因所需造型的效果不同，常常着重于某两个技法的运用，而另外两个技法作为辅助手段加以运用。

四、造型的分类

1. 商业经典造型：吹风造型、经典恤发造型、编发造型、盘束造型。

2. 商业时尚造型：吹风造型，电棒、夹板造型，编发、扎发造型，盘束造型。

3. 前卫创意造型：吹风造型、电棒造型、编发造型、盘束造型、组合造型。

4. 大赛创意造型：亚赛（亚洲发型化妆大赛）造型、OMC（世界发型大赛）造型、世界技能大赛造型。

5. 舞台创意造型：符合主题的舞台造型。

五、发型设计五步法

第一步：了解。

（1）了解顾客的目的。

（2）了解顾客对头发长度的要求。

（3）了解顾客对发型类型的需求。

（4）了解顾客的职业。

（5）了解季节与发型的关系。

第二步：观察。

（1）观察身材。

（2）观察脸型。

（3）观察头型。

（4）观察五官。

（5）观察年龄。

第三步：构思。

（1）构思发型风格。

（2）构思发型借鉴方式。

（3）构思发型形状。

（4）构思发型纹理。

（5）构思发型方向。

（6）构思发型平衡性。

（7）构思发型色彩。

第四步：沟通。

（1）沟通技巧。

（2）沟通方式。

第五步：操作。

（1）在操作过程中，应遵守规范的操作流程。

（2）在操作过程中，可以根据顾客自身特征做出相应调整。

（3）在操作过程中，临时改变局部或整体的设计方案，要得到顾客的认同。

（4）操作的九种表现手法是亮露法、遮盖法、衬托法、分割法、组合法、堆积法、点缀法、填补法和渲染法。

六、发型设计的借鉴方式和灵感来源

1. 借鉴方式

（1）直接借鉴。

（2）纯化借鉴。

（3）变异借鉴。

（4）组合借鉴。

2. 灵感来源

（1）通过绘图寻求灵感。

（2）通过服装寻求灵感。

（3）通过建筑寻求灵感。

（4）通过自然界中的静态现象寻求灵感。

（5）通过自然界中的动态现象寻求灵感。

（6）通过季节寻求灵感。

（7）通过节日寻求灵感。

（8）通过民族特征寻求灵感。

（9）通过经典发型寻求灵感。

（10）通过传统文化寻求灵感。

（11）通过意境寻求灵感。

（12）通过意识形态寻求灵感。

（13）通过动物寻求灵感。

（14）通过植物寻求灵感。

（15）通过艺术品寻求灵感。

课堂提问

1. 简述造型设计的原则。

2. 简述四步造型技法的内容。

课后练习

一、判断题（将判断结果填入括号中。正确的填“√”，错误的填“×”）

1. 设计原则有重复、对比、交替、递进与和谐。（　　）

2. 发型设计的借鉴方式有直接借鉴和组合借鉴两种。（　　）

3. 四步造型技法是工具造型技法、梳理造型技法、固定造型技法和徒手造型技法。（　　）

4. 发型设计五步法是了解、观察、构思、沟通及操作。（　　）

5. 在发型设计中，风格定位是指发型的思想定位。（　　）

二、单项选择题（选择一个正确的答案，将相应的字母填入题内的括号中）

1. 把两种相差很大的元素综合设计采用的是（　　）设计原则。

A. 交替　　B. 对比　　C. 递进　　D. 和谐

2. 以下不属于发型设计借鉴方式的是（　　）。

A. 间接借鉴　　B. 纯化借鉴　　C. 变异借鉴　　D. 组合借鉴

3. 以下不属于四步造型技法的是（　　）。

A. 工具造型技法　　B. 梳理造型技法

C. 固定造型技法　　D. 移动造型技法

4. 发型设计五步法包括了解、观察、构思、（　　）和操作。

A. 设计　　B. 借鉴　　C. 沟通　　D. 定位

参考答案

一、判断题

1. √　　2. ×　　3. √　　4. √　　5. √

二、单项选择题

1. B　　2. A　　3. D　　4. C

第 4 节　烫染名词解释和定义

一、烫发的原理

烫发是头发由直变卷的过程，是在物理作用和化学作用下形成的。通过各种操作方法，将头发缠绕在不同直径与不同形状的发杠上；再通过烫发剂的作用，改变发丝的形状。

二、烫发的作用

1. 改变发丝形状。
2. 增加头发量感。

3. 凸显头发层次。
4. 改变头发流向。
5. 转移视觉焦点。
6. 增加个人魅力。

三、烫发的分类

1. 冷烫。
2. 热烫。

四、头发发质的分类

1. 中性发质。
2. 油性发质。
3. 干性发质。
4. 受损发质。
5. 抗拒发质。

五、烫发剂的种类

1. 酸性烫发剂：pH 值为 4.5~6.9。
2. 弱碱性烫发剂：pH 值为 7.5~8.9。
3. 碱性烫发剂：pH 值为 8.9~11.5。

六、烫发卷杠技术

1. 平卷法。
2. 斜卷法。
3. 平绕法。
4. 拧绕法。
5. 折叠法。
6. 环穿法。

七、烫发纸包裹技术

1. 单面包裹法。
2. 对折双面包裹法。
3. 双纸双面包裹法。
4. 环抱包裹法。
5. 扭转包裹法。

八、基础排列卷杠技术训练

1. 平绕式排列卷杠技术训练。
2. 拧绕式排列卷杠技术训练。
3. 垂直排列卷杠技术训练。
4. 水平阶梯排列卷杠技术训练。
5. S 形排列卷杠技术训练。
6. 砌砖排列卷杠技术训练。
7. 标准发杠排列卷杠技术训练。
8. 定位烫排列卷杠技术训练。

九、发型色彩的作用

1. 发型色彩是造型的第一要素。
2. 发型色彩可以强化发型的形状和纹理。
3. 发型色彩可以改变发型的风格。
4. 发型色彩可以彰显个性。

十、颜色定律

1. 三原色是由 5 度的红色、9 度的黄色、4 度的蓝色形成的。

2. 将三原色的任何两个颜色混合，可得到橙、紫、绿这三种二次色。

3. 将三原色与二次色混合，可得到三次色。色轮中任何 90° 内的颜色都称为同色系，颜色搭配较为自然。

4. 色轮中任何两个 180° 相对的颜色是互补色（也称对冲色）。

十一、染发剂的分类

1. 三种非氧化类染发剂：临时性染发剂、半永久染发剂、持久性染发剂。
2. 两种氧化类染发剂：半永久染发剂、持久性染发剂。

十二、染膏标号

标号前面的数字表示可以染出的色度，后面的数字或者字母表示可以染出的色调。

十三、加强色（调彩）的作用

1 调配目标色。
2. 浅染深时加在染膏中做色素打底用。
3. 对冲抵消颜色。
4. 白发染彩时加强色调。
5. 白发染黑时使用，加强覆盖效果。

十四、点线面在染发设计的运用

1. 以点取份的染发设计是挑染，挑染设计的重点在于点与点的排列形式和密度变化。

2. 以线取份的染发设计是片染，片染设计的重点在于线条的形状和方向的安排。

3. 以面取份的染发设计是块染，块染设计的重点在于块面形状和位置的设定。

课堂提问

1. 简述烫发的分类和作用。
2. 简述发型色彩的作用。
3. 简述加强色的作用。

课后练习

一、判断题（将判断结果填入括号中。正确的填“√”，错误的填“×”）

1. 烫发分为热烫和冷烫。（　　）
2. 烫发是通过化学作用完成的。（　　）

3. 染发剂分为氧化类和非氧化类两类。 (　　)

4. 烫发剂的种类有酸性烫发剂、弱碱性烫发剂及碱性烫发剂。 (　　)

5. 染膏前面的数字表示可以染出的色调。 (　　)

二、单项选择题（选择一个正确的答案，将相应的字母填入题内的括号中）

1. 酸性烫发剂的 pH 值为（　　）。

A. 2~3　　B. 3~4　　C. 4.5~6.9　　D. 6~7

2. 弱碱性烫发剂的 pH 值为（　　）。

A. 6~7　　B. 7~8　　C. 7.5~8.9　　D. 8~9.3

3. 将三原色的任何两个颜色混合，可得到（　　）这三种二次色。

A. 红、黄、蓝　　B. 橙、紫、绿　　C. 黑、白、灰　　D. 红、蓝、紫

4. 以点取份的染发设计是（　　）。

A. 片染　　B. 挑染　　C. 块染　　D. 区染

5. 以线取份的染发设计是（　　）。

A. 片染　　B. 挑染　　C. 块染　　D. 区染

参考答案

一、判断题

1. √　2. ×　3. √　4. √　5. ×

二、单项选择题

1. C　2. C　3. B　4. B　5. A